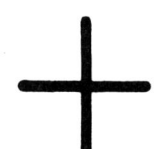

遠山啓著作集
数学論シリーズ——4

現代数学への道

目次

I──現代数学への招待1──集合と構造
集合論の誕生────10
集合数と濃度────20
公理と構造────32

II──現代数学への招待2──群・環・体
群と自己同型────42
準同型と同型定理────56
体と標数────65
環と多元環────78

III──現代数学への招待3──行列・行列式・グラスマン代数
行列とはなにか────104
交代数と行列式────111
グラスマン代数────127

IV──現代数学への招待4──トポロジー
距離空間————136
位相の導入————144
位相空間と連続写像————152

V──現代数学への道1──集合と特性関数
現代数学の生いたち————162
集合とはなにか————171
特性関数————187

VI──現代数学への道2──構造と関係
集合から構造へ————200
直積と関係————206
さまざまな関係————217
半順序系と束————225

VII―現代数学・ミニ用語集

ベクトル────234
行列────236
行列式────238
代数────240
抽象代数学────242
線型代数────244
1次変換────246
連立1次方程式────248

構造────250
群────252
環────254
体────256
束────258
同次性────260

解説……倉田令二朗————262
初出一覧————274

現代数学への道

I──現代数学への招待1
集合と構造

●──逸脱は自由にはつきものであって，そのために自由を制限するのはまちがいであろう。およそ，あらゆる知的冒険には逸脱の危険は伴なうものである。──39ページ「公理と構造」

●──19世紀までの数学によく通じていればいるほど，現代数学に接触したときの違和感は強い。しかし，べつの面からみると，素人にとってはかえってわかりよいということもある。それはあまりに専門化してしまった数学を，もういちど常識に引きもどすという一面をもっているからである。元来，考え方の変革というのは，多かれ少なかれ，価値の逆転を行なうもので，既成の知識のストックを多くもっている人ほど失うところが大きい。──11ページ「集合論の誕生」

●──われわれをとりまく世界のなかには，不思議なくらい同じ型の関係，類似の関係が存在している。しかも，まるでちがった事物のなかに同じ型の関係が存在している。造物主はべつべつの現象にはべつべつの法則を与えるのがめんどうなので，同じ型の法則でまにあわせたとでもいう他なさそうである。このように造物主の不精さ(?)から生じたとも思える事実が数学者にとってつけこむスキなのである。──37ページ「公理と構造」

集合論の誕生

● ——現代数学から受けた衝撃

私たちの年齢の数学者が大学で受けた教育は古典的なものであった。旧制高校でやった微分積分の延長のようなものであったから，大学に入ってもたいした違和感を感じなくてすんだ。

そういう教育を受けた人間にとって一つの衝撃を与えられたのはファン・デル・ウェルデンの"*Moderne Algebra*"であった。この本の初版は1930年にでているので，私がそれに接したのは，その翌年か，翌々年であったろうと思われる。この本をはじめて読んだとき，私がまっさきに考えたことは，つぎのようなものであった。

「いったい，これは数学だろうか？」

この黄色い本の与えた衝撃は大きく，それまでに学んだ数学に対する疑惑をよび起こすのに十分であった。

この本のあとに読んだのがフレシェ(Fréchet)の『抽象空間』("*Les espaces abstraits*")であった。この本は1928年に出ているが，当時としては位相空間論についてのただ一つの本であったように思う。

その後，アレキサンドロフ・ホップの『トポロジー』などのように，よく整理されたものもでたが，このフレシェの本はまことに読みにくい本で，証明もほとんどなく，どちらかというと，総合報告のような本であった。だから，その本を読んでいくには自分で証明を考えながらついていかねばならなかった。

この本も，ファン・デル・ウェルデンの『現代代数学』と同じような衝撃

を私に与えた。それまでに数学という学問について抱いていたイメージを根本から打ちこわされたが，その当時としては，それにかわる新しいイメージを形造ることは，まだできていなかった。

こういうことを私より新しい世代の数学者は経験しなかっただろうと思う。はじめから新しい立場の教育を受けているので，私が経験したような違和感を感じなくてもすんだことと思われる。

そういえば，ファン・デル・ウェルデンの本の最新版は"*moderne*"という形容詞をとって，ただの"*Algebra*"となっているようである。ということは30年むかしには新しく異端的であったものが，30年間に主流になってしまって，〝代数学〟そのものを名乗ることができるようになったということであろう。

〝現代代数学〟や〝抽象空間〟で代表されるような現代数学は19世紀までの数学とはかなりちがっていることはたしかであり，19世紀までの数学によく通じていればいるほど，現代数学に接触したときの違和感はつよいだろう。しかし，べつの面からみると，数学の専門家でない素人にとっては，現代数学のほうがわかりよいということも，かえってあるように思われる。現代数学の考えかたのなかには，あまりにも専門化してしまった数学を，もういちど常識に引きもどすというような一面をもっているからである。

そのことを理解したかったら，19世紀の数学が達成したもっともすばらしい理論をとりあげてみるとよい。たとえば，複素変数関数論をとってもよい。楕円関数からアーベル関数や保型関数までの発展をたどっても，そこには素人の人に理解できそうなものは一つもない，といってよい。また，ガウスにはじまる整数論の発展のあとをふりかえってみても，それはあくまで数学内部におけるものということができる。類体論についても，その理論の深さを素人にわかってもらうことは不可能であろう。

1955年に東京で整数論の国際的シンポジウムがあったときの話である。私の知り合いのある新聞記者が何かおもしろいネタはないかというので，アルチン(Artin)やヴェイユ(Weil)の講義をがまんして聞いていたが，終わってから，〝これはぜんぜんネタにならない〟といって失望して帰ってしまったことがある。おそらく整数論ではそうであろう。

しかし，現代数学となると，かならずしもそうではないように思える。

それは，あまりにも専門化してしまった数学を，もういちど常識に引きもどし，かえってそれを専門外の人にもわかりやすいものにした，という一面をもっている。だから，現代数学にはじめて接触しても，素人の人はかえって衝撃をうけないで，それはあたりまえの考えではないか，という印象をもつかもしれない。

がんらい，考え方の変革というのは，多かれ少なかれ，価値の逆転を行なうものであるから，既成の知識のストックを多くもっている人ほど失うところが大きいのは，当然といえば，当然であろう。

●──構想力の解放

現代数学のもっている大きな特徴は，数学という学問のもっている行動半径を，これまでとは比較にならないくらい拡大したことであろう。これまでは，数学の分野にはとても入れてもらえないようなものまで数学の仲間に入ってきた。そのわけは，一言でいうと，人間の構想力を思いきって自由にしてしまったからだといえる。

人間が構想力によって新しいものをつくり出すということは，いったいどういうことであろうか。たとえば，近ごろ，めざましい進歩をとげて，これまでになかった新しい物質をつぎつぎにつくり出してくれた有機合成化学のやり方にしても，それは無から新しいものを創造しているわけではない。これまであった物質の組みかえをやっているにすぎないともいえるのである。

その点では，主婦が料理をつくるのと何もちがったところはないだろう。たとえば，コロッケをつくるのにはジャガイモや肉をすりつぶして，それを団子にするのであるが，これも原料であるジャガイモと肉をいちど分解して，それを再構成しているだけのことである。コンクリートで家をつくる仕事にしても，もとはといえば，石灰岩をうちくだいてセメントにし，セメントの粉を再結合して一定の形の家をつくるのであるから，ここにも分解と再構成の過程が行なわれている。

ただ分解と再構成にも，その程度にはいろいろあり得る。たとえば，子どもが積み木の家をこわして，同じ積み木で汽車をつくったら，それも分解と再構成にはちがいないが，化合物を分解して合成する化学者のそれとは雲泥の差がある。積み木は大きいものであって，分解も再構成も

楽にできるが，化学者の仕事は原子という極微の世界までおりていかねばならないし，分解も再構成も簡単にはできない。

芸術家の仕事にも，やはり，分解と再構成という手続きが大きい役割を演ずる。複雑な音をいちど単純な音に分解して，それを自分の構想力によって再構成するのが作曲するという仕事であろう。"compose"というコトバは"構成する"という意味と"作曲する"という意味をもっているが，本来は同じことなのである。

絵かきの仕事もおそらくそうであろう。ただ自然主義的な絵では，ありのままに描くという意味もあるが，しかし，写真とはちがって，やはり，分解と再構成が何ほどかはかならず行なわれているにちがいない。ところが，アブストラクトの絵になると，分解と再構成の手段が大胆に意識的に使用され，その結果，ありのままとは似ても似つかない絵が生まれてくる。

抽象絵画の理論づけをしたカンディンスキーは『点，線，面』[*1]という本の中で，この分解と再構成という考えを強く打ち出している。幾何学では分解を極度まで進めていった究極の要素としての点から再構成を進めていくが，カンディンスキーも，幾何学とは異なった意味ではあるが，やはり，点から語りはじめる。図形を点にまで分解してみるのは，分解することが目的なのではなくて，再構成の自由をいっそう多くかちとるためである。あるいは人間の構想力を解放するためであるといってもよいだろう。

このような考えを映画に適用したのがモンタージュの理論であろう。エイゼンシュテインは，つぎのように書いている。

> モンタージュ的思考は分化的に感覚することの頂点であり，"有機的な"世界を解体することの頂点であって——数学的にまちがいなく計算をなしとげる道具・機械といったものの形をとって，新たに実現されている[*2]

このように分解と再構成，もしくは分析と総合という操作を意識的に使

[*1]——カンディンスキー・西田秀穂訳『点，線，面』美術出版社
[*2]——エイゼンシュテイン・佐々木能理男訳『映画の弁証法』角川文庫

用する抽象芸術と同じ方向をとっているのが現代数学でいう公理的な方法であろう。

●──構造

もちろん，数学は芸術ではないから，抽象芸術とあらゆる点で同じではない。芸術であるからには，いくら抽象的とはいっても，感性をはなれては成立しないのであるが，数学はもともと感性からはなれて知性だけで成立することができる。

たとえば，$\triangle ABC$ というとき，その三角形がどんな色をもっているか，どんな重さをもっているか，ということは問題にしていない。そういう意味では感性から独立して考えられたものである。まず $\triangle ABC$ を考えるときには，それが三つの線分からできていることが考えられるであろう。そのつぎには，その三つの線分がどのように結びついているかに注目するにちがいない。同じ三つの線分とはいっても，バラバラになっていることもあろうし，一点から放射線形にひろがっているばあいもあろう──図❶。

そう考えると，結びつきの仕方は千差万別でありうる。そのように各種各様の結びつき方のなかで，〝二つずつ端が結びついている〟という仕方で結びついているのが三角形なのである。こう考えると，三角形というごく簡単なものでも，つぎの二つの側面をもっていることがわかる。

①──何からできているか。
②──それらはお互いにどう結びついているか。

もう一つ図形ではない別の例をとってみよう。たとえば，ここに3人家族があったとしよう。この家族を考えるときも，やはり，同じような順序にしたがって考えていくだろう。

①──何からできているか。つまり，どんな人間から構成されているか。
②──それらはお互いにどう結びついているか。つまり，続柄はどうなっているか。

①を考えるときは②はひとまず伏せておくだろうし，また，その家族と親しくない赤の他人には，だれとだれがいて，その人数が3人であるこ

とのほかは続柄などわからないものである。②を考える段になると、同じ3人でも、その家族構成はじつに多種多様である。系統樹で表わすと、いろいろある——図❷。それに男女の区別まですると、たいへんな数になる。つまり、〝3〟という数は同じでも、家族の続柄の種類は多数あるといえる。

このさい、家族の続柄を考えに入れた総体を家族の〝構造〟と呼ぶことにしよう。ここでいう構造とは、一般的にいうと、相互関係をもつ何かのものの集まりであるといってよいだろう。現代数学でいう構造とはそのようなものであると考えておいてよいだろう。だから、それを考えていくには三角形や家族を考えたときと同じように、二つの段階をふむ。

①——何からできているか。
②——それらはお互いにどう結びついているか。

もちろん、①を考えているときは②は伏せておく。しかし、②を考えるには、どうしても①を通過しなければならない。

●——集合論

このように構造を考えていくには、その準備として相互関係のないバラバラのものの集まりをまず考えておく必要がある。そのような段階に当たるのが集合論である。つまり、集合論はあらゆるものの相互関係を無視して、それをお互いに無関係な原子の集まりと見る立場をとる。それは分析を徹底的に押し進めたものであって、その意味で原子論的であるといえるだろう。

たとえば、つぎのような二組の3人家族があるとしよう。一方は｛祖父，父，長男｝であり、一方は｛父，母，長女｝であるとする。系統樹で書くと、図❸のようになる。

しかし、集合論にとっては家族の構造は問題ではなく、3人家族の〝3〟という数だけに興味があるのである。だから、集合論の見地からすると、

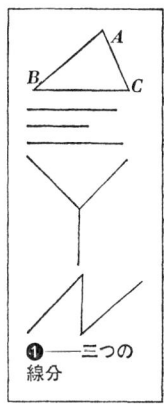
❶——三つの線分

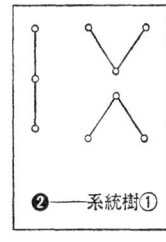
❷——系統樹①

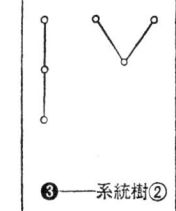
❸——系統樹②

上にあげた二組の家族は同じように見なされてしまうのである。また，お互いに赤の他人が3人同居していても，3人であることには変わりがないから，集合論の立場からは同じである。

ただし，3という数にだけ集合論は興味をもっているが，その3をどのようにして考えるのだろうか。上の例でいうと，二組の家族をならべてみて，その構成メンバーのあいだに"1対1対応"をつけてみればよいのである——図❹。1対1対応というのは一方の家族の1人に，他方の家族の1人が対応し，2人は対応しないような何らかの対応であればよい。それは二組の家族が会合してテーブルをへだてて1人ずつ向かい合ってすわる，というのでもよい。

ここで，1対1対応というのは，裏からいうと，親は親に，子は子に対応する必要は少しもないのである。つまり，その対応のさせ方は"家庭の事情"を無視してさしつかえないのである。これだけの注釈をつけないと，1対1対応の意味は本当にはつかめないだろうと思う。つまり，家族の構造を無視して，一方の家族から勝手に1人を引っぱり出してきて，もう一つの家族の，これも勝手に引っぱり出してきた1人と対応させてもよいのである。このように1対1対応をつけるという手続のなかには，すでに構造を無視するか，もしくは構造を破壊するというねらいがはじめからかくされていることに注意してほしい。

このような1対1対応をもとにして集合論という数学の新しい部門をつくり出したのがカントル(1845—1918年)という数学者であった。

集合論のねらいはあらゆる構造をひとまず解体して，それをバラバラの原子にしてしまうことにあったが，しかし，それは最後の目標ではなく，第1段階にすぎなかったということができる。歴史的にいっても，カントルの集合論は1870年代に現われたので，現代数学のきっかけをつくったヒルベルトの幾何学基礎論などより20年以上早くでている。それはまことに自然な成り行きであって，カントルの集合論は①の分析の段階にあたり，ヒルベルトの幾何学基礎論は②の総合にあたるからである。だから，カントルの集合論だけ勉強して，それで終わりにしたら，中途半端であって，その真の意図を誤解するおそれがある。長編小説を半分で止めたようなものである。

集合論は徹底的に原子論的な立場をとることによって，それ以後の数学

に思考法の革命をもたらしたが，集合論の分析的方法そのものがまったく新しいものだというのではない。分析とか総合というのは人間の思考そのものの基本的な働きであって，パブロフは大脳のもっとも重要な機能の一つとして分析と総合をあげているくらいである。そういう意味ではもっとも古い考え方であるともいえるくらいである。

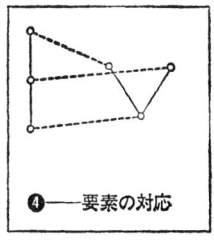
❹——要素の対応

たとえば，2000年むかしのユークリッドの幾何学は図形を点・直線・平面に分解し，それを再構成することによって図形のかくれた性質を明らかにしていく，という方法をとっていた。そこには分析と総合の方法が鮮やかに適用されている。

しかし，集合論は，それをさらに徹底的にやった。そこに新しさがあるのである。直線や平面で止まることに満足しないで，それをさらに点にまで打ち砕いてみなければ承知しなかった。そこに集合論の新しさがあった。

●——集合論の創始者

あらゆる発見は，それが偉大であればあるほど，あとからみると，当たり前にみえてくるからふしぎである。集合論も，やはり，そのような発見の一つであったと思われる。

集合論の創始者・カントルも，やはり，そういう大きな革命をもたらした人にふさわしい波瀾にみちた一生を送った。集合論が数学のなかで市民権を獲得するまで，カントルは多くの論敵とはげしい理論闘争を行なわねばならなかった。そのなかで最大の敵はクロネッカー(1823—1891年)とポアンカレ(1854—1912年)であった。

クロネッカーはもともと無限というものをみとめない"有限主義"(finitism)ともいうべき立場に立っていた人であった。彼はクンメル(1810—1893年)やデデキント(1831—1916年)と共に，今日の代数的整数論の基礎をつくり上げた人であるが，彼の仕事にはそのような立場が色濃くにじみ出ている。たとえば，ある多項式が既約であるかどうかを，有限回の演算で判定する方法などはいかにもクロネッカーらしい発想である。[1]

---

[1]——ファン・デル・ウェルデン・銀林浩訳『現代代数学』上巻・104—105ページ(東京図書)を参照。

また，代数的整数論でも無限の数の集合であるイデアールを考えたデデキントとはちがって，ある形式的な多項式の係数の集合(もちろん有限集合である)をとるのがクロネッカーの方法である。この二つは"内容"(Inhalt)という概念によって結びつきはするが，やはり，無限を積極的にとり入れようとするデデキントと，極力，無限を避けて有限にとどまろうとするクロネッカーの考え方の対立は鮮やかにでている。デデキントのイデアールは考えの上ではやさしいが，計算の上ではクロネッカーの方法に助けを求めなければならないばあいが多い。この二つの方法は相補う立場にあるといってよい。

　このようなクロネッカーが無限というものを，たんに可能性としての無限ではなく，現実に存在するということ，つまり，"実無限"(das aktuell Unendliche)という考えを大胆におし出してきたカントルの集合論の出現を黙ってみのがすはずはなかった。彼が辛らつな攻撃を加えたのは当然であった。

　ポアンカレも，クロネッカーとは同じ立場ではなかったが，カントルの論敵であった。ポアンカレの批判は『晩年の思想』や『科学と方法』にのっているので，それを読まれるとよい。それについてバートランド・ラッセル(1872—1970年)がつぎのように書いている。

　　この二人(ワイヤーシュトラスとデデキント)よりも重要だったのはゲオルク・カントルだった。彼はその驚くべき天才ぶりをしめした画期的な仕事において，無限数の理論を展開した。この仕事は非常にむずかしく，長い間私には十分わからなかった。それでノートにほとんど一語一語写し取った。このようにゆっくりした進み方が，カントルの仕事を一層理解しやすくすることがわかったからである。そうしながら私は，彼の仕事に対して，誤りはあるがすぐれた主張をもっていると思った。だが，終わってみると，誤りは私の方にあって彼の方にはないことがわかった。カントルはきわめて異常な人間で，数学での画期的な仕事をしていないときには，ベーコンがシェークスピアを書いたことを証明する本を書いていた。彼はこれらの本のうちの一冊のカヴ

ァーに「私は貴兄の標語がカントあるいはカントルであることを知っている」と書き込んで，送ってよこした。カントは彼にとって化け物だった。私によこしたある手紙で，彼はカントのことを，「あそこに数学を知らない詭弁家的俗物がいる」と記した。彼は非常に喧嘩好きの男で，フランスの数学者アンリ・ポアンカレと大論争している最中，「僕は負けやしないぞ」と書いてきたが，実際その通りになった。かえすがえすも残念なことに，私は彼に会わないで終わった。ちょうど彼と会ったはずのときに，彼の息子が病気になって，彼はドイツに帰らねばならなかった。[*4]

なお，カントルの伝記はE. T. ベル『数学をつくった人びと4[*5]』の最後の章にある。

カントルが無限の理論をはじめて発表したときははげしい抵抗を受けたが，今から考えてみると，それも当たり前のことに思えてくる。自然数全体は無限の数からできているし，また，直線を点に分割すると無限個の点になる。そのほか数学では至るところ無限にぶつかる。だから，無限についての本格的な理論は当然なければならなかったのである。その当然のことをカントルは遂行しただけだといえないこともない。

ともかく，彼は集合論をきずき上げるために大きな犠牲を払ったのである。ラッセルは彼を喧嘩ずきの男であるといったが，ベルによると，ひどく神経質で気の弱い人であったという。要するに，そういう両面をもった人だったのであろう。

---

*1──高木貞治『代数的整数論』（岩波書店）参照。
*2──ポアンカレ・河野伊三郎訳『晩年の思想』岩波文庫
*3──ポアンカレ・吉田洋一訳『科学と方法』岩波文庫
*4──バートランド・ラッセル・中村秀吉訳『自伝的回想』（「バートランド・ラッセル著作集」第1巻・みすず書房）の第6章
5*──E. T. ベル・銀林浩・田中勇訳『数学をつくった人びと』第4巻・東京図書

I─現代数学への招待 1

集合数と濃度

●——集合数

集合論を学んで，だれでもはじめに感ずるのは，その理論にふくまれている逆説的な内容であろう。有限の世界ではとうてい起こり得ないことが，無限の世界ではいくらでも起こるということである。そのことをあらかじめ断わっておきたい。

集合数というのは有限集合の要素の個数を無限集合に拡張したものにすぎない。有限集合の要素の個数というものを，われわれは知り過ぎるほどよく知っていて，これ以上，考え直す余地はなさそうであるが，無限集合に拡張するためには，なおいっそうくわしく検討してみる必要がある。

有限集合については知り過ぎるほど知っているとわれわれが思いこんでいるのは，数詞を知っているからであろう。1, 2, 3, 4, ……という数のコトバを知っていて，有限集合の要素の一つ一つに 1, 2, 3, ……というコトバを対応させていく操作，つまり，"数える"という操作ができるから，有限集合の要素の個数はたやすく求めることができる。

しかし，"数える"という操作はいったいどういうことであろうか。それは，たとえば，皿の上にあるミカンと頭の中にある 1, 2, 3, ……という数詞のあいだに 1 対 1 の対応をつけることである。4 で終わったら，この個数は 4 であるということになるが，このとき，皿の上のミカンはどんな並び方をしていてもよい——図❶。あるいは二つ，三つ……の集団に分かれていてもよい——図❷。つまり，4 つのミカンがどういう"構造"

をもっていても，4個という個数にはかわりがない。つまり，4は構造とは無関係な概念である。

また，1, 2, 3, ……と数えるときには個々のミカンはどのような順序に数えてもよいのである——図❸。その順序は4!＝24通りあるが，どの順序でも答えは4である。つまり，どのミカンを1，どのミカンを2とみてもよいということである。このことは皿の上のミカンがみな等質のものとみなされていることを意味している。つまり，ミカン同士は個性のないものとみなされていることに他ならない。

つぎに，1, 2, 3, 4, ……という数詞は，ミカンばかりではなく，リンゴの集合にもカキの集合にも平等にあてはめることができる。つまり，1, 2, 3, 4, ……という数詞をなかだちにして，1つのミカンと1つのリンゴが対応することになる——図❹。だから，数詞というなかだちをとり除いてみると，ミカンの集合とリンゴの集合が1対1対応しているわけである。つまり，4個という個数は1つのミカンを1つのリンゴでおきかえても変わらないことを意味している。

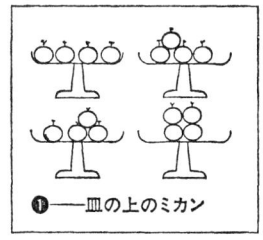
❶——皿の上のミカン

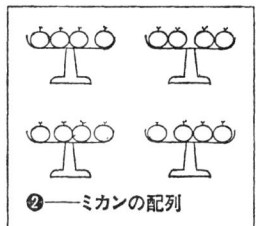
❷——ミカンの配列

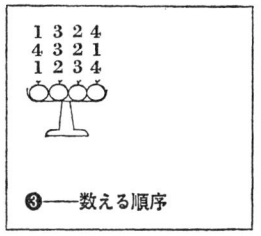
❸——数える順序

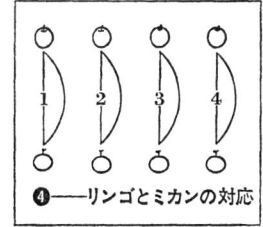
❹——リンゴとミカンの対応

あらかじめこれだけのことを分析しておくと，無限集合の要素の個数にうつることができる。

有限集合には数詞が使えたが，無限集合には，まだ数詞というものがない。だから，数詞ぬきで"個数が等しい"ということの定義を考え出さねばならない。有限集合のときは二つの集合が同じ個数である，ということは，その要素のあいだに1対1対応がつけられるということであった。この定義をそっくりそのまま無限集合にも拡張すればよいのである。

二つの無限集合 A, B の要素のあいだに，ある方法で過不足なく1対1対応がつけられるとき，A, B は同じ濃度をもつとか同じ集合数をもつ

といい，

$A \sim B$

とかく。濃度というのは個数を無限集合へ拡張したものと考えてよい。"〜"は"＝"としたいところだが，集合そのものが等しいのではないから，＝は使わないで，少し遠慮して〜という記号を使ったのである。〜は，＝と同じではないが，＝と似た性質をもっている。

① ── $A \sim A$ ── 反射的

② ── $A \sim B$　ならば，$B \sim A$ ── 対称的

③ ── $A \sim B$，$B \sim C$　ならば，$A \sim C$ ── 推移的

①はAの要素にそれ自身を対応させればよいのだから，当然である。②は，1対1対応はAからBへ考えても，BからAに考えてもよいからである。③はBをなかだちにして，AとCが1対1対応がつけられるということである。これで〜は＝とよく似ていることがわかった。

このような〜によって無限集合の"個数"，つまり，濃度や集合数という概念が定義されたことになる。しかし，これだけではあまりたいしたことはない。もっと具体的に，いろいろの無限集合にこの考えを適用してみなければならない。

● ── 可算無限

無限の集合のなかで もっともしばしばでてくるのは 1, 2, 3, 4, ……という自然数の集合である。これと同じ集合数をもつ集合を可算無限(可付番ともいう)であるという。これは 1, 2, 3, ……と数えていくことができるからである。数えつくすことはできないが，集合のどの要素にもかならず自然数の番号がつけられることはたしかである。その可算無限の無限集合は非常に多い。

たとえば，すべての整数の集合もそうである。整数は自然数，つまり，正の整数のほかに負の整数や0をふくんでいるので，自然数より個数が多いと思う人もあろうが，じつは同じである。同じというのは，"何らかの方法(適当な)"で1対1対応がつけられる ということである。図❺のように，0からはじめて正負を交互に番号づけしていくと，ともかく自然数と1対1対応がつけられる。式でかくと，

$$(-1)^n\left[\frac{n}{2}\right]$$

という形になる。ただし，$[x]$ は x を越えない最大の整数である。

ところが，有理数の個数も，やはり，可算なのである。有理数は直線上いたるところ密にならんでいるので，自然数よりははるかに多いだろうと思われるが，じつのところ，集合数としては同じなのである。これははじめて集合論を学ぶ人びとを驚かすにたる逆説的な事実である。

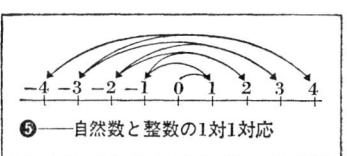
❺——自然数と整数の1対1対応

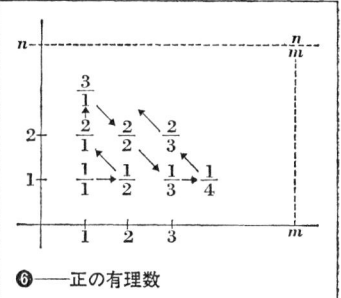
❻——正の有理数

有理数が可算であることを証明するには，正の有理数を分母と分子にしたがって平面上の格子点にならべてみる（0や負の有理数も同じである）——図❻。その格子点をジグザグに訪問していけば，ともかくすべての格子点を残すところなくまわることができるのである。ここでは $\frac{2}{2}$ や $\frac{2}{4}$ のようなものは，1 や $\frac{1}{2}$ と同じであるから，すでにでてきているはずだから，それはとばして進むことにする。その対応はつぎのようになっている。

```
1   2   3   4   5   6   7  ……
|   |   |   |   |   |   |
1  1/2  2/1 3/1 1/3 1/4 2/3 ……
```

1，2，3，……のほうは順々に大きくなっているが，分数のほうは大小の順序がまるででたらめであることに気づくだろう。つまり，このような1対1対応は有理数の集合のもっている"大小の順序"という構造をまるで無視してできていることがわかる。

初心者を驚かす秘密はここにあると考えられる。1対1対応というと，構造を考慮に入れているものと考え勝ちになるので，自然数と分数とは，とても1対1対応などつかないものと早合点する人が多いが，構造を無視すると，上のような対応ができるのである。

●——代数的数の集合

これは，代数的数の集合になると，さらに逆説的にみえてくる。有理数

は，
$$a_0x+a_1=0$$
という整数係数の1次方程式の根と考えることができる。ここで"1次"という条件をゆるめて"n次"でもよいとすると，代数的数がでてくる。代数的数とは整数の係数 $a_0, a_1, \ldots, a_n$ をもつ n 次の代数方程式の根である。
$$a_0x^n+a_1x^{n-1}+\cdots+a_n=0$$
このような代数的数全体の集合が，やはり，可算なのである。これはカントルが1874年にはじめて証明したものである。それは「すべての実数の代数的数の集合のある性質について」と題する論文であった。

そのためにはよほどうまい技巧が必要であって，番号のつけ方に工夫を要する。たとえば，1次の代数的数だけをはじめにとり出すと，それだけで自然数の番号がすべて終わりになってしまって，2次以上が残ってしまう。だから，次数に従って順々に片づけていくことはできない。そこで，カントルは係数の大きさと次数を同時に考えていくことにして，この困難をきり抜けた。そのために彼は高さ(Höhe)という概念をもってきた。
$$a_0x^n+a_1x^{n-1}+\cdots+a_n=0$$
の高さというのは，
$$N=n-1+|a_0|+|a_1|+\cdots+|a_n|$$
であって，Nが1, 2, 3, ……となるものを順々にとり出していって番号をつけたのである。Nのなかには次数のnが入っているので，上記の困難はなくなる。

$N=1$のときは，$n=1$, $a_0=\pm 1$ のときだけで，$\pm 1x=0$, $x=0$であり，$N=2$ は，$n=1$, $a_0=\pm 2$, $a_0=\pm 1$, $a_1=\pm 1$, および，$n=2$, $a_0=\pm 1$ だけで，方程式としては，
$$\pm 2x=0 \quad \pm 1x\pm 1=0 \quad \pm 1x^2=0$$
である。つまり，1次方程式も2次方程式も混じって入ってくる。しかし，とにかく有限個である。このような高さの順序にひろい出していくと，すべてがつくされる。

カントルが集合論を創始していったはじめのころは，このように数学のなかにしばしばでてくる無限集合が可算であるとか，そうでないとかを

一つ一つつきとめていくことに努力を集中したのである。その結果，意外なことがつぎつぎにわかっていった。しかし，その意外さは１対１対応が集合の構造を無視することに起因しているといえる。

●——底なしの深淵

有限の数のあいだには加減乗除の四則や累乗のような演算が可能である。この考えを無限の集合数にも拡張することがカントルの目標であったらしい。有限の数は，加えたり，かけたりすることで新しくつくり出されていくのであるが，無限のばあいも，やはり，そういう演算で新しい演算がつくり出されていくにちがいない。そのようにしてつくり出された新しい数はどのような性質をもつであろうか。そういうことがカントルの関心を引いた。

カントルは学界の異端者のような存在であったし，したがって，論争の相手は多かったが，友人は少なかったようである。デデキントはその少ない友人の一人として彼の支持者だった。それでも無限というものに対する態度にはいくらかのちがいがあったようである。F.ベルンシュタインはつぎのようなエピソードを伝えている。

> 集合の概念について，デデキントはつぎのように言った。集合というものは，完全に規定されているものを入れている閉じた袋のようなもので，そのなかにはいっているものをみることもできないし，存在していて規定されていることのほかは何一つ知ることができない，というのである。それからしばらくしてカントルは集合についての彼の意見を明らかにした。彼は巨軀をまっすぐにして立ち上り，大げさな身ぶりで手をあげ，定かならぬ方角に目をやりながら，言った。私は集合は底なしの深淵だと思っています。

そう考えてみると，デデキントには，集合と集合を組み合わせて新しい集合をつくり出していく，という積極的な態度はみられないようである。つまり，彼にとって集合が一つの"閉じた袋"であるという比較はふさわしいものであったろう。カントルはもっと積極的に新しい無限集合をつ

ぎつぎにつくり出していくことに興味をもったようである。そのようなカントルにとっては，集合というものが底なしの深淵にみえたことも当然であったろう。

●───いろいろな無限
カントルの発見のなかで，もっともショッキングなものは，無限集合にもいろいろの程度のものがあるということであった。無限が，たんに限界の欠如という消極的な意味にしか考えられないとしたら，すべての無限は同じにみえるかもしれない。しかし，1対1対応という積極的な比較の手段が考え出されてくると，無限のなかにも大小の差があり得る。そのことをはじめて立証したのは，実数の集合が可算でない，という証明である。

実数全体を考えなくても，その一部分が可算でないことを証明しても同じことである。そこで，0と1のあいだの実数全体の集合を問題にする。この集合をMとしよう。そのような数は，つぎのような無限小数に展開できる。

　　　0.335407……
　　　0.41089……
　　　…………

ここで背理法を利用する。まずMが可算であると仮定しよう。そうすると，Mの要素に1，2，3，……という自然数が対応することになる。たとえば，つぎのようになっているとする。

　　　1⟷0.530124……
　　　2⟷0.248309……
　　　3⟷0.726284……
　　　…………

この対応の表で対角線にならんでいる数字に目をつけてみよう。そうすると，5，4，6，……という数字がならんでいることがわかる。この数字をならべると，やはり，無限小数がつくられる。

　　　0.546……

しかし，ここで必要なのは，この小数ではない。われわれに必要なのは，これとはすべての桁の数字のちがっている小数である。そのような数を，

たとえば，つぎのようなものとしよう。
　　　　　0.358……

このような数ははたしてMのなかにはいっているだろうか。もしはいっているとしたら，上の表の何段目かにでてきているはずである。もしかりに 100 番目にでてきていたとする。そうすると，他の桁はともかくとして，100 番目の数字は，表の小数と一致しなければならない。ところが，上の数はすべての桁の数字が対角線にでてくる数字とはちがう数字でつくられていたはずである。だから，上の数は表の何段目にもでてこないはずである。つまり，この数はMには属しないことになって矛盾が起こる。だから，Mは可算だという最初の仮定は誤りである，ということになる。つまり，Mは可算ではなく，それより大きい集合数をもっていることになる。

●──集合論の一つの性格

実数全体の集合が可算でないという上の証明は集合論という学問の性格をよく物語っているといえる。

この証明を理解するには，既成の知識は何一ついらないということである。学校時代にやった数学のすべての定理，すべての公式を忘れてしまった人でも，この証明をたどっていって，完全に理解できるのである。この証明を理解するには，実数が無限小数に展開できることと，背理法（帰謬法）がわかっていればよいのである。そういう点では，数学を勉強し直そうとする人びとにとって集合論は適切なきっかけになることだろう。数学とは縁遠いことをやっている人でも，中学時代には代数はきらいだったが，幾何はよくできて好きであったという人が少なくない（たとえば，かつて『数学セミナー』の 1962 年 9 月号の「ティー・タイム」で，岡本太郎氏がそう書いておられた）。そういうことが起こるのはいろいろほかにも理由があるだろうが，幾何はそれまでの知識を忘れても理解できるし，新規まき直しにやれるからでもあろう。集合論もそれとよく似た面をもっている。そういう意味で，数学を新しく勉強し直してみようとする人は集合論をはじめにやりだすといいだろう。

●——集合の累乗

有限の数では，a^b という累乗は，

$$\underbrace{a \times a \times \cdots\cdots \times a}_{b},$$

つまり，a を b 個かけたものである。しかし，それはつぎのように考えてもよい。Mが $\{1, 2, 3, \cdots\cdots, b\}$ という数の集合であるとする。Nが $\{1, 2, 3, \cdots\cdots, a\}$ という数の集合であるとする。ここでMからNへの写像を f とする——図❼。

$$x \xrightarrow{f} y$$

このような写像 f のすべての数を計算してみよう——図❽。このような写像の全体は，

$$\underbrace{a \times a \times \cdots\cdots \times a}_{b} = a^b$$

となる。つまり，a^b は b 個の集合Mから a 個の集合Nへの写像全体の数とみることができる。そこで，この定義を逆にして，MからNへの写像全体の集合を a^b と定義してもよい。もちろん，写像というかわりに，x がMの要素をとり，y がNの要素をとるようなすべての関数の集合を N^M と定義してもよいだろう。定義をそのように逆転すると，この定義はM，Nが無限集合のばあいに拡張することが容易になってくる。

そのように考えてくると，実数の非可算性ということはどうなってくるだろうか。つぎのような無限小数，

$$0.a_1 a_2 a_3 \cdots\cdots a_n \cdots\cdots$$

は別の見方からすると，

$1 \longrightarrow a_1$

$2 \longrightarrow a_2$

$\cdots\cdots\cdots\cdots$

$n \longrightarrow a_n$

$\cdots\cdots\cdots\cdots$

という対応を与えているから，

$M = \{1, 2, 3, \cdots\cdots, n, \cdots\cdots\}$

$N = \{0, 1, 2, 3, 4, 5, 6, 7, 8, 9\}$

としたとき，MからNへの写像の一つ，つまり，MをNに写す関数の一つを与えている。だから，このような無限小数の全体は，N^Mで表わされることになる。実数の非可算性というのはN^MがMより大きいことにほかならない。ただし，無限小数では，

$$0.3999\cdots\cdots \quad と \quad 0.4000\cdots\cdots$$

は等しいとみなくてはならないので，その点，少しばかりの修正が必要である。

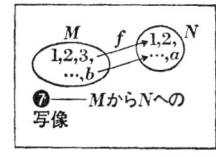

❼——MからNへの写像

さて，この証明では10進小数ということは本質的ではなく，一般にn進小数であってもよいのである。そこで，とくに2進小数に展開してみよう。そのときは$N=\{0,1\}$となる。2進小数で書くと，

$$0.10110\cdots\cdots$$
$$0.0101110\cdots\cdots$$
$$\cdots\cdots\cdots\cdots$$

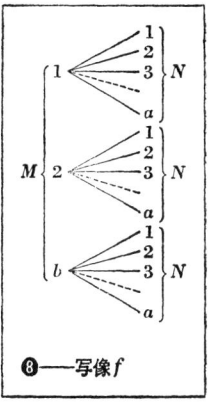

❽——写像f

というように，0と1という数字だけでてくる。ここで，たとえば，$0.10110\cdots\cdots$という2進小数は，つぎのような写像を与えている。

$$M\begin{cases} 1 \longrightarrow 1 \\ 2 \longrightarrow 0 \\ 3 \longrightarrow 1 \\ 4 \longrightarrow 1 \\ 5 \longrightarrow 0 \\ \cdots\cdots\cdots \end{cases}$$

つまり，$M=\{1,2,3,\cdots\cdots\}$のなかで1に対応する数の集合をPとすると，Pは，もちろん，Mの部分集合を与える。

$$P=\{1,3,4,\cdots\cdots\}$$

つまり，一つの2進小数がMの部分集合を定めることになる。だから，このような写像の全体を考えることは，Mの部分集合の全体を考えることにほかならない。だから，実数が非可算であるということは，自然数全体の集合のすべての部分集合は非可算であることを意味している。

可算なMの集合数を$\mathfrak{a}$で表わす。$\mathfrak{a}$は abzählbar(可算)の頭文字である。Nの集合数は2であるから，N^Mの集合数は$2^\mathfrak{a}$と書いてもよいだろう。そうすると，実数の非可算性は，

$$\mathfrak{a} < 2^\mathfrak{a}$$

という不等式で表わされる。

●──部分集合の集合

以上で，Mのすべての部分集合の集合はMより大きいことがわかった。この定理は一般化できないだろうか。有限集合では，たしかにそのことはいえる。

$\{1\}$のときは $\{\{\ \}, \{1\}\}$……2^1

$\{1, 2\}$のときは $\{\{\ \}, \{1\}, \{2\}, \{1, 2\}\}$……$2^2$

…………

一般に$n < 2^n$となることはいうまでもない。ところが，これは無限集合についても成立するのである。

「ある集合M──有限もしくは無限──のすべての部分集合の集合$\mathfrak{M}$はその集合より多い」

ここで"多い"というのは集合論の意味である。つまり，Mは$\mathfrak{M}$のある部分集合とは1対1対応するが，Mの全体とは1対1対応できない，という意味である。

さて，ここで思考の流れを中断しないために，$\mathfrak{M}$をMから$N=\{0, 1\}$への写像としてとらえることにしよう。$M \longrightarrow N$という一つの写像fがあったとき，1に対応するMの要素はその部分集合となるから，$\mathfrak{M}$はN^Mとみなすことができるのである。Nの個数は2であり，Mの集合数を$\mathfrak{m}$とすると，$\mathfrak{M}$の集合数は$2^\mathfrak{m}$となるわけである。だから，われわれの証明すべきことは，つぎの不等式である。

$$\mathfrak{m} < 2^\mathfrak{m}$$

前に証明した実数の非可算性は$\mathfrak{a} < 2^\mathfrak{a}$であったから，これは，$\mathfrak{a}$を一般の$\mathfrak{m}$に拡張したものである。だから，証明もまったく同じにはできないが，うまく工夫すると，類推がきくのである。

$\mathfrak{M}$の要素はMからNへの写像fであるから，

$$y = f(x)$$

という形にかける。もし$\mathfrak{M}$とMとが過不足なく1対1対応ができたと仮定する。
$$f \longleftrightarrow x$$
xに対応するfをf_xで表わす。ここで，この対応から，次のような写像φをつくる。φはMのすべてのxに対して，
$$\varphi(x) = 1 - f_x(x)$$
となるものとする。φは$\mathfrak{M}$に属するから，前の$\mathfrak{M} \longleftrightarrow M$の対応で$M$のある要素$x'$と対応しているはずである。
$$\varphi \longleftrightarrow x'$$
ところが，x'に対応する$f_{x'}$によって，x'は$f_{x'}(x')$に対応するはずなのに，
$$\varphi(x') = 1 - f_{x'}(x')$$
であるから，x'では，
$$\varphi(x') \neq f_{x'}(x')。$$
だから，fとφはちがった写像である。これは矛盾である。だから，$\mathfrak{M}$とMは1対1対応がつけられたという最初の仮定は誤りだったことになる。

Mが$\mathfrak{M}$の部分集合と1対1対応することはわけなく証明できる。Mの要素xと，xだけからできている部分集合$\{x\}$を対応させればよいのである。この証明法はよく考えてみると，$\mathfrak{a} < 2^{\mathfrak{a}}$の証明と同じ発想法にもとづいていることがわかるだろう。

この定理はどのように大きな集合があっても，そのすべての部分集合の集合をつくると，それより大きくなることを意味している。つまり，無限集合でもいくらでも大きいものがあるということである。カントルが「集合は底なしの深淵である」といったのはそういうことを指していたのかもしれないのである。つまり，$\mathfrak{a}$から出発しても，
$$\mathfrak{a}, \quad 2^{\mathfrak{a}}, \quad 2^{(2^{\mathfrak{a}})}, \quad 2^{2^{(2^{\mathfrak{a}})}}, \quad \cdots\cdots$$
をつくっていくと，いくらでも底なしに大きくなっていくからである。

公理と構造

●——集合

われわれはある機械の組み立てを研究しようとするには、たいていつぎのような段階で考えていくにちがいない。

①——どんな部分品からできているか。
②——それらの部分品はどんな仕方でつながっているか。

機械をひとまず部分品に分解してしまう第1段階が集合論にあたるといってもよいだろう。そこでは、おのおのの部分品がお互いにどうつながっているかについては、しばらく不問にしておくのである。

数学では具体的な機械そのものを研究したりはしないが、主として頭のなかで考えられたものの組み立てを研究する。たとえば、一直線を点に分解して考えてみるようなことをする。直線を点に分解することは実際にはできない。なぜなら、幅がなくて長さだけある直線は現実には存在しないし、それをまた幅も長さもない点に分解することは、なおさらできない。直線を点に分解するということは、厳密にいえば、フィクションの世界でしかできないことである。しかし、集合論では、ともかく直線を点に分解して、その個数を数えることをやったのである。

しかし、これはあくまで仕事の半分であって、あとの半分は、いちど分解した部分品を、もういちどつなぎ合わせて何かを組み立ててみることである。そのような第2段階の仕事をやったのは、カントルではなく、ヒルベルトであったといえよう。

カントルが，つぎにきたるべき第2段階の仕事をはっきりと意識していたかどうかはわからない。カントルのやった仕事をみると，どうもそのことははっきり意識していなかったのではないかと想像される。彼の主な目的は1，2，3，……という有限の集合数や，その計算法を無限の集合数に拡張することにあったのではないかと思われるのである。

そういう点からみると，第2段階の仕事をはっきりと数学者の眼前にもってきたのは，どうも別の人であった。それがヒルベルトであったといえよう。ヒルベルトは「カントルが私たちにつくってくれた楽園からだれも私たちを追放してはならない」といっている。それは，やはり，このことを物語っている。

● ——公理

そのようにして生まれてきたのが公理主義であった。

いちどバラバラに分解された部分品を組み立てるには一定の設計図がいる。ラジオの部分品を組み立ててラジオをつくるには配線図がいる。この配線図にあたるのがヒルベルトの意味の公理である。

ユークリッドでは，公理はだれも疑うことのできないほど自明な事実を命題の形でのべたものであった。しかし，ヒルベルトでは，そういう意味ではなく，分解された要素を組み立てる一つの設計図となった。だから，それは自明の事実である必要はなく，内部矛盾をふくんでいないという最低限の条件を満足させていさえすればよいのである。そういう意味では自由奔放に公理を設定してもよいということになった。ヒルベルトは公理をそのように見直すことによって，数学者の構想力を思いきって解放したのである。

このことを建築家の仕事にくらべてみよう。建築家がある建物を設計しようとするとき，彼はどのようなことを考えるだろうか。まず，彼は自分の構想力を大胆に駆使して思いきって新しい建物を設計しようとするだろう。その点では完全な自由が与えられている。しかし，彼は一方において重要な制限をうけている。それは力学の法則にしたがって設計をしなければならないということである。極端なことをいうと，いくら自由であっても，中空にうかんでいて，柱のない建物を設計してはならない，ということである。

数学者も建築家とよく似た仕事をしている。彼はどのような公理，もしくは公理系をえらぶことも自由である。しかし，一方では公理系のあいだに論理的な矛盾があってはいけない。建築家にとって力学の法則にあたるのが，数学者にとっては論理の法則である。建築家が力学の法則にしたがう以外は完全に自由であるように，数学者は論理の法則にしたがう以外は完全に自由であると，それは主張する。

しかし，そういうだけでは物事の半分しか語ってはいない。その自由とは何なのか。

建築家が力学の法則にしたがう以外は完全な自由を行使してつくった建築物にも，よい建築とわるい建築の区別があるし，美しい建築とみにくい建築を見分けることはできる。それらを区別するものはもはや力学の法則ではない。なぜなら，よい建築もわるい建築も同じく力学の法則にしたがっているはずだからである。それらの区別は建築物の使用目的や美学的なものさしによって定まってくるはずのものであろう。

数学者の設定する公理系についても同じことがいえるだろう。数学者がおのれに与えられた自由を思いきって行使して設定した公理系にも，よい公理系とわるい公理系，美しい公理系とみにくい公理系の区別はあり得る。その区別の基準は論理的に正しいか誤っているかにあるのではなく，その使用目標と美学的なものさしのなかに求めなければならない。ただ矛盾をふくまないというだけなら，いくらでもちがった公理系を考えだすことができる。そして，そこには選択の基準はまだ与えられていないのである。だから，この点を悪用すると，一人一人の数学者が勝手に別々の公理系を考え出して，一人一人がぜんぜん別の数学を研究するという危険が絶無であるとはいえないだろう。そうなると"百万人の数学"ではなく，"一人一人の数学"になってしまうだろう。たしかにそのような危険は想像できるし，実際にヒルベルトの公理主義が現われたころに，そのような危険について警告する人もいた。

●——数学の二重性

しかし，その後の数学の発展は大勢からみると，そのような危険に落ちこまないですんだのである。たしかに公理系を設定することは自由であるが，その自由は放恣を意味しはしなかった。数学者はわれわれをとり

まいている自然や社会に内在している法則に似せて公理系を設定したからである。彼らは与えられた自由を濫用しなかったのである。ノイマン(1903—1957年)は「数学者」(The Mathematician)というエッセーのなかで，つぎのように書いている。

> 数学についてのもっとも本質的に特徴的な事実は，私の考えでは，自然科学もしくはさらに一般的には，経験を単に記述的な段階より高い段階で解釈するあらゆる科学に対するまったく特殊な関係である。
> 　数学者やその他の多くの人間は，数学が経験的な科学ではないこと，また少なくとも経験的な科学の技巧からはいくつかの決定的な点で異なったやり方で研究されていることに同意するであろう。それでもやはり数学の発展は自然科学と密接につながっている。現代数学の最良のインスピレーションのあるもの(私は最良のものと信じている)は自然科学に起源をもっている。数学の方法は自然科学の"理論的"な分野をおおい，それを支配している。現代の実験科学においては，数学的方法もしくは数学に近い物理学の方法で接近できるかどうかが成功の大きな基準となってきている。事実上，自然科学の全体をつうじて数学に向かって近づこうとし，そして科学的な進歩の考えではほとんど一致したいろいろの変種の切れ目のない系列がしだいしだいにはっきりしてきたのである。生物学はしだいに化学と物理学におおわれ，化学は実験物理学および理論物理学におおわれ，物理学は理論物理学のはなはだ数学的な形によっておおわれつつある。
> 　数学の本性にはまったく特殊な二重性がある。数学の本性について考えるさいにはこの二重性を理解し，それを承認し，これを消化しなければならない。この二重の面貌は数学の面貌であって，どれほど単純化され1元化された見方も本質を犠牲にすることなしには不可能であると私は信じている。

I—現代数学への招待 1

だから私は１元的な見方を諸君に提供しようとはしなかった。私は数学という多元的な現象をできるかぎり記述しようとつとめたいのである。

ノイマンのいう二重性は別のことばでいうと，つぎのように個条書にしてもよいだろう。

① ──論理的に矛盾がないかぎり，いかなる公理系を設定してもよいという自由。
② ──公理系はわれわれの住んでいる世界のなかにあるなんらかの法則に起源をもっている。

この二つは自由と，それを拘束する条件である。
ノイマンのいうように，これはあくまで二重性に止まるだろうか。それとも，この二重性を統一するような共通の源泉が背後にひそんでいるだろうか。
人間がいくら自由奔放に空想をたくましくしても，しょせんは自然の一部分なのだから，自然の大法則から大きく逸脱することはできない，といってタカをくくる人もいるだろう。この二重性に統一を与えようとして，いろいろのうまいコトバを発明することはできるだろう。しかし，そういうことはたいして意味のあることではない。
ここで必要なのは，数学が容易には融合しにくい二重性に貫かれているということであり，むしろ，この二重性の均衡の上に立っているということである。しかも，その均衡は静的なものというよりは動的な均衡である。一方が優越すれば，他方がそれを追い越そうとつとめる。そういう形の動的な均衡であるといえる。
いずれにしても，ヒルベルトの公理主義は数学の本性を鮮明にうかびあがらせ，それによって数学とは何ぞやという問題を新しい立場から考え直すきっかけをつくったことは否定できない。

● ──同型性

ヒルベルトは〝構造〟ということばは使わなかったが，彼の意味していたことは，まさに構造というものにほかならない。彼はフレーゲ(1848─

1925年）にあてた手紙のなかでつぎのように書いている。

> 私のいう点というのは任意のもの，たとえば愛，法則，煙突掃除人……の体系であり，私のいう公理の全体というのは，これらのもののあいだの関係を考えているのですから，私のいう諸定理，たとえばピタゴラスの定理も，これらのものについて成り立つはずです。

彼のいう公理というのは"何について"ということはいちおう不問に付して，いかなる型の関係が成り立つかということに重点がおかれているのである。これと同じことを物語るもう一つのエピソードをブルーメンタールが伝えている。
あるとき，ベルリン駅の待合室で他の数学者と討論したさいに，彼はつぎのようにいった。
「点・直線・平面の かわりに，いつでも 机・イス・ビールのコップと言いかえてもよい」
これも，ものは何でもよい，関係の型が問題なのだ，ということを言いたかったのであろう。たしかに"何"ということを不問に付して，"いかに関係するか"に注意を向けるというのは自然の順序を無視しているようにみえる。そこのところが専門外の人間にとって理解しにくい点であろうと思われる。しかし，その点にヒルベルトの考えかたの新しさがあるのだといえよう。
われわれをとりまく世界のなかには不思議なくらい，同じ型の関係，同じとまではいかなくとも，類似の関係が存在している。しかも，まるでちがった事物のなかに同じ型の関係が存在しているものである。また，そのような事実が存在していなかったら，はじめから数学という学問そのものが生まれてはこなかったであろう。
直角三角形から生まれてきた $\sin x$ や $\cos x$ が，なぜ単弦振動にもでてくるのか，ふしぎといえばふしぎである。円周率の π が，なぜガウスの誤差法則に顔を出すのか。電気のポテンシャルの微分方程式

$$\frac{\partial^2 u}{\partial x^2}+\frac{\partial^2 u}{\partial y^2}+\frac{\partial^2 u}{\partial z^2}=0$$

が，なぜ重力のポテンシャルにもでてくるのか。また，流体力学にもでてくるのか。物がちがうから，法則の型も一つ一つちがってもよさそうなのに，なぜ同じ法則がしばしば現われてくるのか。造物主はべつべつの現象にはべつべつの法則を与えるのはめんどうなので，同じ型の法則でまに合わせたのだとでもいう他はなさそうである。このように造物主の不精さ(?)から生じたとも思える事実が数学者にとってつけこむスキなのである。

数学者は，u が具体的には電気のポテンシャルであるか，重力のポテンシャルであるか，渦のない流体の速度のポテンシャルであるかを不問に付して，たんなる抽象的な関数として，その性質を探求しておく。それはその結果を電気にも重力にも流体にも適用してみたいからである。このように同型の関係もしくは法則をもった数多くの現象をひとまとめにして研究することを，数学は学問の発生以来やってきたものである。

ヒルベルトの新しい着想も，じつはそのことを言っているにすぎないのであって，その意味では少しも新しいことではない。ただ，ヒルベルトはそれを明瞭なコトバで表明したのにすぎない。

❷——構造

今までなかったものを構成していくという点で数学は建築術に似ているが，構造(structure)というコトバも，やはり，建築術からとってきたものであるらしい。このことはブルバキの「数学の建築術」という論文にでている。

建築物は木材・石・セメント・ガラス……等の物質でできているが，数学の構造は点・直線・数・関数・集合・命題・操作……等の概念からできている。それらはもちろん物質ではないが，物質から完全に遮断された概念ではなく，やはり，客観的世界のなかにある何ものかの似姿であることは事実であろう。

構造というのは，それらのものを一定の法則にしたがって結びつけた有機的な統一体であるといえよう。それらのものを結びつけ，構成する法則をコトバでのべたものが公理であるということになる。

論理的な矛盾さえふくまなければ，どんな公理系を考えても，それは自由であるというのは，どんな構造を考えるのも自由だということである。

そこまでは無数に存在し得る構造のなかで，どれが重要であり，どれがつまらないかと判断する基準はない。しかし，世界のなかでもっとも数多く現われる構造が，まずはじめに研究されるべきだというなら，そこに選択のものさしがつくられたことになる。

たとえば，実数の集合もそのような構造の一つである。それはバラバラの数の集合ではなく，代数的には加減乗除の演算によって結びつけられた体であり，位相的には1次元の連続した空間でもある。これは無数に存在し得る構造の一つにすぎないが，客観的な世界の法則を探究するうえでは，もっとも強力な構造なのである。だから，もっとも早くから研究されてきたのであるし，その選択は正しかったといえる。

実数のほかにも，これと異なる構造は無数にあり得るが，それらは研究の対象にはならなかった。研究しても，それを適用する場合は一つもなかったからである。

数学者はヒルベルトによってどんな構造でも考えだして研究する自由を与えられはしたが，それを濫用しないできたといえる。もちろん，なかにはその自由が濫用されて，まったくつまらない構造が考えだされたような例も絶無ではなかったであろう。しかし，そのような逸脱は自由にはつきものであって，そのために自由を制限するのはまちがいであろう。およそ，あらゆる知的冒険には逸脱の危険は伴なうものである。

---

*1——森毅『現代数学とブルバキ』（東京図書）所収

II──現代数学への招待 2
群・体・環

●──〝体〟というのはドイツ語のKörper，フランス語のcorpsを直訳したものであって，人間の身体とはべつに何の関係もない。コトバをいくら詮索してみても，何もわからない。英語ではfieldというから，直訳すると〝場〟ということになる。これも電磁場などとは何の関係もない。体とは何か。それは数学的に定義するほかはない。──65ページ「体と標数」

●──もちろん，多元環というものが忽然として数学のなかに姿を現わしたわけではない。そもそもの起こりは複素数である。しかし，複素数から多元環への拡張が一挙になされたわけではない。人間はいちどに大飛躍をやれるものではないし，また，いちどに大飛躍をやってみても，はたしてそれに意味があるかどうかわからない。複素数から最初の拡張を行なったのは四元数であった。その発見は一大センセーションをまき起こした。このように，一歩一歩，意味の拡張を行なって，最後に到達した概念である。──86ページ「環と多元環」

群と自己同型

●──群

歴史的にいって，もっとも早くから登場してきた構造は群であろう。それは，つぎのような公理を満足している記号の集合Gである。

①──Gの任意の二つの要素の組(a, b)に対しては，Gの あるほかの要素cが対応する。これを関数の記号で表わすと，
$$f(a, b) = c,$$
つまり，Gの要素を変数とする二変数の関数が定義されている。

②──この$f(a, b)$はつぎのような条件を満足させる。任意の三つの要素に対して，
$$f(f(a, b), c) = f(a, f(b, c)),$$
これを結合法則という。

③──すべてのaに対して，$f(a, e) = a$，$f(e, a) = a$となるようなeが存在する。このようなeを単位元という。

④──すべてのaに対して，
$$f(a, b) = e \qquad f(b, a) = e$$
となるbがただ一つだけ存在する。このようなbをaの逆元という。

以上のような条件を満足する二変数の関数$f(a, b)$が集合Gの上で定義されているとき，Gを群という。つまり，群というのは集合Gに$f(a, b)$がつけ加えられた一つの構造なのである。

これでたしかに一つの構造であることはわかったが，それだけでは，こ

のような群が数学全体はいうにおよばず，なぜ他の部門にまで浸透して威力を発揮しているか，ということの説明にはならない。そのためには群の実例をいくつかあげておく必要がある。

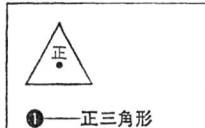

そのまえに，いちいち $f(a, b)$ と書くのはめんどうであるから，$f(a, b)$ を簡単に ab と書くことにしよう。これは乗法の形に書いているが，いまのところ数の乗法とは関係はない。このように書くと，上の条件はつぎのように書ける。

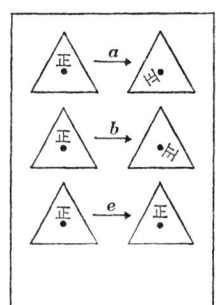

❷——任意の三つの要素に対して，$(ab)c=a(bc)$。
❸——すべての a に対して，$ae=a, ea=a$ となるような e が存在する。このような e を単位元という。
❹——すべての a に対して，$ab=e, ba=e$ となる b がただ一つだけ存在する。このような b を a の逆元という。このような b を a^{-1} と書く。つまり，$aa^{-1}=e, a^{-1}a=e$ となるような a^{-1} である。

このような群 G の実例をいくつかあげてみよう。たとえば，正三角形の中心をピンで止めて，それを回転してみよう——図❶。このような正三角形を120度だけ回転する操作を a，240度回転する操作を b とする。0度回転，つまり，動かさない操作を e とする——図❷。ここで，

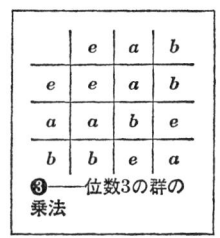

$G=\{e, a, b\}$

とする。ここで，a を先にほどこして，そのあとで b をほどこした操作を ab で表わす。このような操作は360度回転になるから，何もしないのと同じで，e である。

$ab=e$

つまり，ab という乗法は二つの操作の連続施行を意味するのである。この三つの操作どおしの乗法の結果は図❸のような表になる。この表で，G の乗法のあり方は完全にきまってしまうので，この表が構造としての群の型をすべて決定してしまうのである。この表をみると，a の逆元

a^{-1} は b になるし，b の逆元 b^{-1} は a，e の逆元は，もちろん，e である。

$$a^{-1}=b \quad b^{-1}=a \quad e^{-1}=e$$

この群は3個の要素からできている。群の要素の個数を，その群の位数という。したがって，この群の位数は"3"である。

同じく正三角形を重ねるにしても，裏返して重ねることをゆるすことにすると，操作の数はふえる。これは位数6の群になる——図❹。その群の乗法の表をつくると，図❺のようになる。この表をみると，

$$af=g \quad fa=h \quad bf=h \quad fb=g \quad \cdots\cdots$$

となって，順序をいれかえると，結果はちがってくることがわかる。一般に群の乗法には交換法則は成立しない。この点が数の乗法とたいへんにちがっているのである。考えてみると，群の要素は操作なのだから，行なう順序の先後によってちがった結果が生じてくるのは当然であるといえる。

化学の実験で，硫酸をうすめるとき，水に硫酸を入れていけば危険はないが，この順序を誤って，硫酸に水を入れると危険になることをやかましく注意される。これは順序を変更してはいけない例の一つである。このような例を探せば，いくらでもあるだろう。料理などでも，"煮る""焼く""塩を入れる"……などの操作の順序をとりちがえると，味のまるでちがった料理ができる。囲碁や将棋でも二つの手の順序を誤ったために勝敗が逆転することがしばしばある。

そういうことを考えると，操作の連続施行としての群の乗法は交換できないことが普通なのである。もちろん，群のなかには乗法がすべて交換可能なものもある。このような群を可換群もしくはアーベル群という。アーベルというのは，もちろん，夭折したノルウェーの数学者・N.H.アーベル(1802–1829年)の名を記念するためにつけられたものである。彼は可換群に関連して重要な研究を行なったからである。はじめにあげた位数3の群はアーベル群である。

❸——置換群

操作という以上，操作そのものを考えることはむずかしい。どうしても操作をほどこす何かのものがなければならない。だから，それは何かを

動かすという形をとることが多い。たとえば，ある群の操作で動かされるものがn個の要素からなる集合であるとする。そして，その集合は何の相互関係ももっていない無構造の集合であるとする。それを 1, 2, 3, ……, n という数字で表わすことにする。

$$M = \{1, 2, 3, ……, n\}$$

この n 個の数字を入れかえる操作は全部でいくつあるかというと，それは，もちろん，$n!$ 個ある。つまり，n 個の集合をかきまわす操作の全体である。これが $n=3$ のときは，$3! = 1 \cdot 2 \cdot 3 = 6$ で，6個の操作がある。それはつぎの6個である。記号は上の数字を下の数字でおきかえるという意味である。

$$\begin{pmatrix} 1 & 2 & 3 \\ 1 & 2 & 3 \end{pmatrix} = e \qquad \begin{pmatrix} 1 & 2 & 3 \\ 2 & 3 & 1 \end{pmatrix} = a$$

$$\begin{pmatrix} 1 & 2 & 3 \\ 3 & 1 & 2 \end{pmatrix} = b \qquad \begin{pmatrix} 1 & 2 & 3 \\ 1 & 3 & 2 \end{pmatrix} = f$$

$$\begin{pmatrix} 1 & 2 & 3 \\ 3 & 2 & 1 \end{pmatrix} = g \qquad \begin{pmatrix} 1 & 2 & 3 \\ 2 & 1 & 3 \end{pmatrix} = h$$

このように n 個の数字もしくは文字を入れかえる操作のつくる群を置換群という。$n=4$ のときは，すべての置換はもちろん $4! = 24$ だけである。このように，n 個の数字もしくは文字のすべての置換のつくる群を対称群という。$n=4$ のときの対称群の位数はもちろん $4! = 24$ である。

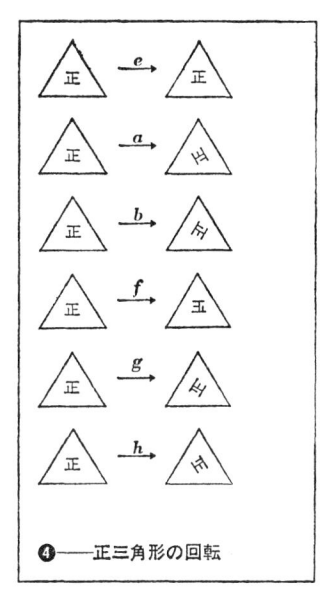

❹——正三角形の回転

	e	a	b	f	g	h
e	e	a	b	f	g	h
a	a	b	e	g	h	f
b	b	e	a	h	f	g
f	f	h	g	e	b	a
g	g	f	h	a	e	b
h	h	g	f	b	a	e

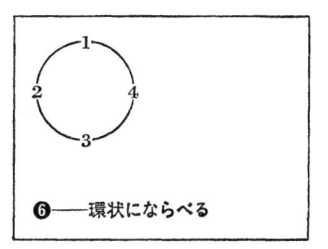

❺——位数6の群の乗法

❻——環状にならべる

しかし，1, 2, 3, 4 という数字のならべ方に一定の条件をつけると，その条件をみたす置換のつくる群はそれより小さくなる。たとえば，1, 2, 3, 4 を環状にならべて——図❻，となりの数字がとなりの数字になる

	e	a	a^2	a^3	b	ab	a^2b	a^3b
e	e	a	a^2	a^3	b	ab	a^2b	a^3b
a	a	a^2	a^3	e	ab	a^2b	a^3b	b
a^2	a^2	a^3	e	a	a^2b	a^3b	b	ab
a^3	a^3	e	a	a^2	a^3b	b	ab	a^2b
b	b	a^3b	a^2b	ab	e	a^3	a^2	a
ab	ab	b	a^3b	a^2b	a	e	a^3	a^2
a^2b	a^2b	ab	b	a^3b	a^2	a	e	a^3
a^3b	a^3b	a^2b	ab	b	a^3	a^2	a	e

❾――位数8の群の乗法

という条件をつけると，つぎの8個の置換が得られる。

$$\begin{pmatrix}1 & 2 & 3 & 4\\1 & 2 & 3 & 4\end{pmatrix} \quad \begin{pmatrix}1 & 2 & 3 & 4\\2 & 3 & 4 & 1\end{pmatrix}$$

$$\begin{pmatrix}1 & 2 & 3 & 4\\3 & 4 & 1 & 2\end{pmatrix} \quad \begin{pmatrix}1 & 2 & 3 & 4\\4 & 1 & 2 & 3\end{pmatrix}$$

$$\begin{pmatrix}1 & 2 & 3 & 4\\2 & 1 & 4 & 3\end{pmatrix} \quad \begin{pmatrix}1 & 2 & 3 & 4\\1 & 4 & 3 & 2\end{pmatrix}$$

$$\begin{pmatrix}1 & 2 & 3 & 4\\4 & 3 & 2 & 1\end{pmatrix} \quad \begin{pmatrix}1 & 2 & 3 & 4\\3 & 2 & 1 & 4\end{pmatrix}$$

ここで8個の置換が得られるが，これは位数8の群をつくる。この群は 1, 2, 3, 4 が正方形の四つの頂点であるとき，その正方形を重ね合わせる操作である――図❼。上の行は0度，90度，180度，270度の回転である。90度回転を a とすると，これらは，

　　　$e, \ a, \ a^2, \ a^3$

である。

$$\begin{pmatrix}1 & 2 & 3 & 4\\2 & 1 & 4 & 3\end{pmatrix}=b$$

とすると，これは図の点線を軸とする回転である――図❽。下の行は，

　　　$b, \ ab, \ a^2b, \ a^3b$

で表わされる。ここで $b^2=e$ である。だから，$b^{-1}=b$。$b^{-1}ab$ を計算してみると，a^3 になる。

　　　$b^{-1}ab=a^3$

　　　$ab=ba^3$

この左から a をかけると，

　　　$a^2b=aba^3=ba^3\cdot a^3=ba^6=ba^2\cdot a^4=ba^2$。

さらに左から a をかけると，

　　　$a^3b=aba^2=ba^3\cdot a^2=ba^5=ba$。

ここで乗法の表をつくると，図❾のようになる。この群の乗法の表は以上のようなものであるが，この表をいつも書く必要はない。なぜなら，この表は，

　　　$a^4=e \quad b^2=e \quad ab=ba^3$

という関係式を使えば，すべて導きだすことができるからである。

もうすこし一般化して正多角形を重ね合わせる操作を考えてみよう。正 n 角形の頂点を，1，2，3，……，n として，これを $\frac{360°}{n}$ だけ回転する操作を a とする。これは頂点の置換としてみると，

$$\begin{pmatrix} 1 & 2 & 3 & 4 & \cdots\cdots & n \\ 2 & 3 & 4 & 5 & \cdots\cdots & 1 \end{pmatrix} = a$$

となる。n 回でもとにもどるから，$a^n = e$ となる——図❿。裏返しを考えに入れると，さらにふえる。1 を通る対称軸について裏返しをする操作を b とすると，

$$b = \begin{pmatrix} 1 & 2 & 3 & \cdots\cdots & n \\ 1 & n & n-1 & \cdots\cdots & 2 \end{pmatrix}$$

$$b^2 = e$$

となることは明らかである。a との関係は，

$$b^{-1}ab = \begin{pmatrix} 1 & 2 & 3 & \cdots\cdots & n \\ 1 & n & n-1 & \cdots\cdots & 2 \end{pmatrix} \begin{pmatrix} 1 & 2 & 3 & \cdots\cdots & n \\ 2 & 3 & 4 & \cdots\cdots & 1 \end{pmatrix}$$

$$\begin{pmatrix} 1 & 2 & 3 & \cdots\cdots & n \\ 1 & n & n-1 & \cdots\cdots & 2 \end{pmatrix}$$

$$= \begin{pmatrix} 1 & 2 & 3 & \cdots\cdots & n \\ n & 1 & 2 & \cdots\cdots & n-1 \end{pmatrix} = a^{n-1},$$

つまり，

$$b^{-1}ab = a^{n-1}。$$

両辺を 2 乗すると，

$$(b^{-1}ab)(b^{-1}ab) = a^{n-1} \cdot a^{n-1}$$

$$b^{-1}a^2b = a^{2(n-1)}$$

つぎつぎに 3 乗・4 乗をつくっていくと，一般に k 乗のときは，

$$b^{-1}a^kb = a^{k(n-1)}$$

となる。

これだけの関係式があれば，この群の位数が $2n$ で，つぎの要素からできていることがわかる。

$$G = (e, a, a^2, \cdots\cdots, a^{n-1}, b, ab, a^2b, \cdots\cdots, a^{n-1}b)$$

この群を 2 面体群 (dihedral group) とよぶ。これは正多角形を それ自身の

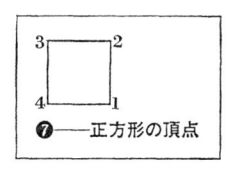

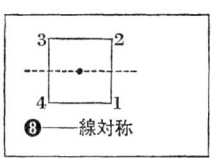

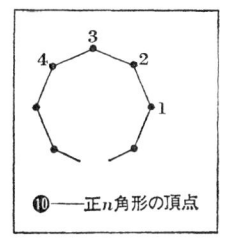

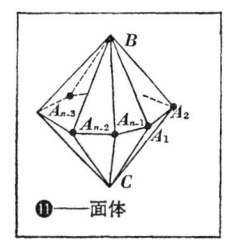

上に重ね合わせる操作の群であるが，立体的に考えると，図⓫のような面体——これを2面体という——をそれ自身に重ね合わせる群である。それは正多角形 $A_1A_2\cdots\cdots A_n$ の中心から等距離にある B, C を頂点とする多面体で，コマのような形をしている。a は B, C を動かさないで回転する操作であるし，b は顚倒して B, C を入れかえる操作にあたる。このような群を D_n で表わす。裏返しをふくまない回転だけの群を C_n で表わす。正三角形を重ね合わせる操作の群は D_3 であるし，正方形を重ね合わせる操作の群は D_4 である。

以上のことから，正多角形について，つぎの群ができることがわかる。

C_1, C_2, C_3, ……, C_n, ……

D_1, D_2, D_3, ……, D_n, ……

C_n のほうは可換群であるし，D_n のほうは非可換群である。

● ——部分群と，その位数

集合には部分集合があるように群にも部分群がある。それは群の部分集合であって，しかも，その部分だけでまた群をつくっているようなものである。前にのべた D_4 で部分群をあげてみよう。部分集合であったら，

$2^8 = 256$

だけあるが，もちろん，部分群はそんなにたくさんはない。まず，

$\{e, a, a^2, a^3\}$

という C_4 がある。つぎに，

$\{e, a^2, b, a^2b\}$　$\{e, a^2, ab, a^3b\}$

がある。その他をひろいあげてみると，

$\{e, a^2\}$　$\{e, b\}$　$\{e, ab\}$　$\{e, a^2b\}$　$\{e, a^3b\}$　$\{e\}$

がある。部分集合と同じように，D_4 自身も部分群に加える。

以上のことから，部分群の位数はすべて 8, 4, 2, 1 で，8の約数であることに気づくだろう。また，$\{e\}$ という位数1の群が部分群としてふくまれていることも明らかである。部分群の位数には3とか5とか，8の約数でないものはふくまれていないのである。

これを一般化すると，つぎの定理が成り立つ。

定理——ある群 G の部分群の位数は G の位数の約数である。

証明——群Gのなかに部分群gがふくまれているとしよう。そのことを記号で書くと，つぎのようになる。

$$g \subset G$$

ここでgにふくまれないGの要素があったら，そのうちの任意の要素をa_1としよう。そして，a_1とgのすべての要素を右からかけてできる要素の全体を$a_1 g$で表わす。さらに，gと$a_1 g$の双方にふくまれない要素がもしあったら，それをa_2とし，同様に$a_2 g$という集合をつくる。このようにして，

$$g, \ a_1 g, \ \cdots\cdots, \ a_{k-1} g$$

をつくって，これでGがいっぱいになったとする。つまり，集合として，

$$G = g + a_1 g + a_2 g + \cdots\cdots + a_{k-1} g$$

と表わされたとする。この＋は集合の合併を表わすものとする。

ここで，おのおのの項は一般には共通部分をもち得るが，gがGの部分集合であるときは，共通部分をもっていない。もし$a_i g$と$a_j g$が共通の要素をもてば，

$$a_i g_r = a_j g_s \quad (g_r, \ g_s \text{ は } g \text{ の要素})$$

となり，

$$a_i = a_j g_s g_r^{-1}。$$

$g_s g_r^{-1}$はgの要素であって，a_iは$a_j g$に属することになり，仮定に反する。だから，$g, \ a_r g, \ a_s g, \ \cdots\cdots, \ a_k g$はたがいに共通部分を有しない。また，$g, \ a_1 g, \ a_2 g, \ \cdots\cdots, \ a_k g$はみな同じ個数の要素をふくんでいる。なぜなら，$a_i g$と$a_j g$のあいだの，

$$a_i g_s \longleftrightarrow a_j g_s$$

という対応は1対1だからである。したがって，gの位数にkをかけるとGの位数になる。つまり，Gの位数はgの位数で割り切れるのである。
——証明終わり

以上のことをもっとわかりやすくいい表わすと，つぎのようになる。Gの部分群

$$g = \{g_1, \ g_2, \ \cdots\cdots, \ g_m\}$$

があるとき，Gのなかに部分集合Aを適当にえらぶと，

$$A = \{e, \ a_1, \ a_2, \ \cdots\cdots, \ a_{k-1}\}。$$

Gの要素は，すべて $e=a_0$ とすると，

$$a_ig_s \begin{cases} i=0, 1, 2, \cdots\cdots, k-1 \\ s=1, 2, \cdots\cdots, m \end{cases}$$

の形にただ一通りに書き表わせる。これはつぎのように方形にならべることができる。もちろん，この方形にでているもののなかには等しいものは一つもない。

$$\begin{bmatrix} g_1 & a_1g_1 & a_2g_1 & \cdots\cdots & a_{k-1}g_1 \\ g_2 & a_1g_2 & a_2g_2 & \cdots\cdots & a_{k-1}g_2 \\ \vdots & \vdots & \vdots & & \vdots \\ g_m & a_1g_m & a_2g_m & \cdots\cdots & a_{k-1}g_m \end{bmatrix}$$

ここで，たての列にならんでいる要素の集まりを副群(Nebengruppe)とよぶことがある。しかし，g 以外の a_1g, a_2g, ……, $a_{k-1}g$ はそれ自身はけっして群ではない。なぜなら，単位元をふくんでいないからである。だから，副群などという名前はあまり適当ではないともいえる。だから，近ごろはこれを右剰余類とよんでいる。a_ig は g を右からかけているからである。ga_i としたら，左剰余類とよべばよい。

さて，以上の事実から群の位数は群の構造に深いかかわり合いをもっていることがわかった。しかし，位数がわかると，それだけで群の構造がすべて定まってしまうかというと，そうではない。位数は同じで，構造のちがう群は，もちろん，いくらでもある。だから，"深いかかわり合いがある"という程度にお茶をにごしておくほかはない。

● ——同型

さて，二つの群が同じ構造をもっていることを具体的にたしかめるには，どうしたらいいのであろうか。そのためには，まず群の構造といっても，それは乗法の決めかたの総体であるということを思い出そう。G, G' という二つの群があったとき，二つの群の乗法の表——図⓬——がまったく同じになったら同じ構造をもつといってもよいだろう。つまり，G, G' の要素のあいだにうまく1対1対応をつけて，かけた結果もやはり対応しているようにできたらいいのである。

$$G = \{a_1, a_2, \cdots\cdots, a_i, \cdots\cdots, a_k, \cdots\cdots, a_l, \cdots\cdots\}$$
$$\updownarrow \quad \updownarrow \qquad\qquad \updownarrow \qquad\qquad \updownarrow \qquad\qquad \updownarrow$$
$$G' = \{a_1', a_2', \cdots\cdots, a_i', \cdots\cdots, a_k', \cdots\cdots, a_l', \cdots\cdots\}$$

上のような対応をつけて，Gのなかの乗法が，そのままG'にもちこされるとき，GとG'は同型であるという。

$$\begin{array}{ccc} a_i & a_k & = a_l \\ \updownarrow & \updownarrow & \updownarrow \\ a_i' & a_k' & = a_l' \end{array}$$

この1対1対応を，

$$\varphi(a_1) = a_1'$$
$$\varphi(a_2) = a_2'$$
$$\cdots\cdots\cdots\cdots$$
$$\varphi(a_i) = a_i'$$
$$\cdots\cdots\cdots\cdots$$
$$\varphi(a_k) = a_k'$$
$$\cdots\cdots\cdots\cdots$$
$$\varphi(a_l) = a_l'$$
$$\cdots\cdots\cdots\cdots$$

と書くと，

$$\varphi(a_i a_k) = \varphi(a_i) \varphi(a_k)$$

と書くことができる。一般的に a, b という文字をつかうと，

$$\varphi(ab) = \varphi(a) \varphi(b)$$

となる。つまり、このような性質をもつGとG'のあいだの1対1対応φが存在するとき、GとG'は同型であるという。言葉でいうと、つぎのようになる。

「Gのなかの任意の二つの要素 a, b をGのなかでかけ合わせて、それをφでG'にうつした結果と、a, b をφでG'にうつした上でG'のなかでかけ合わせた結果は一致する」

このとき、GとG'は同型(isomorphic)であるという。このような1対1対応φは〝乗法を保存する〟ということができよう。

この点が構造をもつ群と無構造の集合のあいだのちがいである。二つの集合M, M'のあいだの1対1対応のさせ方には以上のような付帯条件はついていない。だから、MとM'の個数がnであるとき、そのあいだの1対1対応のさせ方は$n!$だけある。

しかし、位数nの群のあいだの同型対応のさせ方は$\varphi(ab) = \varphi(a) \varphi(b)$と

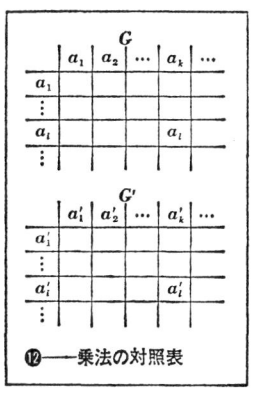

いう付帯条件があるので, $n!$ よりずっと少ない。たとえば, G の中の単位元 e は G' の中の単位元 e' に対応し,それ以外のものには対応しないのである。なぜなら,

$$\varphi(a)=\varphi(ae)=\varphi(a)\varphi(e)。$$

G' のなかで,この条件をみたす要素は単位元 e' しかないのである。

$$\varphi(e)=e'$$

G のなかの e を G' のなかの勝手な要素に対応させることができないとなると, φ という同型対応の数は $n!$ よりはるかに少なくなるだろう。構造が同じであるかどうかを比較することは,なにも群ではじめてでてくるのではない。三角形の相似でも,やはりそうである。二つの三角形 $\triangle ABC$ と $\triangle A'B'C'$ が相似であるかどうかをしらべるには,それらを三つの辺に分解し,それらの三つの辺がどのように相互に関係し合っているかを一つ一つしらべていけばよい——図⑱。それは辺 AB と辺 BC の相互関係,つまり,交角と辺 $A'B'$ と辺 $B'C'$ の交角が等しい,ということになるだろう。つまり,二つの構造の型をくらべるのに,おのおのの構成分子のあいだの相互関係を一つ一つ検討していくというやり方であるから,分析的な方法であるといえよう。

さて,群の同型ということはどのような意義をもっているだろうか。G と G' とが同型であるとき,そのあいだの同型対応 φ は G, G' の乗法の規則には留意しなければならないが,それ以外のことはまったく無関係である。

たとえば, G が正三角形をそれ自身に重ね合わせる操作全体の群であるとすると,それは位数 6 の群になることを知った——図⑲。一方, G' は $\{1, 2, 3\}$ という三つの数字を入れかえる操作の集まりであるとする。

$$\left.\begin{array}{l}\begin{pmatrix}1\ 2\ 3\\1\ 2\ 3\end{pmatrix}\cdots\cdots e' \quad \begin{pmatrix}1\ 2\ 3\\3\ 1\ 2\end{pmatrix}\cdots\cdots a'^2 \quad \begin{pmatrix}1\ 2\ 3\\2\ 1\ 3\end{pmatrix}\cdots\cdots a'b' \\ \begin{pmatrix}1\ 2\ 3\\2\ 3\ 1\end{pmatrix}\cdots\cdots a' \quad \begin{pmatrix}1\ 2\ 3\\1\ 3\ 2\end{pmatrix}\cdots\cdots b' \quad \begin{pmatrix}1\ 2\ 3\\3\ 2\ 1\end{pmatrix}\cdots\cdots a'^2b'\end{array}\right\}G'$$

このとき, G と G' とはそれらが"何にはたらくか"という観点からながめると,まるでちがったものである。一方は三角形の重ね合わせであり,一方は文字の入れかえである。

しかしまた,"何にはたらくか"という側面をしばらく不問にして,操作

どうしのあいだの相互関係がどうであるかという点にだけ注目するなら，GとG'は同じ構造をもっている。つまり，同型であるということになる。

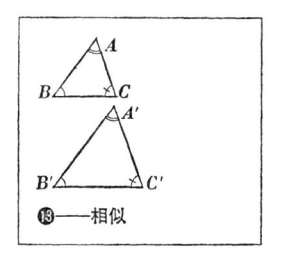

だから，一見すると，まるで無縁であると思われる二つの現象もしくは研究対象のあいだに，意外な類似性もしくは平行性があり得る。それは二つの現象もしくは研究対象の根底にある群が同型であるという事実に由来することが少なくない。

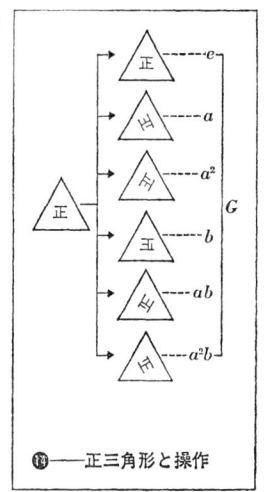

たとえば，5次方程式を代数的に解くさいに，位数が60の群が現われてくるが，これは正20面体を自分自身に重ね合わせる操作全体のつくる群——これを20面体群という——と同型である。

代数の5次方程式と幾何の20面体とでは，一見，何の関係もなさそうであるが，双方の背後にひそんでいる群が同型なので，その二つのあいだには深い親近性があることがわかってきた。

このような例はほかにいくらでもある。群というメガネを通してみると，意外に多くのものが同じ型の理論でとらえられるのである。

群の威力をはじめて発見して，その重要性に気づいたのはガロア(1811–1832年)であった。彼は代数方程式に群を適用してめざましい成果をあげたが，その後，群は数学のあらゆる部門に浸透していった。クラインは幾何学に群を応用して，これまでの幾何学に統一的な見方をもたらしたし，ポアンカレとクラインは関数論に群を応用して保型関数論をつくりだした。

このように群を数学のあらゆる部門に適用してみることは19世紀の数学者たちの共通の課題の一つであった。

●——自己同型としての群

以上のように，群は"何にはたらくか"という点をいちおう捨象した操作

自身のあいだの相互関係によってつくられる構造であった。しかし，群がいろいろの局面で適用されるさいには，"何にはたらくか"という観点を抜きにするわけにはいかない。そこを問題にしないと，具体的なものとのつながりは見い出されない。

群の操作が何かにはたらくといっても，それだけではあまりに漠然としているので，もっと問題をしぼってみると，つぎのような形になるだろう。

ここに何かの構造 S がある。この S は構造というだけでたいへん一般的なものと考えておくことにしよう。だから，それは代数的なものであってもよいし，幾何学的なものであってもよい。このとき，S の自己同型 α というのは，S の構造を保存し，S の要素を S の要素に1対1に写像し，その写像 αS は S 全体をおおうものとする。換言すれば，αS は S にふくまれるだけではなく，

$$\alpha S = S$$

となるものとする(いわゆる onto-mapping)。このような α を S の自己同型 (automorphism) であるという。

まずはじめにいえることは，このような自己同型の全体は群をつくる，ということである。そのためにはつぎのことをたしかめればよい。

①——それは単位元 e をふくむ。e としては，S の任意の要素 x をそれ自身に写す写像をとればよい。

$$e(x) = x$$

②——任意の α に対して逆元 α^{-1} がある。$\alpha(x) = y$ であったら，

$$\alpha^{-1}(y) = x$$

を考えればよい。

③——二つの自己同型 α, β の積は，また自己同型である。

$$\alpha(\beta(x)) = \alpha\beta(x)$$

となり，β でも α でも S の構造は保存されるから，二つの連続施行によっても構造は保存されるはずである。だから，$\alpha\beta$ もやはり自己同型である。

以上でほとんど自明ともいえることであるが，"構造を保存する"という事実をどのように正確に規定するか，ということはそれほどやさしくは

ない。

S が位相空間であるときは，"位相的な構造を保存する"ということを正確に規定するのはそれほどやさしくはない。

つぎにいろいろの場合にあたってみることにしよう。

準同型と同型定理

●——準同型

一つの群Gから，もう一つの群G'に1対1で構造を変えないようにうつす写像が同型の対応であり，同型の対応が一つでも存在すれば，それら二つの群はまったく同型であった。しかし，ここで"1対1"という条件を少しばかりゆるめて"多対1"でもよいことにすると，準同型という考えがでてくる。

Gの要素 $a, b, \cdots\cdots$ をφという写像によってG'の要素 $a', b', \cdots\cdots$ にうつすものとする——図❶。

$\varphi(a) = a'$
$\varphi(b) = b'$
$\cdots\cdots\cdots\cdots$

ここで，積が積にうつり，逆元が逆元にうつるものとすると，式で表わすと，

$\varphi(ab) = \varphi(a)\varphi(b)$
$\varphi(a^{-1}) = \varphi(a)^{-1}$。

このような条件を満足する写像φを準同型写像といい，G'はGに準同型(homomorphic)であるという。これでGの構造がG'の構造にうつされるということがわかる。

φは"多対1"という条件がついているから，G'のなかのa'にうつるGの要素の全体を$\varphi^{-1}(a')$で表わすと，a'と異なるb'に対しては$\varphi^{-1}(a')$と$\varphi^{-1}(b')$とは共通部分をもたない。もしある要素cが$\varphi^{-1}(a')$と$\varphi^{-1}(b')$

の双方に属すれば,
$$\varphi(c)=a'$$
$$\varphi(c)=b'$$
の双方が成り立つことになって, φ が"多対1"であるという仮定に反する。だから, $G \longrightarrow G'$ によって, G はたがいに共通部分のない部分集合に分割される——図❷。
$$G=\varphi^{-1}(a')+\varphi^{-1}(b')+\cdots\cdots$$
このような部分集合を 類(class) と名づける。これは一つの学校の生徒をクラスに分けるのと同じである。このとき, G の要素は G' にうつされたさきにだけ注目することにすると, 同じ類に属する要素は区別できないということになる。

たとえば, G は複素数の加法の群としよう。G の一つの要素 z の実数部分を $R(z)$ で表わすと, この $R(z)$ は G から実数の加法の群 G' への写像を意味する。しかも,
$$R(z_1+z_2)=R(z_1)+R(z_2)$$
$$R(-z_1)=-R(z_1)$$
という関係がすべての z_1, z_2 に対して成り立つから, 準同型写像を意味する。このとき, G はガウス平面における垂直線上の点の集合である——図❸。

このような写像 $R(z)$ は複素数の虚数部分のちがいを無視して, 実数部分だけに着眼するという意味をもつ。つまり, $R(z)$ という準同型は G の構造の一側面をあらっぽく描写するはたらきをもっているのである。

以上で, ともかく G から G' への準同型写像によって, G が類へ分割されたわけであるが, この類はどのような性質をもっているだろうか。

a_1 と a_2, b_1 と b_2 が同じ類に属すれば——図❹, 定義によって,
$$\varphi(a_1)=\varphi(a_2)$$
$$\varphi(b_1)=\varphi(b_2)$$
となることはいうまでもない。そのとき, $a_1 b_1$ と $a_2 b_2$ は, やはり, 同じ類に属するのである。なぜなら,

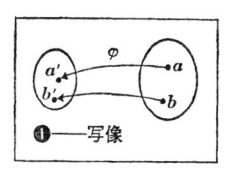

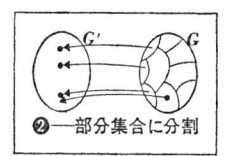

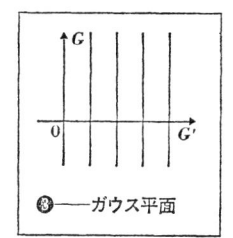

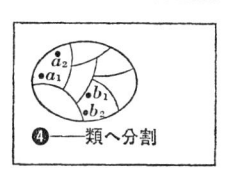

$$\varphi(a_1b_1)=\varphi(a_1)\varphi(b_1)=\varphi(a_2)\varphi(b_2)=\varphi(a_2b_2)$$
となるからである。

a_1, a_2 の属している類を A, b_1, b_2 の属している類を B とすると，A に属する任意の要素と，B に属する任意の要素をえらびだして，その積をつくると，それらはすべてただ一つの類に落ちる。いくつかの積に散逸してしまうことはけっしてないのである。だから，一つの積を一つの列に書きならべると，G は図❺のようになるが，そのとき，真上からながめると，A の列と B の列の積が C の列になるようにみえるはずである。つまり，G の乗法に対して，これらの類は一団となって行動し，その団結をくずすことはない。ここでは要素の集合であるおのおのの類が一つのものとみなされるのである。

ここでもっとも重要な類を H として G' の単位元 e' に写される G の要素の全体 $\varphi^{-1}(e')$ をとってみよう。これは G のなかでどのような部分集合なのであろうか。まず H は G の部分群をなすことがわかる。その H に属する任意の二つの要素 a_1, a_2 をとると，
$$\varphi(a_1)=e'$$
$$\varphi(a_2)=e',$$
かけ合わせると，
$$\varphi(a_1)\varphi(a_2)=e'e'=e'$$
$$\varphi(a_1a_2)=e',$$
だから，a_1a_2 は e' にうつされるので，a_1a_2 は H に属する。また，a_1 が H に属すれば，
$$\varphi(a_1)=e' \quad \varphi(a_1)^{-1}=e'^{-1}=e' \quad \varphi(a_1^{-1})=e',$$
だから，a_1^{-1} も H に属する。つまり，H は G の部分群をなす。

つぎに G の任意の要素を x，H の任意の要素を a とすると，xax^{-1} は，また H に属する。なぜなら，
$$\varphi(xax^{-1})=\varphi(x)\varphi(a)\varphi(x^{-1})=\varphi(x)e'\varphi(x)^{-1}=\varphi(x)\varphi(x)^{-1}=e',$$
つまり，xax^{-1} も φ によって e' に写像されるから，H に属する。結局，H は G の不変部分群になることがわかった。

このように，準同型写像 $\varphi(G)=G'$ があるとき，G' の単位元 e' に写される G の要素の全体 H は，G の不変部分群になり，その H を準同型写像の核という――図❻。

● ——剰余群

以上で準同型写像 φ があると，それによって $H=\varphi^{-1}(e')$ という核が定まり，それが G の不変部分群になることがわかった。

こんどは，これを逆にたどって，G のなかの不変部分群 H から出発して，H を核としてもつ準同型 φ と準同型な群 G' をつくってみせることができる。そのために，まず G を H で剰余類に分けてみる。

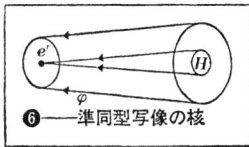

$$G=H+aH+bH+\cdots\cdots$$

ここで，aH に属する a_1, a_2 と bH に属する b_1, b_2 があるとき，a_1b_1 と a_2b_2 が同じ類に属することを示そう。

$$a_1b_1=ah_1bh_2 \quad (h_1, h_2 \text{ は } H \text{ の要素})$$
$$=abb^{-1}h_1bh_2$$
$$=ab(b^{-1}h_1b)h_2$$

H は不変部分群であるから，$b^{-1}h_1b$ は H の要素である。これを h_3 で表わす。

$$=abh_3h_2=ab(h_3h_2)$$

h_3h_2 は H の要素であるから，a_1b_1 は ab と同じ類に属することになる。a_2b_2 についてもまったく同様のことがいえる。すなわち，a_1b_1 と a_2b_2 は同じ類に属することがわかる。だから，不変部分群をもとにして剰余類に分けると，それらの類は，乗法について一団として行動する。

逆元についてもまったく同じことがいえる。a_1 と a_2 が同じ類に属すれば，a_1^{-1} と a_2^{-1} も，やはり，同じ類に属することがわかる。$a_2=a_1h$ のとき（h は H の要素），

$$a_2^{-1}=h^{-1}a_1^{-1}=a_1^{-1}a_1h^{-1}a_1^{-1}=a_1^{-1}(a_1h^{-1}a_1^{-1})。$$

H は不変部分群であるから，$a_1h^{-1}a_1^{-1}$ は，また H に属する。

したがって，H による剰余群の一つ一つを一つの要素とみなせば，ここに一つの群が生まれてくる。この群を G' と名づける。G の任意の要素 a を，それの属する剰余類にうつす写像を φ とすれば，φ は G から G' への準同型写像である。

$$G' \xleftarrow{\varphi} G$$

	0	1	2	⋯	⋯	⋯	$h-1$
0	0	1	2				$h-1$
1	1	2	3				0
2	2	3	4			0	1
⋮							
⋮							
⋮							
$h-1$	$h-1$	0	1				$h-2$

❽——G'の乗積表

このようにしてつくられた群G'をHによるGの剰余群，もしくは商群といい，$G/H=G'$で表わす。

割り算の記号をつかうのは，割り算本来の意味から考えても，けっして不当な記号ではなく，むしろ，巧妙な記号であるといえよう。たとえば，1, 2, 3という三つの数字を入れかえる操作のつくる群Gは位数が$3! = 6$の群であり，つぎのように表わされる。

$$a_1 = \begin{pmatrix} 1 & 2 & 3 \\ 1 & 2 & 3 \end{pmatrix} \quad a_2 = \begin{pmatrix} 1 & 2 & 3 \\ 2 & 3 & 1 \end{pmatrix} \quad a_3 = \begin{pmatrix} 1 & 2 & 3 \\ 3 & 1 & 2 \end{pmatrix}$$

$$a_4 = \begin{pmatrix} 1 & 2 & 3 \\ 1 & 3 & 2 \end{pmatrix} \quad a_5 = \begin{pmatrix} 1 & 2 & 3 \\ 3 & 2 & 1 \end{pmatrix} \quad a_6 = \begin{pmatrix} 1 & 2 & 3 \\ 2 & 1 & 3 \end{pmatrix}$$

このなかで，

$$H = \{a_1, a_2, a_3\}$$

は不変部分群となる。Hの剰余類をつくると，

$$G = H + a_4 H$$

となり，結局，Gが二つの類に分かれる。

$$\{a_1, a_2, a_3\} \quad \{a_4, a_5, a_6\}$$

このときのG'の乗積表は図❼のようになり，群としては位数2の群である。

もう一つの例をあげておこう。Gは整数の加法の群であるとする。

$$G = \{\cdots\cdots, -3, -2, -1, 0, +1, +2, +3, \cdots\cdots\}$$

この群は結合が+で表わされていて，もちろん可換群である。したがって，その部分群はすべて不変部分群である。Gのなかで一定の数hの倍数からできている要素全体HはGの部分群，したがって，不変部分群をなす。ここでG/Hをつくると，これは，おのおのの積は0, 1, 2, ⋯⋯

$h-1$ という h 個の数で代表される。

　　$G' = \{0, 1, 2, \cdots\cdots, h-1\}$

そして，G' の乗積表——ここでは＋で結合される——は図❽のようになる。G' は $\frac{360°}{h}$ の何倍かだけ回転する操作の群とまったく同型である——図❾。以上で，群のなかに不変部分群があれば，それをもとにして準同型な剰余群がつくられることがわかった。だから，ある群が"多対１"の準同型写像で他の群に縮小してうつすことができるかどうかは，不変部分群が存在するかどうかにかかわってくる。だから，不変部分群が存在しなければ，"多対１"の写像で縮小してうつすことはできないはずである。

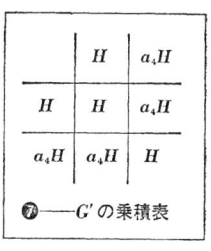

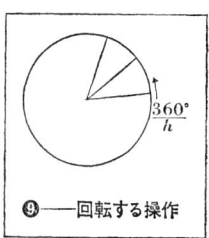

	H	a_4H
H	H	a_4H
a_4H	a_4H	H

❼——G' の乗積表

❾——回転する操作

もちろん，すべての群は単位元のみからできている部分群，$H=\{e\}$ をもっており，それは不変部分群であり，また，群それ自身も不変部分群であるから，$G/G=\{e\}$ と $G/\{e\}=G$ という二つの剰余群はつねに存在するが，これはあまりにもつまらない場合であるから除く。それ以外に不変部分群を有しない群を単純群と名づける。

このような単純群は準同型写像で縮小できない群であると考えてよいだろう。これはある意味では素数のようなものである。

素数は１と，それ自身以外には約数を有しない整数であった。単純群も単位元のつくる群と，それ自身以外には不変部分群を有しない群であった。しかし，単純群の位数はいつも素数であるかというと，けっしてそうではない。たとえば，正20面体をそれ自身の上に重ねる操作の全体は位数が60の群をつくるが，これは単純群である。

❷——部分群の交わりと結び

一つの群 G のなかに二つの部分群 G_1, G_2 があるとき，G_1 と G_2 の共通要素の全体，つまり，G_1 と G_2 の交わり $G_1 \cap G_2$ は明らかにそのまま部分群になる。

なぜなら，a, b が $G_1 \cap G_2$ に属すれば，a, b は G_1 にも G_2 にも属している。したがって，ab は，部分群の定義によって G_1 にも G_2 にも属す

る。だから，ab は $G_1 \cap G_2$ にも属する。a の逆元についても同じことがいえる。a が $G_1 \cap G_2$ に属すれば，a^{-1} もまた $G_1 \cap G_2$ に属する。ところが，G_1 と G_2 の部分集合としての合併集合 $G_1 \cup G_2$ をつくると，それはけっしてそのまま部分群にはならない。たとえば，まえにあげた1，2，3を入れかえる操作の群でも，$G_1 = \{a_1, a_2, a_3\}$ と $G_2 = \{a_1, a_4\}$ はともに部分群になるが，G_1 と G_2 との合併集合 $\{a_1, a_2, a_3, a_4\}$ は部分群にはならない。もし部分群であったら，その位数4は全体の群の位数6の約数とならねばならぬからである。

そこで，G_1 と G_2 の双方をふくむ部分群をつくろうとすれば，どうしても G_1 と G_2 のほかに新しい要素を補う必要がある。上の例でいうと，a_2a_4, a_3a_4, ... 等の要素をどうしてもふくんでいなければならないはずである。

一般に G の部分群 G_1, G_2 がつぎのような要素からできているとき，

$G_1 = \{a_1, a_2, a_3, \ldots\ldots, a_i, \ldots\ldots\}$

$G_2 = \{b_1, b_2, b_3, \ldots\ldots, b_j, \ldots\ldots\}$,

その二つの群からできるあらゆる組み合わせの積

$a_i b_j a_k b_l \ldots\ldots a_m b_n$

という形の要素はすべてふくまれていなければならない。このような積をすべてつくることは容易ではないし，また，それらの積のあいだの乗法の結果を見通すことは一般に困難である。

しかし，とくに二つの部分群の一つが不変部分群であるときは，問題は簡単になる。たとえば，G_2 が不変部分群であるとすると，

$a_k^{-1} b_j a_k = b_s$

$b_j a_k = a_k b_s$

となり，a と b をつぎつぎに入れかえて，すべての a を左に，すべての b を右にもっていって，この積を $a_p b_r$ という形に変形してしまうことができる。だから，G_1 と G_2 をふくむ最小の部分群は $a_p b_r$ という形の要素全体の集まりである。これを $G_1 G_2$ という形に書き表わすことにする。

● ——同型定理

つぎに G_1, G_2 と $G_1 G_2$, $G_1 \cap G_2$ との間にどのような関係が成立するかをしらべてみよう。

定理——Lは群Gの部分群,HはGの不変部分群であるとすると,HLはGの部分群である。そして,HL/Hは$L/(H\cap L)$と同型である。

証明——まずHはGの不変部分群であるから,もちろん,HLの不変部分群である。また,$H\cap L$はLの不変部分群である。なぜなら,aが$H\cap L$に属すれば,Lに属する任意のxで $x^{-1}ax$ をつくると,それはHが 不変部分群であるから,Hに属し,x^{-1}, a, x がすべてLに属するから,Lに属する。したがって,$H\cap L$に属する。だから,$H\cap L$はLの不変部分群である。だから,HL/H と $L/H\cap L$ は二つとも意味がある。

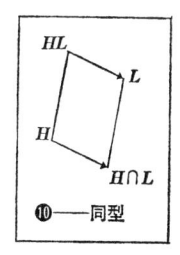

つぎに,この二つの剰余群のあいだに1対1対応をつけてみよう。HL/H のある類kと,$L/H\cap L$ のある類 k' が共通部分をもつとする。その一つの要素をlとすると,k'の要素は $(H\cap L)l$ で表わされる。だから,これは Hl にふくまれる。

$$(H\cap L)l \subset Hl$$

つまり,

$$k' \subset k。$$

また,l_1 と l_2 がそれぞれ $L/H\cap L$ の二つの類 k_1', k_2' に属し,HL/H の同じ類kに属するとしよう。

このとき,$l_1=hl_2$(hはHの要素),$h=l_1l_2^{-1}$ となり,h は $H\cap L$ に属する。したがって,l_1 と l_2 は $L/H\cap L$ の同じ類に属する。したがって,$k_1'=k_2'$。つまり,HL/H の一つの類は $L/H\cap L$ の一つの類をマルごと含んでいて,しかも,ただ一つの類だけしか含んでいない。

ここで $k\supset k_1'$ という1対1対応が得られる。しかも,この対応が群の乗法に対して同型対応を与えることは明らかである。——証明終わり

この定理はつぎのような図式にかくとわかりやすい——図❿。つまり,平行四辺形の形に書いて,長さが等しくて平行な HL/H と $L/H\cap L$ が同型になるのだと読めばよい。しかし,L は HL の不変部分群になるとは限らないから,HL/L という剰余群がつねにつくれるわけではない。だから,HL/L と $H/H\cap L$ が同型であるなどとはいえない。しかし,さらにLが HL の不変部分群なら,HL/L と $H/H\cap L$ の同型がいえ

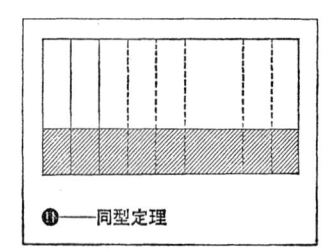

ることはもちろんである。
この同型定理を最大公約数と最小公倍数の関係にあてはめてみよう。
Gは有理整数の加法の群であるとする。mの倍数全体のつくる部分群をH, nのすべての倍数のつくる部分群をLとする。

⓫——同型定理

このとき, Gは可換群であるから, HもLも不変部分群となる。
$H \cap L$はmとnの共通の倍数, つまり, 公倍数のつくる群であるから, m, nの最小公倍数rの倍数である。
HL は $mx+ny$ (x, yは任意の整数)という形のすべての数の集合である。このような数のなかで, 0でなくて絶対値の最小な数をsとする。$mx+ny$ はすべてsの倍数である。だから, mもnもsの倍数である。つまり, sはm, nの公約数である。m, nの任意の公約数をtとすると, このtは $H \cap L$ のすべての数を割り切る。だから, sも割り切る。そこで, sは最大公約数であることがわかる。つまり, HL はsの倍数である。
ここで, まえの同型定理を適用してみる。
HL/H の位数は$\frac{m}{s}$である。また, $L/H \cap L$ の位数は$\frac{r}{n}$である。HL/H と $L/H \cap L$ は同型であるから, それらの位数はもちろん一致しなければならない。

$$\frac{m}{s}=\frac{r}{n}$$

したがって,

$$rs=mn。$$

つまり, "二つの整数の 最大公約数と 最小公倍数の積は, その二数の積に等しい"ということが 証明されたのである。この同型定理を 図示すると, 図⓫のようになる。全体は HL, 斜線を入れた部分は L, 列は HL/H の類, 斜線を入れた列は $L/H \cap L$ の類である。

体と標数

●——体

群についての大まかな説明を終わったので，つぎは体についてのべることにしよう。

"体"というのはドイツ語の Körper, フランス語の corps を直訳したものであって，人間の身体とは別に何の関係もない。コトバをいくらせんさくしてみても，何もわからない。英語では field というから，英語のほうを直訳すると，"場"ということになるだろうが，これも物理学の電磁場などとは何の関係もない。むかし，英語でも Körper の直訳として corpus というコトバをつかっていたことがあるが，これには"死体"などという縁起でもない意味があるので，field に変えたのであるらしい。体とは何かというと，それは数学的に定義するほかはない。

まず，それはなにかのものの集合である。その上に＋・－・×・÷の演算が定義されている。つまり，一つの代数的な構造(structure)である。正確にいうと，つぎのようになる。集合Kがつぎの条件をみたすとき，体と名づける。

①——Kは可換群である。その群の乗法は $a+b$ のように加法で表わす。その群の単位元を 0 で表わす。
②——Kから 0 を除いた K' は別のある可換群をなす。この群の乗法は ab のように乗法で表わす。
③——加法と乗法とのあいだには分配法則が成り立つ。

$$a(b+c)=ab+ac$$
$$(b+c)a=ba+ca$$

コトバをかえていうと，体Kは＋・－・×・÷という四則の定義された集合であって，その四則は結合法則・交換法則・分配法則をみたしている。そういうと，体の例はすでにいくらでも知っているだろう。

たとえば，Kとしてすべての有理数の集合をとれば，それは普通の加減乗除について体をつくることがわかる。また，すべての実数の集合も普通の加減乗除に対して体をつくっている。

しかし，すべての整数の集合は体にはならない。なぜなら，加法については群をつくるが，乗法については群をつくらないからである。任意のaについてa^{-1}が存在しないのである。

体は加法群であると同時に乗法群(0を除いて)であるから，近ごろ，流行のコトバをつかうと，"二重構造"になっている。だから，加法群の単位元0と乗法群の単位元の1はかならず含んでいなければならない。つまり，体は最低二つの要素をふくんでいることになる。

ところが，その0と1だけしかふくんでいない体が存在するのである。これは，もちろん，最小の体である。加法はつぎのように定義される。

$$0+0=0$$
$$0+1=1$$
$$1+0=1$$
$$1+1=0$$

表にすると，図❶のようになる。乗法は，図❷のようになる。
これに対して結合・交換・分配の諸法則が成り立つことは試してみればわかる。

この体の四則は整数を偶数と奇数に分けたときの加減乗除と同じである。

偶数＋偶数＝偶数——→$0+0=0$
偶数＋奇数＝奇数——→$0+1=1$
奇数＋偶数＝奇数——→$1+0=1$
奇数＋奇数＝偶数——→$1+1=0$

乗法については，つぎのようになる。

偶数×偶数＝偶数——→$0\cdot 0=0$

偶数×奇数＝偶数──→0・1＝0
奇数×偶数＝偶数──→1・0＝0
奇数×奇数＝奇数──→1・1＝1

つまり，

偶数──→0
奇数──→1

という対応をつけると，偶数と奇数のあいだの加減乗除と同型なのである。このような体は最小の体で有限個の要素をもっている。

この体のほかにも有限個の要素をもっている体はないだろうか。たとえば，3個の要素をもった体も存在する。その各要素を0，1，2で表わす。

$K = \{0, 1, 2\}$

加法は3の倍数が0になるように定義しておく──図❸。乗法もやはり同様である──図❹。

2・2＝4＝1＋3

であるから，2・2＝1 となっている。このように3個の要素からできている体も存在するのである。結論的にいうと，一つの素数 p の累乗 p^n 個の要素をもつ体は存在することがいえる。このように有限個の要素をもつ体を有限体という。この有限体の存在をはじめて発見したのはガロア(1811-1832年)であったから，有限体のことを Galois field ともよんでいる。

	0	1
0	0	1
1	1	0

❶──0と1の加法

	0	1
0	0	0
1	0	1

❷──0と1の乗法

	0	1	2
0	0	1	2
1	1	2	0
2	2	0	1

❸──0,1,2の加法

	0	1	2
0	0	0	0
1	0	1	2
2	0	2	1

❹──0,1,2の乗法

●──有限体

有限体は一般にどんな構造をもっているかをつぎにのべよう。以下においては，乗法の単位元を1ではなく e で表わすことにしよう。まず，この e をどんどん加えていってみよう。

$e + e + \cdots\cdots$

e を n 個加えたものを ne で表わすことにする。

$$\underbrace{e + e + \cdots\cdots + e}_{n} = ne$$

この n は K の要素であるとは限らない。だから，ne は K の二つの要素の積という意味はもっていない。ne の意味から，

$$(n \pm m)e = ne \pm me$$

となることは明らかであろう。また，

$$\underbrace{(e+e+\cdots\cdots+e)}_{n}\underbrace{(e+e+\cdots\cdots+e)}_{m}$$
$$=\underbrace{e^2+e^2+\cdots\cdots+e^2}_{n\times m}=\underbrace{e+e+\cdots\cdots+e}_{n\times m},$$

つまり，

$$ne \cdot me = nme$$

となる。ここで，

$$e,\ 2e,\ 3e,\ \cdots\cdots$$

をつくっていくと，K は有限体であるから，すべてがちがっていることはできない。だから，これらのうちの二つは同じでなければならない。

$$ne = me$$
$$(n-m)e = ne - me = 0$$

つまり，e は何回か加えると，0 にならねばならない。

$$e+e+\cdots\cdots+e=0$$

このような加える回数のもっとも小さいもの，換言すれば，

$$e = e$$
$$2e = e+e$$
$$3e = e+e+e$$
$$\cdots\cdots\cdots\cdots$$

をつくっていって，最初に 0 となるものを pe であるとする。

$$pe = \underbrace{e+e+\cdots\cdots+e}_{p} = 0$$

このとき，p はどうしても素数でなければならない。p が素数でないとすると，p は二つの因数に分かれる。

$$p = rs$$

r も s も p より小さいものとする。

$$0 = pe = rse = re \cdot se$$

かりに $re \cdot se$ のうち一方の re が 0 でないとすると，$(re)^{-1}$ が存在する。

両辺に $(re)^{-1}$ をかけると，

$0 = se$。

つまり，re, se のうち少なくとも一方は0でなければならない。$se = 0$ とすると，pe は最初に0になるという仮定に反する。だから，p はどうしても素数でなければならない。

K はかならず e をふくむから，$e+e$, $e+e+e$, …… もすべてふくむ。だから，

$0, \ e, \ 2e, \ ……, \ (p-1)e$

をかならずふくんでいなければならない。これらの要素の集合を Π で表わす。

$\Pi = \{0, \ e, \ 2e, \ ……, \ (p-1)e\}$

つぎに Π が体であることを証明しよう。

加法について群をつくることは容易にわかる。

$ne + me = (n+m)e$

で，$n+m$ が p をこせば pe を引いておけばよいし，ne の逆元は $(p-n)e$ にとればよい。

問題は除法である。$n \neq 0$ のとき，ne の逆元をどのようにして求めるかを考えねばならない。つまり，

$ne \cdot xe = e$

となる x をみつけることである。

$nxe = e$

つまり，

$nx = 1 + yp$

となるような整数の x, y を発見すればよいのである。これは n が p とたがいに素であることから，かならず存在することがいえる。つまり，このようにして得た xe が ne の逆元なのである。

$xe = (ne)^{-1}$

だから，Π が体であることがわかった。この Π は K のなかにふくまれている最小の体であるから，素体と名づけられている。これは整数論のコトバに翻訳すると，素数 p を法とする剰余系のつくる体にほかならない。$p = 5$ のときの加法と乗法の表をつくると，つぎのようになっている——図❺❻。この二つの表で $p = 5$ の体の構造が完全にきまるのである。$p = 7$

とすると，図❼❽のようになる。

●──体の標数

前にのべたように，体というのは加法群であると同時に乗法群である，という点で"二重構造"をもっているといえる。

加法群の単位元を0で表わし，乗法群の単位元を1(もしくはe)で表わす。このとき，0と1だけからできている最小の体が存在することを前にのべておいた。そればかりではなく，位数が3，5，7，……となる有限体の実例もあげておいた。

ここで，もっと一般的に考えてみよう。体のなかには乗法の単位元 e がかならずふくまれているが，この e が加法群のなかでどのようなふるまいをするかに注目してみよう。e をつぎつぎに加えていくとき，これはみな体 K の要素である。

$$e$$
$$e+e$$
$$e+e+e$$
$$\cdots\cdots$$

ここで二つの場合がおこる。

①──この要素の列はみなたがいに異なっている。
②──同じものがくりかえす。

①のばあいは無限個の要素が K のなかにふくまれることになって，K は，もちろん，有限体ではない。このとき，

$$e \longrightarrow 1$$
$$e+e \longrightarrow 2$$
$$e+e+e \longrightarrow 3$$
$$\cdots\cdots$$

という対応をつけると，これは自然数の集合と1対1対応がつけられる。さらに，0と0を対応させ，

$$-e \longrightarrow -1$$
$$-(e+e) \longrightarrow -2$$
$$-(e+e+e) \longrightarrow -3$$

という対応をつけると，これは整数全体と対応がつけられる。さらに進んで，

$$\underbrace{(e+\cdots+e)}_{m}\underbrace{(e+\cdots+e)}_{n}{}^{-1} \longrightarrow \frac{m}{n}$$

という対応を考えると，これは有理数全体と1対1対応がつけられる。

結局，K は有理数全体の体と同型な体をふくむことになる。

②のばあいは，前にのべたように，e を素数回数だけ加えると0になる。

$$\underbrace{e+e+\cdots+e}_{p}=0$$

このような素数 p が体 K の構造を特徴づける重要な数であることがわかる。この数 p をその体の標数(characteristic)という。

①のばあいには，e は有限回ではくり返さないので，そのような素数は存在しない。このばあいには標数は無限大としてもよいかもしれないが，ここでは標数が0であるという。これまでわれわれが知っていた有理数体・実数体・複素数体の標数はすべて0である。

標数 p の体は，e ばかりではなく，あらゆる要素が p 個加えられると0になることを注意しておこう。

$$\underbrace{a+a+\cdots+a}_{p}$$
$$=\underbrace{ae+ae+\cdots+ae}_{p}=a\underbrace{(e+e+\cdots+e)}_{p}$$
$$=a\cdot 0=0.$$

標数 p の体と標数0の体とはいろいろの点でたいへんちがっている。そのちがいのなかでも大小関係の点がとくにちがっている。

	0	1	2	3	4
0	0	1	2	3	4
1	1	2	3	4	0
2	2	3	4	0	1
3	3	4	0	1	2
4	4	0	1	2	3

❺——$p=5$の加法

	0	1	2	3	4
0	0	0	0	0	0
1	0	1	2	3	4
2	0	2	4	1	3
3	0	3	1	4	2
4	0	4	3	2	1

❻——$p=5$の乗法

	0	1	2	3	4	5	6
0	0	1	2	3	4	5	6
1	1	2	3	4	5	6	0
2	2	3	4	5	6	0	1
3	3	4	5	6	0	1	2
4	4	5	6	0	1	2	3
5	5	6	0	1	2	3	4
6	6	0	1	2	3	4	5

❼——$p=7$の加法

	0	1	2	3	4	5	6
0	0	0	0	0	0	0	0
1	0	1	2	3	4	5	6
2	0	2	4	6	1	3	5
3	0	3	6	2	5	1	4
4	0	4	1	5	2	6	3
5	0	5	3	1	6	4	2
6	0	6	5	4	3	2	1

❽——$p=7$の乗法

標数0の有理数体では各要素のあいだに大小関係がつけられる。それは不等号＜によって表わされる。もっとくわしくいうと，有理数体Rの要素は正・負・0の三種類に分けられる。正の要素aは$a>0$，負の要素aは$a<0$と書き表わせば，つぎのようになる。

① ―― $a>0$, $b>0$ ならば，$a+b>0$, $ab>0$
② ―― $a>0$ ならば，$-a<0$

このような条件を満足するような正・負・0に分けることができるのである。だから，有理数全体を一直線上にならべることができる。しかし，標数pの体はそうはいかないのである。そのことを示そう。

まずeは正か負かを考えてみよう。もし$e<0$とすれば，
$$-e>0 \quad (-e)(-e)>0 \quad e^2=e>0$$
となる。だから，$e>0$でなければならない。ところが，
$$\underbrace{e+e+\cdots\cdots+e}_{p}=0$$
においてeを移項すると，つぎのようになる。
$$\underbrace{e+e+\cdots\cdots+e}_{p-1}=-e$$
左辺は正の要素を加えたものであるから正であるのに対して，右辺は明らかに負である。だから，

　　正＝負

ということになって矛盾である。したがって，標数pの体には大小関係を導入することはできないのである。

有理数体は一直線上にならべることができるが，標数pの体はそうはいかない。標数pの素体はしいて空間的にならべようとするなら，直線ではなく，円周上にならべたほうがよい。たとえば，$p=5$の素体は，円周を5等分した点上に$e, e+e, \cdots\cdots$とならべておくとわかりやすい――図❾。このとき，加法が回転によってうまく表わされるからである。

しかし，乗法はそのままではうまくいかないので，0を除いた4個の要素をならべかえねばならない。

$$(e+e)^2=e+e+e+e$$
$$(e+e)^3=e+e+e$$

$$(e+e)^4 = e$$

であるから，図⑩のようにならべるとよい。以上のことから，大ざっぱにいうと，標数 0 の体は"直線的"で，標数 p の体は"円的"であるといえよう。

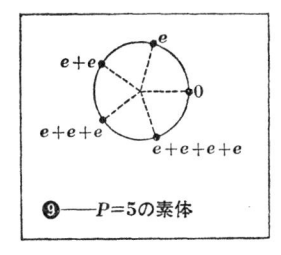

● ―― 最小の体

数学では極端なものが重要な意味をもっていることが多いが，体でも極端に要素の少ない体が注目に価する性質をもっている。そのような最小の体は，前にのべたように，0 と e だけからできている体で，それはもちろん標数 2 の素体である。

e を 1 で書くことにすると，加法と乗法は次の表で表わされる――図⑪⑫。この体を $GF(2)$ と書くことにする。一般に有限体を Galois field というから，その頭文字をとって GF と書く。カッコのなかの 2 は位数を表わす。だから，$GF(2)$ は位数が 2 の有限体という意味である。

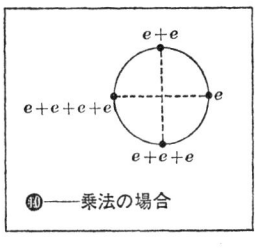

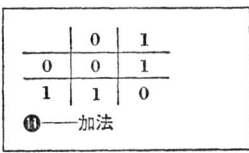

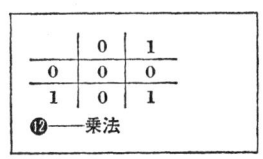

⑨ ―― $P=5$ の素体

⑩ ―― 乗法の場合

	0	1
0	0	1
1	1	0

⑪ ―― 加法

	0	1
0	0	0
1	0	1

⑫ ―― 乗法

$GF(2)$ は記号論理学と密接な関係をもっている。

$A, B, C, \cdots\cdots$ が"雨が降る""風が吹く""私は学校へ行く"……などという命題を表わす記号とする。これらの命題は真であるか偽であるかのどちらかであるとする。世論調査では"賛成""反対"のほかに"わからない"という票がかなりあるが，ここではある命題は真か偽かのどちらかであるとして，第三のばあいを許さないものとするのである。

A と B を"または"(or) でつないだ命題を $A \vee B$ で表わし，これを選言命題と名づける。A が"雨が降る"，B が"風が吹く"であったら，$A \vee B$ は"雨が降るか，または風が吹く"という命題になる。

これに対して A と B を"そして"(and) でつないだ命題を $A \wedge B$ で表わし，これを連言命題とよぶことにする。上の例では $A \wedge B$ は"雨が降って，そして，風が吹く"ということになる。

A, B は真・偽いずれにもなり得るものとすると，$A \lor B$ と $A \land B$ はそれにつれてどうなるかをみよう——図⑬。

ここで，かりに $A \lor B = f(A, B)$ という 2 変数関数の形に書いて，A, B は{真, 偽}という値をとる変数で，$f(A, B)$ はそれにつれて，やはり，真・偽いずれかの値をとる関数とみなすことができる。

ここで真・偽という値を $GF(2)$ の 0 と 1 にうまく対応させることを考えてみよう。連言命題には，まずつぎの恒等式が成立することに注目しよう。

$$A \land A = A$$

ここで $\land$ を $\times$ になぞらえてみると，$A \times A = A$ になり，A は 0 か 1 かの値をとり，その関係がそっくりそのままになっていることに気づくにちがいない。

ここで，偽 ——→ 0，真 ——→ 1 とおきかえると，図⑭の表は図⑮の表に入れかわる。つまり，$A \land B = f(A, B)$ という{真, 偽}の値をとる関数は，A, B という $GF(2)$ の値をとる関数でおきかえることができる。

つぎに"否定"はどうなるだろうか。A が"雨が降る"であるとしたら，A の否定は"雨が降らない"であり，これは A'（もしくは $\overline{A}$，~A，……などと書くこともある）で表わすことにしよう。A' は A とは真・偽の値が正反対である。$GF(2)$ のなかでいうと，A が 0 のときは A' は 1，A が 1 のとき，A' は 0 である。このような関数は $1 - A$ である。だから，

$$A' = 1 - A$$

と書くことができるわけである。また，否定の否定は肯定だから，

$$A'' = A 。$$

さて，選言と連言のあいだにはつぎのような関係がある。[1]

$$(A \lor B)' = A' \land B'$$
$$(A \land B)' = A' \lor B'$$

これは A, B に具体的な命題をあてはめてみると，簡単に納得できよう。

$$(A \lor B)' = A' \land B'$$

の両辺の否定をつくると，つぎのようになる。

$$A \lor B = (A' \land B')'$$

これを $GF(2)$ のなかで考えると，

$$A \lor B = 1 - (A' \land B')$$

$$= 1-(1-A)(1-B)$$
$$= 1-(1-A-B+AB)$$
$$= A+B-AB_。$$

しかし,
$$-AB=AB$$
であるから,
$$= A+B+AB$$
と書いてもよい。つまり，$\vee$と$\wedge$は $GF(2)$ のなかの $+$・$\times$ で表わすことができるのである。

ところで，$A\vee B$ や $A\wedge B$ は $GF(2)$ の上で定義された2変数の関数であるが，このような関数一般について考えてみよう。n変数の関数,
$$y=f(x_1, x_2, \cdots\cdots, x_n)$$
を考えてみよう。ここで $x_1, x_2, \cdots\cdots, x_n$ は $GF(2)$ の要素である 0, 1 という値をとるものとする。そのとき，$x_1, x_2, \cdots\cdots, x_n$ がたがいに他と無関係に 0 か 1 かの値をとるものとすると，$x_1, x_2, \cdots\cdots, x_n$ の値の組み合わせは 2^n となる——図⓰。別のコトバでいうと，$GF(2)$ の直積となる。

$$\underbrace{GF(2)\times GF(2)\times\cdots\cdots\times GF(2)}_{n}$$

ところで，y も $GF(2)$ の要素 0, 1 という値をとる。つまり，$f(x_1, x_2, \cdots\cdots, x_n)$ は,
$$GF(2)\times GF(2)\times\cdots\cdots\times GF(2)$$
から，$GF(2)$ への写像を与えていると考えてよい。そのような写像の全体は全部でいくつあるかというと，それは，いうまでもなく $2^{(2^n)}$ である。だから，$n=2$ のときは,
$$2^{(2^n)}=2^{(2^2)}=16$$
だけの関数があることになる。

図⓱のように $GF(2)\times GF(2)$ を平面上にかいてみよう。この4個の点

における値は0, 1のどれかになるが，その組み合わせの全体はつぎのとおりである。

$$\begin{bmatrix} 0 & 1 \\ 0 & 0 \end{bmatrix} \quad \begin{bmatrix} 1 & 1 \\ 1 & 0 \end{bmatrix} \quad \begin{bmatrix} 0 & 1 \\ 1 & 0 \end{bmatrix} \quad \begin{bmatrix} 0 & 1 \\ 1 & 1 \end{bmatrix} \quad \begin{bmatrix} 0 & 0 \\ 1 & 0 \end{bmatrix}$$

$$\begin{bmatrix} 1 & 1 \\ 0 & 1 \end{bmatrix} \quad \begin{bmatrix} 1 & 0 \\ 0 & 0 \end{bmatrix} \quad \begin{bmatrix} 1 & 0 \\ 0 & 1 \end{bmatrix} \quad \begin{bmatrix} 0 & 0 \\ 0 & 1 \end{bmatrix} \quad \begin{bmatrix} 1 & 0 \\ 1 & 1 \end{bmatrix}$$

$$\begin{bmatrix} 0 & 0 \\ 0 & 0 \end{bmatrix} \quad \begin{bmatrix} 1 & 1 \\ 0 & 0 \end{bmatrix} \quad \begin{bmatrix} 0 & 1 \\ 0 & 1 \end{bmatrix}$$

$$\begin{bmatrix} 1 & 1 \\ 1 & 1 \end{bmatrix} \quad \begin{bmatrix} 0 & 0 \\ 1 & 1 \end{bmatrix} \quad \begin{bmatrix} 1 & 0 \\ 1 & 0 \end{bmatrix}$$

このなかで，

$$\begin{bmatrix} 0 & 1 \\ 0 & 0 \end{bmatrix} \text{が } A \wedge B \quad \begin{bmatrix} 1 & 1 \\ 0 & 1 \end{bmatrix} \text{が } A \vee B$$

である。

このような関数$f(x_1, x_2, \ldots, x_n)$の具体的モデルとしてはつぎのようなスイッチ回路がある——図⑱。$x_1, x_2, \ldots, x_n$はn個のスイッチで，そのおのおのはonかoffかの二つの状態になり得る。箱の中の電線のつなぎ方は外から見えないが，とにかくyにランプがついていて，$x_1, x_2, \ldots, x_n$の状態にしたがってついたり，消えたりするものとする。

$$\text{on} \longrightarrow 1 \quad \text{off} \longrightarrow 0$$

という対応をつけると，このyは，

$$y = f(x_1, x_2, \ldots, x_n)$$

という関数になることがわかる。このようにスイッチ回路の研究には$GF(2)$の上のn変数の関数が利用できるのである。

●——標数pの体

標数pの体はいろいろの点で標数0の体とちがっている。たとえば，

$$(a+b)^p = a^p + b^p$$

という恒等式が成立することも，標数0の体からは考えられないことである。2項定理をつかうと，

$$(a+b)^p = a^p + \binom{p}{1}a^{p-1}b + \binom{p}{2}a^{p-2}b^2 + \cdots + \binom{p}{p-1}ab^{p-1} + b^p$$

となる。ここで，

$\binom{p}{1}$, $\binom{p}{2}$, ……

はそれだけ同じ要素を加えるという意味である。これらの数がすべて p の倍数であることが証明されれば、標数 p ということから 0 になることがわかる。

$$\binom{p}{m} = \frac{p!}{m!(p-m)!} \qquad (1 \leq m < p)$$

であるから、

$$p! = \binom{p}{m} m!(p-m)!$$

$m!$ も $(p-m)!$ も p で割り切れないが、左辺は p で割り切れるので、

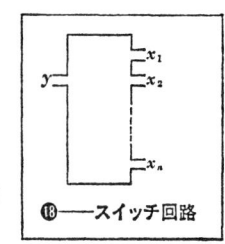

$$\binom{p}{m}$$

が p で割り切れねばならない。——証明終わり

だから、2項展開の中間の項はすべて消えてしまい、両端だけが残るから、

$$(a+b)^p = a^p + b^p$$

という恒等式が成り立つ。これは標数 0 の体だけを知っている人にはまことに奇妙な公式であろう。代数を学びはじめた中学生はよく、

$$(a+b)^2 = a^2 + b^2$$

などというまちがいをやるが、これは実数体のような標数 0 の体では明らかにまちがいであるが、標数 2 の体では正しいのである。

環と多元環

●──環

体よりも条件のゆるやかなものとして環(ring)がある。体と同じように環という名称も、商品の商標のようなものであって、品質そのものとはあまり関係はない。"ハチぶどう酒"といっても、ハチとぶどう酒とは無関係なのと同じである。

環には＋・－・×だけが定義されていて、÷については何もいっていない。環は、まずつぎのような性質をもっている。

①──加法群である。加法は＋で、逆の演算は－で表わす。

$a+b \quad a-b$

この加法群の単位元を0で表わす。

②──もう一つの演算、つまり、乗法が定義されていて、これを ab で表わす。この乗法はふつう結合法則を満足している。

$(ab)c=a(bc)$

しかし、結合法則の成立しない環もある。逆元については何も規定されていない。また、交換法則 $ab=ba$ も成立するとはかぎらない。

③──加法と乗法のあいだには、分配法則が成立する。

$a(b+c)=ab+ac$

$(b+c)a=ba+ca$

このような環の実例をつぎにいくつかあげてみよう。

● ――環の実例

① ――正負の整数の集合で，加法と乗法は通常のものをとる。

$$\Gamma = \{\cdots\cdots, -3, -2, -1, 0, +1, +2, +3, \cdots\cdots\}$$

これが環をなすことはいうまでもない。

② ――実数を係数とするすべての多項式の集合を通常の＋と×で結びつけるもの。

$$f(x) = a_0 + a_1 x + \cdots\cdots + a_n x^n$$

③ ――実数を要素とする2行2列の行列の全体を行列の加法と乗法によって結びつけるもの。

$$A = \begin{bmatrix} 実数, & 実数 \\ 実数, & 実数 \end{bmatrix}$$

このような行列のつくる環には交換法則は成立しない。その実例としては，

$$A = \begin{bmatrix} 1 & 3 \\ 2 & 4 \end{bmatrix} \quad B = \begin{bmatrix} 2 & 4 \\ 3 & 5 \end{bmatrix}$$

とすると，

$$AB = \begin{bmatrix} 1 & 3 \\ 2 & 4 \end{bmatrix} \begin{bmatrix} 2 & 4 \\ 3 & 5 \end{bmatrix} = \begin{bmatrix} 11 & 19 \\ 16 & 28 \end{bmatrix}$$

$$BA = \begin{bmatrix} 2 & 4 \\ 3 & 5 \end{bmatrix} \begin{bmatrix} 1 & 3 \\ 2 & 4 \end{bmatrix} = \begin{bmatrix} 10 & 22 \\ 13 & 29 \end{bmatrix}$$

ここで，AB と BA をくらべてみると，明らかにちがっている。つまり，

$$AB \neq BA。$$

④ ――$GF(2) = \{0, 1\}$ の要素を要素にもつ2行2列の行列で，第2列はすべて0になるもの。

$$\begin{bmatrix} 0 & 0 \\ 0 & 0 \end{bmatrix} = 0 \quad \begin{bmatrix} 1 & 0 \\ 1 & 0 \end{bmatrix} = a_1 \quad \begin{bmatrix} 1 & 0 \\ 0 & 0 \end{bmatrix} = a_2 \quad \begin{bmatrix} 0 & 0 \\ 1 & 0 \end{bmatrix} = a_3$$

このような行列が環をつくることは，つぎのような表から見てとれる――図❶。この環は有限個の要素から成り立っている。そして，交換法則は成立しない。

⑤ ――[0, 1] という区間で定義されたすべての連続関数の集合――図❷。これを通常の加法と乗法で結びつける。これは交換法則の成立する――

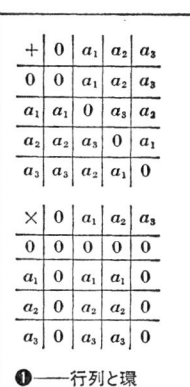

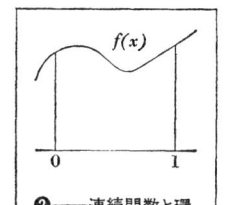

+	0	a_1	a_2	a_3
0	0	a_1	a_2	a_3
a_1	a_1	0	a_3	a_2
a_2	a_2	a_3	0	a_1
a_3	a_3	a_2	a_1	0

×	0	a_1	a_2	a_3
0	0	0	0	0
a_1	0	a_1	a_1	0
a_2	0	a_2	a_2	0
a_3	0	a_3	a_3	0

❶――行列と環

❷――連続関数と環

つまり，可換な──環である。

以上のように環は体よりもはるかに範囲が広い。とくに⑤の例が示すように，連続関数の集合も環になるのであるから，解析学にも関係がふかくなってくる。

●──有限環

有限体の構造はひどく簡単であった。要素の個数が定まると，その型はただ一つにきまってしまう。ところが，環になると，そうはいかない。要素の数がきまっても，環としての構造はいくらでもあり得る。

しかし，このばあいも，より単純なものに分解することはできる。有限環Rの要素の数──つまり，位数──がrで，このrはたがいに素なmとnの積に分解するものとしよう。

$$r = m \cdot n$$
$$(m, n) = 1$$

Rのなかでm倍すると0になる要素全体の集合をR_1とする。つまり，

$$\underbrace{a+a+\cdots\cdots+a}_{m} = ma = 0$$

となるようなaの集合である。同じくn倍すると0になるような要素全体をR_2とする。

まずR_1, R_2がRの部分環をなすことを証明しよう。R_1に属するa, bについて，

$$m(a+b) = ma + mb = 0 + 0 = 0$$
$$m(ab) = (ma)b = 0 \cdot b = 0。$$

つまり，R_1は環をなす。R_2についてもまったく同様である。

つぎにR_1の任意の要素aと，R_2の任意の要素bをかけてみよう。$(m, n) = 1$であるから，$sm - tn = 1$となる二つの整数が存在するから，

$$ab = 1 \cdot ab = (sm - tn)ab = s(ma)b - ta(nb)$$
$$= 0 - 0 = 0。$$

つまり，R_1とR_2の要素はかけるとたがいに消し合う。

つぎにRの任意の要素xをとってくると，

$$x = 1 \cdot x = (sm - tn)x = smx - tnx。$$

R の位数は mn であるから，$mnx=0$。だから，
$$n(smx)=s(mnx)=s\cdot 0=0,$$
だから，smx は R_2 に属する。同じく tnx は R_1 に属する。したがって，R の任意の要素は R_1, R_2 の要素の和で表わされる。

R_1 と R_2 の共通要素は 0 しかない。なぜなら，x が R_1, R_2 にふくまれているとすると，
$$x=1\cdot x=(sm-tn)x=s(mx)-t(nx)$$
$$=0-0=0$$
となるからである。

R の要素を x とし，それを R_1, R_2 の要素の和として表わしたとき，
$$x=x_1+x_2,$$
この表わし方は一通りしかない。もし別の表わし方があったら，
$$x=x_1'+x_2'$$
$$x_1-x_1'=x_2'-x_2,$$
だから，
$$x_1-x_1'=0$$
$$x_2'-x_2=0。$$
つまり，
$$x_1=x_1'$$
$$x_2=x_2'。$$
ここで，つぎのことがわかった。

R の任意の要素は R_1 と R_2 の要素の和として，ただ一通りに表わされる。
$$x=x_1+x_2$$
$$y=y_1+y_2$$
和と差は，
$$x\pm y=(x_1\pm y_1)+(x_2\pm y_2)$$
となり，積は，
$$xy=(x_1+x_2)(y_1+y_2)=x_1y_1+x_2y_1+x_1y_2+x_2y_2$$
$$=x_1y_1+x_2y_2 \qquad\quad\; 0 \quad\; 0$$
となる。すなわち，R は R_1+R_2 の形に分解し，その加減乗は R_1, R_2 のなかだけで他とは無関係に行なうことができる。このようなばあい，R は R_1 と R_2 の直和であるといい，

$$R = R_1 + R_2$$
とかく。

R_1 の位数は m であり，同じく R_2 の位数は n であることは容易に証明できる。だから，つぎの定理が証明されたことになる。

定理——m, n がたがいに素であるとき，位数 mn の環は位数が m, n の環の直和に分解される。

もし，
$$r = p_1^{\alpha_1} p_2^{\alpha_2} \cdots\cdots p_s^{\alpha_s}$$
とすると，この定理をつぎつぎに適用すると，有限環は素数の冪を位数にもつ環の直和に分解してしまう。だから，結局，このような環の構造を研究しておいて，そのあとで，その直和をつくると，すべての有限環の構造はわかるはずである。体のばあいには容易にわかるが，環のばあいは素数冪の位数をもつすべての環を数えあげることは容易ではない。

●——準同型環

環がつくりだされてくるプロセスの１つとして準同型のつくる環がある。M がある加法の群であるとする。
$$M = \{a, b, c, \cdots\cdots\}$$
任意の a, b に対して，
$$a \pm b \in M$$
となるものとする。ここで，M の要素 a を M の要素 a' にうつす写像 α があって，つぎの条件を満足しているものとする。
$$\alpha(a \pm b) = \alpha(a) \pm \alpha(b)$$
和を和に変えるが，１対１とは限らず，一般には"多対１"であってもよいとしておくから，準同型である。このようなすべての準同型の集合，
$$R = \{\alpha, \beta, \cdots\cdots\}$$
をとる。この R のなかに，つぎのようにして加法と減法を定義しよう。
$$(\alpha \pm \beta)(a) = \alpha(a) \pm \beta(a)$$
そのようにして定義した和と差は，やはり，準同型である。なぜなら，
$$(\alpha \pm \beta)(a+b) = \alpha(a+b) \pm \beta(a+b)$$

$$=\alpha(a)+\alpha(b)\pm\beta(a)\pm\beta(b)$$
$$=(\alpha(a)\pm\beta(a))+(\alpha(b)\pm\beta(b))$$
$$=(\alpha+\beta)(a)\pm(\alpha+\beta)(b)$$

となるからである。また，積 $\alpha\beta$ は，
$$\alpha\beta(a)=\alpha(\beta(a))$$
で定義する。そうすると，これはまた準同型である。
$$\alpha\beta(a+b)=\alpha(\beta(a)+\beta(b))=\alpha(\beta(a))+\alpha(\beta(b))$$
$$=\alpha\beta(a)+\alpha\beta(b)$$
つまり，$\alpha\beta$ もやはり準同型である。

つぎに加法の交換法則をためしてみよう。
$$(\alpha+\beta)(a)=\alpha(a)+\beta(a)=\beta(a)+\alpha(a)$$
$$=(\beta+\alpha)(a)$$
しかし，乗法の交換法則は一般に成立しない。

結合法則は，
$$\{(\alpha+\beta)+\gamma\}(a)=(\alpha+\beta)(a)+\gamma(a)$$
$$=(\alpha(a)+\beta(a))+\gamma(a)=\alpha(a)+(\beta(a)+\gamma(a))$$
$$=\alpha(a)+(\beta+\gamma)(a)=\{\alpha+(\beta+\gamma)\}(a)$$
$$\{(\alpha\beta)\gamma\}(a)=\alpha\beta(\gamma(a))=\alpha(\beta(\gamma(a)))$$
$$\{\alpha(\beta\gamma)\}(a)=\alpha((\beta\gamma)(a))=\alpha(\beta(\gamma(a)))。$$

分配法則はつぎのようにする。
$$\{\alpha(\beta+\gamma)\}(a)=\alpha((\beta+\gamma)(a))=\alpha(\beta(a)+\gamma(a))$$
$$=\alpha(\beta(a))+\alpha(\gamma(a))=(\alpha\beta)(a)+(\alpha\gamma)(a)$$
$$=(\alpha\beta+\alpha\gamma)(a)$$
$$(\beta+\gamma)\alpha=\beta\alpha+\gamma\alpha$$
についてもまったく同じである。

以上でRが環をつくることがわかった。

このような環を加群Mの準同型環という。たとえば，Mが位数 n の巡回加群，
$$M=\{0,\ 1,\ 2,\ \cdots\cdots,\ n-1\}$$
で，$\mathrm{mod}\ n$ の剰余で表わされるものとする。

α が1をmにうつすものとする。
$$\alpha(1)=m$$

このとき，
$$\alpha(s) = \alpha(\underbrace{1+1+\cdots+1}_{s}) = \alpha(1)+\alpha(1)+\cdots+\alpha(1)$$
$$= s\alpha(1) = sm_\circ$$

だから，このような準同型はただ一つしかない。これを α_m で表わす。
$$(\alpha_l + \alpha_m)(1) = \alpha_l(1) + \alpha_m(1) = l+m$$

つまり，
$$\alpha_l + \alpha_m = \alpha_{l+m}$$
$$(\alpha_l \alpha_m)(1) = \alpha_l(\alpha_m(1)) = \alpha_l(m) = m\alpha_l(1) = lm_\circ$$

したがって，
$$\alpha_l \alpha_m = \alpha_{lm}$$
$$\alpha_n(1) = n \equiv 0 \pmod{n}$$

であるから，
$$\alpha_n = \alpha_{0\circ}$$

だから，この環は $\mod n$ の剰余のつくる環と同じである。

M が巡回群でなくなると，その準同型環は簡単にはわからなくなる。M を整数の成分をもつ n 次元のベクトルのつくる加法の群，つまり，n 次元の格子点の群であるとする。このとき，

$$\begin{bmatrix} 1 \\ 0 \\ 0 \\ \vdots \\ 0 \end{bmatrix} = e_1 \quad \begin{bmatrix} 0 \\ 1 \\ 0 \\ \vdots \\ 0 \end{bmatrix} = e_2 \quad \cdots \quad \begin{bmatrix} 0 \\ 0 \\ 0 \\ \vdots \\ 1 \end{bmatrix} = e_n$$

とする。この準同型 α で，$e_1, e_2, \cdots, e_n$ がそれぞれ $A_1, A_2, \cdots, A_n$ にうつったとすると，
$$\alpha(e_1) = A_1 \quad \alpha(e_2) = A_2 \quad \cdots \quad \alpha(e_n) = A_n$$

この $A_1, A_2, \cdots, A_n$ を知るだけで α は一通りに定まる。

$$A_1 = \begin{bmatrix} a_{11} \\ a_{21} \\ \vdots \\ a_{n1} \end{bmatrix} \quad A_2 = \begin{bmatrix} a_{12} \\ a_{22} \\ \vdots \\ a_{n2} \end{bmatrix} \quad \cdots \quad A_n = \begin{bmatrix} a_{1n} \\ a_{2n} \\ \vdots \\ a_{nn} \end{bmatrix}$$

一般のベクトルを

$$X = \begin{bmatrix} x_1 \\ x_2 \\ \vdots \\ x_n \end{bmatrix}$$

とすると，

$$X = \begin{bmatrix} 1 \\ 0 \\ \vdots \\ 0 \end{bmatrix} x_1 + \begin{bmatrix} 0 \\ 1 \\ \vdots \\ 0 \end{bmatrix} x_2 + \cdots\cdots + \begin{bmatrix} 0 \\ 0 \\ \vdots \\ 1 \end{bmatrix} x_n$$

$$= e_1 x_1 + e_2 x_2 + \cdots\cdots + e_n x_n$$

$$\begin{aligned}
\alpha(X) &= \alpha(e_1 x_1 + e_2 x_2 + \cdots\cdots + e_n x_n) \\
&= \alpha(e_1 x_1) + \alpha(e_2 x_2) + \cdots\cdots + \alpha(e_n x_n) \\
&= \alpha(e_1) x_1 + \alpha(e_2) x_2 + \cdots\cdots + \alpha(e_n) x_n \\
&= A_1 x_1 + A_2 x_2 + \cdots\cdots + A_n x_n \\
&= \begin{bmatrix} a_{11} & a_{12} \cdots\cdots a_{1n} \\ a_{21} & a_{22} \cdots\cdots a_{2n} \\ \vdots & \vdots \quad\quad \vdots \\ a_{n1} & a_{n2} \cdots\cdots a_{nn} \end{bmatrix} \begin{bmatrix} x_1 \\ x_2 \\ \vdots \\ x_n \end{bmatrix}
\end{aligned}$$

となる。α はこの n 行 n 列の行列で完全に定まるので，α をこの行列と同一視してもさしつかえない。このような α の全体は整数の要素をもつ行列の全体と同じである。

n 次元の格子点のベクトルのかわりに，$(-\infty, +\infty)$ の区間で定義された関数 $f(x)$, $g(x)$, ……をとってみよう。このとき，$f(x)$ を他のある関数にうつす準同型を α とすると，

$$\alpha(f(x) \pm g(x)) = \alpha(f(x)) \pm \alpha(g(x))$$

でなければならない。その上に，さらに c が定数のとき，

$$\alpha(cf(x)) = c\alpha(f(x))$$

が成立するとき，α を線型作用素(linear operator)という。

このような例としては微分の演算がある。なぜなら，

$$\frac{d}{dx}(f(x) \pm g(x)) = \frac{d}{dx} f(x) \pm \frac{d}{dx} g(x)$$

$$\frac{d}{dx}(cf(x)) = c \frac{d}{dx} f(x)$$

となるからである。ただし，$f(x)$, $g(x)$ はともに微分可能であるとする。

このように考えると，$f(x)$ からきりはなして $\frac{d}{dx}$ というオペレーターを考えることができることになった。このオペレーターはもちろん解析学で重要である。

いま，$f(x)$ を $xf(x)$ に変えるオペレーターをたんに x とかくことにすると，

$$\frac{d}{dx}(xf(x))=x\frac{d}{dx}f(x)+f(x),$$

$f(x)$ を変えないオペレーターを E とかくと，

$$=\left(x\frac{d}{dx}+E\right)f(x)。$$

だから，オペレーターとしては，

$$\frac{d}{dx}x=x\frac{d}{dx}+E$$

という関係式が成り立つ。このように $\frac{d}{dx}$ と x は可換ではないのである。この関係式は量子力学の不確定性原理に関連する。

● ── 多元環

これまでのべたように，環といっただけではあまりに種類が多すぎて，簡単につかまえることはむずかしいくらいである。そこで，精密な研究を行なうには，環にいろいろの条件をつけ，もっと多くの手がかりを与えて，その上で研究を進めていくほかはない。

そのように特殊化された環のなかの一群として多元環といわれるものがある。多元環というのは algebra の訳であるが，この algebra は"代数学"という学問の名前ではなく，ある特殊な環の一群の総称である。アメリカの数学者・ディクソン(Dickson)の古典的な著書に，

Dickson "*Algebras and their arithmetics*" 1923

という本があるが，この algebras は複数になっていることに注意されたい。"代数学"だったら，複数にはなりそうもないが，"多元環"だから，いくらでも複数になれるのである。

もちろん，多元環というものが忽然として数学のなかに姿を現わしたわけではない。やはり，一歩一歩，意味の拡張を行なって，最後に到達した概念である。

多元環のそもそもの起こりは複素数である。そこで，環という観点から複素数をながめてみることにしよう。"複素"というのは，素がたくさんあるという意味であろうが，素というのは 1 と i である。だから，素が二つであることになり，"二素数"といったほうがより精密かもしれない。1 と i に実数の a，b をかけて加えたもの，

$$a\cdot 1+b\cdot i$$

が複素数である。これを一般化するために1とiをu_1, u_2, a, bをa_1, a_2という文字で書きかえると、つぎのようになる。

$$a_1u_1 + a_2u_2$$

ここで、加法はつぎのようになる。二つの複素数$a_1u_1+a_2u_2$と$a_1'u_1+a_2'u_2$を加えると、

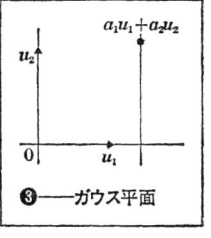

$$(a_1u_1+a_2u_2)+(a_1'u_1+a_2'u_2) = (a_1+a_1')u_1+(a_2+a_2')u_2,$$

同じく減法は、

$$(a_1u_1+a_2u_2)-(a_1'u_1+a_2'u_2) = (a_1-a_1')u_1+(a_2-a_2')u_2$$

となる。つまり、係数はそのまま加えられるのである。

これは2次元のベクトルと同じものである。u_1, u_2を横、縦の座標にとると、$a_1u_1+a_2u_2$は平面上の点に写される。これがガウス平面であった——図❸。

もう一つ、実数をかける計算は分配法則が成り立つものとすると、

$$b(a_1u_1+a_2u_2) = b(a_1u_1)+b(a_2u_2)。$$

さらに結合法則が成り立つと仮定すると、

$$= (ba_1)u_1+(ba_2)u_2。$$

これは図形的にいうと、ベクトルを同じ方向にb倍に伸縮することである。これがスカラー乗法にあたる。

しかし、複素数にはもう一つの演算、すなわち、乗法がある。二つの複素数$a_1u_1+a_2u_2$と$a_1'u_1+a_2'u_2$をかけたとき、すなわち、

$$(a_1u_1+a_2u_2)\cdot(a_1'u_1+a_2'u_2)$$

に、左と右からの分配法則を仮定すると、

$$= a_1u_1(a_1'u_1+a_2'u_2)+a_2u_2(a_1'u_1+a_2'u_2),$$

さらに加法の結合法則を仮定すると、

$$= (a_1u_1)\cdot(a_1'u_1)+(a_1u_1)\cdot(a_2'u_2)+(a_2u_2)\cdot(a_1'u_1)+(a_2u_2)\cdot(a_2'u_2)。$$

この一つ一つの項で実数とu_1, u_2の交換法則を仮定すると、

$$(a_1u_1)\cdot(a_1'u_1) = (a_1a_1')(u_1u_1)。$$

これをおのおのの項に適用すると、積はつぎの形になる。

$$(実数)\cdot u_1u_1+(実数)\cdot u_1u_2+(実数)\cdot u_2u_1+(実数)\cdot u_2u_2$$

これが、ふたたび複素数になるためには、$u_1u_1, u_1u_2, u_2u_1, u_2u_2$が、

(実数)・u_1＋(実数)・u_2

の形にならねばならない。

$$u_1 u_1 = a_{11}{}^1 u_1 + a_{11}{}^2 u_2$$
$$u_1 u_2 = a_{12}{}^1 u_1 + a_{12}{}^2 u_2$$
$$u_2 u_1 = a_{21}{}^2 u_1 + a_{21}{}^2 u_2$$
$$u_2 u_2 = a_{22}{}^1 u_1 + a_{22}{}^2 u_2$$

ここで $a_{11}{}^1$, $a_{11}{}^2$ という記号は1乗，2乗という意味ではない。u_1, u_2 の係数という意味である。

複素数では，

$$u_1 u_1 = 1\cdot 1 = 1 = u_1 = 1\cdot u_1 + 0\cdot u_2$$
$$u_1 u_2 = 1\cdot i = i = u_2 = 0\cdot u_1 + 1\cdot u_2$$
$$u_2 u_1 = i\cdot 1 = i = u_2 = 0\cdot u_1 + 1\cdot u_2$$
$$u_2\cdot u_2 = i\cdot i = -1 = -u_1 = -1\cdot u_1 + 0\cdot u_{2\circ}$$

だから，

$a_{11}{}^1 = 1$ $a_{11}{}^2 = 0$
$a_{12}{}^1 = 0$ $a_{12}{}^2 = 1$
$a_{21}{}^1 = 0$ $a_{21}{}^2 = 1$
$a_{22}{}^1 = -1$ $a_{22}{}^2 = 0$

となる。ここで2を一般化してnとすると，一般的な多元環ができる。

$$a_1 u_1 + a_2 u_2 + \cdots\cdots + a_n u_n$$

という形の1次結合で，係数の $a_1, a_2, \cdots\cdots, a_n$ は実数に限らず一般的な体であるとする。体というのは加減乗除に対して閉じている要素の集まりである。そして，とうぶんは乗法が可換であるとする。

一般的に多元環を定義すると，つぎのようになる。

①——加法的に書かれる群，つまり，加群 G がある。その要素は u, v, ……で表わす。

②——体 $K = \{a, b, c, \cdots\cdots\}$ がある。

③——K と G のあいだにはつぎの関係が成り立つ。

$$a(u+v) = au + av$$
$$(a+b)u = au + bu$$
$$1u = u$$

$$(ab)u = a(bu)$$

④——有限次元性——Gの任意の要素は一定のn個の要素$u_1, u_2, \ldots, u_n$の1次結合で表わされる。

$$a_1 u_1 + \cdots + a_n u_n$$

以上の条件があるとき，Gは体Kを係数体とする有限次元のベクトル群であるということを物語っている。

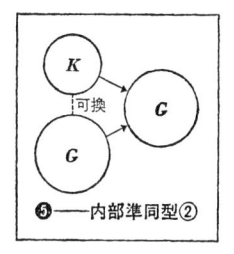

⑤——Kの要素aをGの要素uに左からかけると——図❹，

$$u \longrightarrow au$$

という変換がGのなかに起こる。この変換は，

$$a(u+v) = au + av$$

であるから，和を和に変えるから，Gの準同型であり，写したものがG自身の内部に止まっているから，内部準同型(endomorphism)という。

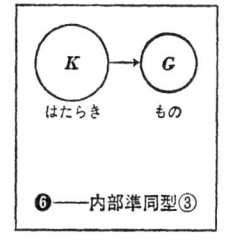

⑥——このGには加法のほかには，さらに乗法が定義されている。Gの任意の二つの要素u, vに対して，その積uvが定義され，それには分配法則が成り立っている。

$$u(v+w) = uv + uw$$
$$(u+v)w = uw + vw$$

⑦——KとGの要素はuにかけたとき，可換である。

$$(au)v = u(av)$$

このことを少し別の立場から見直してみよう。それはGがG自身の内部準同型になっているということである——図❺。そして，KとGという二つの内部準同型のつくる環が要素ごとに可換になっているということになる。

G自身をGの内部準同型とみることはおそらくネーター(E. Noether)の創見であると思われる。

内部準同型というのは，ある"もの"を動かしたり，写したりする"はた

らき"の概念である。体Kが群Gの係数体であるときには，図❻のようである。つまり，Kの要素はGのなかをひっかきまわす役割をもっている。そういう意味で，Kは"はたらき"の集まりであり，Gはその"はたらき"を受ける"もの"の集まりである。ところが，G自身も，やはり"はたらき"と考えることもできるわけである。

このように，"もの"と"はたらき"が絶対的に分離したものではなく，相互に融通できるものと考えたところにネーターのユニークな見方がある。

⑧——これまでのところでは乗法の結合法則は仮定されていないが，多くのばあいはこの結合法則を仮定していることが多いので，黙っていたら，乗法の結合法則が成り立っているものと約束しよう。

⑨——乗法の単位元eが存在するものと考える。つまり，任意のuに対して，$eu=ue=u$ となるeである。

このeがあると，aeという形の数の全体はGのなかにふくまれるが，これは，

$$a \longleftrightarrow ae$$

という対応によって，Kと同型になる。こんどはKがGの外部に離れて存在するのではなく，K——正確にはKと同型な体——がGにふくまれるということになる——図❼。こんどは逆に"はたらき"が"もの"に転化したことになる。だが，一般的にはeの存在ははじめから仮定していないばあいもある。

以上が多元環の一般概念であるが，簡単にいうと，複素数の2次元をn次元に，係数の実数体を一般的な体に拡張したものと考えてよい。そういうところから，一昔前は多元環のことを超複素数系(hypercomplex number system)とよんでいた。

❷——四元数

しかし，複素数から多元環への拡張が一挙になされたわけではない。人間はいちどに大飛躍をやれるものではないし，また，いちどに大飛躍をやってみても，はたしてそれに意味があるかどうかわからないだろう。複素数からの最初の拡張を行なったのはハミルトンの四元数であった。係数体は実数であり，4次元でつぎのような乗法をもっているものであ

る。

$$u_1u_1=u_1 \quad u_1u_2=u_2u_1=u_2 \quad u_1u_3=u_3u_1=u_3$$
$$u_1u_4=u_4u_1=u_4$$

つまり，u_1 は単位元で，e と書いてもよい。

$$u_2u_2=-u_1 \quad u_3u_3=-u_1 \quad u_4u_4=-u_1$$
$$u_2u_3=u_4 \quad u_3u_4=u_2 \quad u_4u_2=u_3$$
$$u_3u_2=-u_4 \quad u_4u_3=-u_2 \quad u_2u_4=-u_3$$

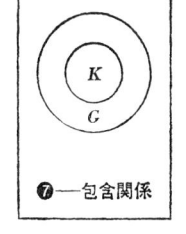

むかしは u_1, u_2, u_3, u_4 のかわりに，それぞれ 1, i, j, k という文字を使っていた。だから，上の条件はつぎのように書くことができる。

$$1 \cdot 1 = 1 \quad 1 \cdot i = i \cdot 1 = i \quad 1 \cdot j = j \cdot 1 = j \quad 1 \cdot k = k \cdot 1 = k$$
$$i^2 = -1 \quad j^2 = -1 \quad k^2 = -1$$
$$ij = k \quad jk = i \quad ki = j$$
$$ji = -k \quad kj = -i \quad ik = -j$$

このような多元環の要素は，

$$a \cdot 1 + b \cdot i + c \cdot j + d \cdot k$$

という形に書ける。この要素を四元数(quaternion)という。四元数の全体が四元数環——とくに，このばあいは体になる——である。

四元数どうしの加減乗が多元環の条件を満たすことは明らかである。まずはじめに明らかなことは四元数体——これを Q で表わそう——が複素数体と同型な体をふくんでいることである。Q のなかで $a \cdot 1 + bi$ という形のすべての要素の集合を C とすると，この C は明らかに複素数体と同型である。

四元数のもつ著しい性質の一つは，0 でない要素がすべて逆元をもつことである。$a \cdot 1 + bi + cj + dk$ と $a \cdot 1 - b \cdot i - cj - dk$ とをかけ合わせてみよう。

$$(a+bi+cj+dk)(a-bi-cj-dk)$$
$$=a^2-abi-acj-adk+abi+b^2-bck+bdj+acj+bck+c^2-cdi$$
$$\quad +adk-bdj+cdi+d^2$$
$$=a^2+b^2+c^2+d^2$$

a, b, c, d はすべて実数であるから，a, b, c, d のなかに 0 でないものが一つでもあれば，

$$a^2+b^2+c^2+d^2>0$$

となる。だから，$a+bi+cj+dk$ が 0 でないなら，係数 a, b, c, d のなかには 0 でないものが少なくとも一つはある。だから，$a^2+b^2+c^2+d^2>0$ となり，

$$(a+bi+cj+dk)\left(\frac{a-bi-cj-dk}{a^2+b^2+c^2+d^2}\right)=1$$

となる。つまり，

$$(a+bi+cj+dk)^{-1}=\frac{a-bi-cj-dk}{a^2+b^2+c^2+d^2}。$$

だから，0 でない四元数はつねに逆元をもつ，ということがいえる。だから，四元数のつくる環は体をなす，ということがいえる。しかし，この体は可換ではない。そのことは，

$$ij=k \quad ji=-k$$

という二つの関係をならべただけでよくわかる。

つまり，四元数体は最初に発見された非可換体の実例であったのである。ハミルトンの時代には実数体や複素数体以外の体は考えられなかったので，四元数の発見は一大センセーションをまき起こした。その結果，複素数のもつ威力と同じような威力を四元数ももつであろうという期待がもたれたのである。四元数の研究をするために"四元数同盟"までできたほどである。

しかし，その後になって四元数に過大な期待をかけることはまちがいであることがわかってきた。つまり，それは一つの幻想だったのである。一方で四元数以外の体を探すことも盛んにやられたが，それらは徒労に終わった。実数を係数にもつ多元環は実数自身と複素数と四元数だけであることが証明されたのである。実数は 1 次元，複素数体は 2 次元，四元数体は 4 次元であるが，実数を係数とする 3 次元の体は存在しないのである。

われわれの住んでいる空間は 3 次元のベクトル空間であるが，このベクトルどうしのあいだになんらかの乗法を定義して，それが体になってくれると，何かと便利だと思われる。しかし，生憎そうはなっていないのである。2 次元の平面だと，それが複素数体となるために，そのことを利用すると，ひどく取り扱いがやさしくなることはよく知られている。しかし，3 次元になると，ダメである。だから，3 次元の関数論はつくれないのである。

● 分析と総合

複素数まで数が拡張されると,もうこの辺で行き止まりかと思っていたら,四元数などという奇妙な数が発明された。そうなると,複素数という限界のなかで安住しているわけにはいかなくなった。そういうわけで四元数を特殊のばあいとして含むような多元環という広い"数"の範囲が考え出されるようになった。

ここでいちど大きく拡張されはしたが,それだけで終わりはしない。そのように無数に存在し得る多元環の型をすべて見渡すことのできる一般的な原理はないだろうか,ということが当然,問題になってくる。できるなら,すべての多元環をうまくもれなく数え上げることはできないかという期待が生まれてくる。

そこで,いつも浮かび上がってくるのは分析と総合の方法である。化学の例をとってみよう。

化学がまだ進歩していなかった時代には,人間は無数にある物質をどのように分類し,どこから手をつけてよいか途方にくれたことと思われる。あまりにも多すぎるのである。

ところが,物質のなかにはいくつかの元素というものがあって,他の物質はそれらの元素が結びついてできていることが発見されると,事情は一変する。H_2O や HCl や H_2SO_4 のように,化合物を分子式で書き表わすことに気づくと,物質の合理的な分類が可能になり,できるだけ単純な物質からはじめて複雑な物質に及ぼしていくという研究の手順もわかってくる。

そればかりではなく,この分子式を導きの糸として,これまでに自然界には存在しなかったような新しい化合物を人工的につくり出すことができるようになる。これはつぎのような手続きによっている。

$$\text{複雑な物質} \xrightarrow{\text{分析}} \text{元素} \xrightarrow{\text{総合}} \text{化合物}$$

このような分析と総合の方法は,化学ばかりではなく,自然科学の全分野で広く利用されている。数学でももちろん例外ではない。

分析と総合の方法を多元環に適用すると,構造定理(structure theorem)とよばれる一連の定理群が得られる。これは,主としてアメリカの数学者・ウェッダーバーン(Wedderburn)の得たものである。これらの構造定理

は元素と分子式が化学のなかで演ずるのと同じ役割を多元環論のなかで演ずるとみて差支えない。

それは，まずもっとも単純な元素に相当する単純な多元環をみつけ出し，そのような多元環への分解を行なう(分析)。そこから一転して単純な多元環を適当に合成して複雑な多元環をつくる(総合)。それは種々の元素をうまく化合させて新しい化合物をつくる有機合成化学の行き方によく似ている。

まず一般の多元環を分解することからはじめよう。このプロセスはかなり長くて，いちいち厳密な証明を書くとスペースが足りないので，大まかな道すじだけに止めておく。

まず多元環の構造を研究するさいに，いつも利用されるいくつかの定石をあげておこう。

● ―― 同型と準同型

二つの環 R, R' が加法・乗法および定数の乗法をふくめて1対1対応できるとき，R, R' は同型であるという。つまり，R の要素 a を R' の要素 a' に1対1に対応させる φ という対応があって，つまり，

$$a \xrightarrow{\varphi} a'$$

で，記号でかくと，

$$\varphi(a) = a'$$

があって，

$$\varphi(a \pm b) = \varphi(a) \pm \varphi(b)$$
$$\varphi(ab) = \varphi(a)\varphi(b)$$
$$\varphi(\alpha a) = \alpha \varphi(a)$$

という条件を満足するとき，φ は同型対応，もしくは同型写像という。そして，このような φ が存在したら，R と R' は同型な環であるという。つまり，R と R' は環としてはまったく同一の構造をもっていることになる。だから，R と R' をその内部構造だけから区別することはできないのである。

R をそれと同型な R' でおきかえてみても，それだけではあまり役に立たないが，準同型という考えをもってくると，環の構造の簡素化，縮小

ともいうべき手続きになる。

R から R' の上への写像 φ があって，それは"多対 1"であってもよいものとする。そして，加法と乗法についての条件は同型のばあいと同じである——図❸。このとき，R' の同一の要素に写される R の要素の集合をひとまとめにして，それを一つの類に結集すると，R がいくつかの類に分けられる——図❾。a_1, a_2 が R の同じ類に属すれば，

$$\varphi(a_1)=\varphi(a_2)。$$

また，b_1, b_2 が同じ類に属すれば，

$$\varphi(b_1)=\varphi(b_2)。$$

ここで辺々加えると，

$$\varphi(a_1)+\varphi(b_1)=\varphi(a_2)+\varphi(b_2)。$$

準同型の定義から，

$$\varphi(a_1+b_1)=\varphi(a_2+b_2)。$$

同じく引いても，

$$\varphi(a_1)-\varphi(b_1)=\varphi(a_2)-\varphi(b_2)$$

$$\varphi(a_1-b_1)=\varphi(a_2-b_2)。$$

同じくかけ合わせると，

$$\varphi(a_1)\varphi(b_1)=\varphi(a_2)\varphi(b_2)$$

$$\varphi(a_1b_1)=\varphi(a_2b_2)。$$

❽——写像 φ

❾——類に分けられる

❿——要素の和と類

以上のことから，同じ類に属する要素の和・差・積をつくっても，それらは同じ類に落ちるということを意味している。

裏からいうと，二つの類から勝手に要素をとってきて，たとえば，その和をつくると，種々の要素になるが，それらの要素は多くの類にまたがって含まれることはなく，一つの類にはいってしまうということである——図❿。

つまり，おのおのの類は＋・－・×という演算に対して，ひとかたまりとして行動するということ，換言すれば，＋・－・×の演算に対して固い団結力をもっているのである。だから，このような類を一つの要素とみなしてしまうことができる。そのようにして得られた環は，もちろん，

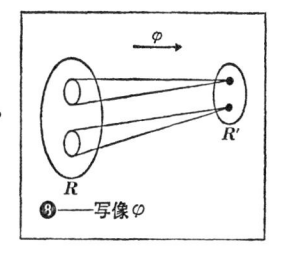

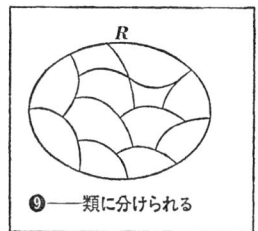

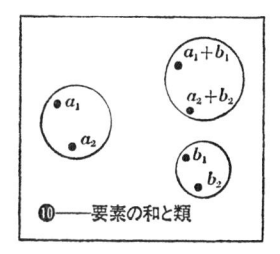

R' と同型になる。

以上の議論ははじめに準同型写像 φ が存在しているという前提から出発しているが，逆に，ある類別が存在するという前提から出発して R' に相当する縮小された環をつくることもできる。

ここで類別といっても，R 全体の類別ではなく，縮小された R' の 0 に写されることの予定される類だけが与えられていてもよい。そのような類 M はどのような条件を満たすであろうか——図⓫。二つの要素が 0 に写されるとしよう。

$$\varphi(a)=0 \qquad \varphi(b)=0$$
$$\varphi(a+b)=\varphi(a)+\varphi(b)=0+0=0$$

つまり，$a+b$ も 0 に写され，$a+b$ はその類 M に属さなければならない。$a-b$ も同様である。x が R の任意の要素であるとすると，

$$\varphi(xa)=\varphi(x)\varphi(a)=\varphi(x)\cdot 0=0$$
$$\varphi(ax)=\varphi(a)\varphi(x)=0\cdot\varphi(x)=0$$

つまり，xa も ax も 0 に写され，したがって，xa も ax も，その類 M に属する。

以上のことをまとめると，つぎのようになる。

R の中の部分集合 M は，

①——加法について閉じている。

②——M の任意の要素 a に R の要素を左右からかけて得られる要素の集合を RM，MR とすれば，それらは M にふくまれる。

$$RM \subset M$$
$$MR \subset M$$

一般に，このような条件を満たす環の部分集合を，その環のイデアール (ideal) という。だから，R' の 0 に写される R の要素全体は R のなかでイデアールをつくることがわかった。

このイデアール I が一つ与えられると，それをもとにして R 全体を類別することができるのである。それは R の二つの要素 a, b は，その差 $a-b$ が I に属するとき，同じ類に属するものと定義するのである。たしかに φ の存在を仮定すると，

$$\varphi(a-b)=\varphi(a)-\varphi(b)=0$$

となるはずである。この類別をもとにし，R の要素 a を，それの属する類 a' へ写す写像を φ とすると，

$$\varphi(a) = a'.$$

この写像は加減乗をそのまま写すこともたやすく証明できる。このようにして得られた縮小された環を R の I による剰余環といい，R/I で表わす。だから，イデアール I があると，いつでも R/I という縮小された環がつくれるのである。

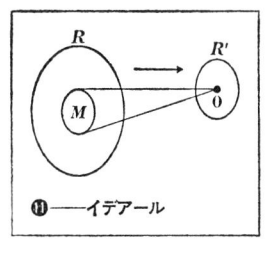

以上の議論をたどっていくと，群における不変部分群から商群もしくは剰余群をつくる手続きとよく似ていることに気づくだろう。それは，やはり，群を縮小してより簡単な構造をもつ群をつくり出す手続きであった。

●──直和と直積

直和についてはすでにのべたが，それは環 R を二つの部分環の和に分けることで，

$$R = R_1 + R_2.$$

R_1 と R_2 は共通部分は 0 だけで，しかも，R_1 と R_2 の任意の要素の積は 0 になる。つまり，R_1 と R_2 はたがいに消し合うのである。だから，R_1 も R_2 も R のなかのイデアールになっているのである。R_1 と R_2 は環としてはまったく無関係なのである。

これに対して，直積は R_1，R_2 の係数の体が同じであるとして，R_1 の基 $u_1, u_2, \ldots, u_m$ と R_2 の基 $v_1, v_2, \ldots, v_n$ から，mn 個の積をつくり，

$$u_1 v_1,\ u_1 v_2,\ \ldots,\ u_i v_k,\ \ldots,\ u_m v_n.$$

それを基とする mn 次元の多元環のことである。そのときの加法は1次形式の加法であるし，乗法は，$(u_i v_k)(u_s v_t)$ は v_k と u_s が可換として，

$$(u_i u_s)(v_k v_t)$$

と直し，このおのおのに R_1，R_2 の乗法の規則をそのまま適用したものと考えてよい。あるいは R_2 を，

$$\alpha_1 v_1 + \alpha_2 v_2 + \cdots + \alpha_n v_n$$

と書いたとき，$\alpha_1, \alpha_2, \ldots, \alpha_n$ のかわりにそれを拡大した R_1 の要素の

すべてをもってきたと考えてもよい。ただし，$v_1, v_2, \ldots, v_n$ は R_1 が係数となっても1次独立性を保たねばならない。このようにしてつくられた mn 次元の多元環を R_1 と R_2 の直積といい，

$$R_1 \times R_2$$

で書き表わす。

● ―― 冪零と冪

環のなかでもっとも重要なのは，いうまでもなく0である。0は加法群の単位元であるし，これはどの環のなかにもかならず存在する。体では，0以外の要素にはかならず逆元があって，0と0でないものの区別は截然としている。ところが，一般の環ではその境界がそれほど明瞭ではない。0でなくても，逆元の存在しない要素が存在し得る。たとえば，実数を要素とする2行2列の行列の環

$$\begin{bmatrix} a_{11} & a_{12} \\ a_{21} & a_{22} \end{bmatrix}$$

では，

$$\begin{bmatrix} 0 & 1 \\ 0 & 0 \end{bmatrix}$$

という行列は0ではないが，逆元は存在しない。だから，体でない一般の環では，0ではないが，0に近い"0に準ずる"とでもいうべき要素が存在することに気づくはずである。

このような要素をうまく探り出して，それを一か所に集め，他の要素から切りはなして分離しておく必要がまずおこる。こういう要素はやっかいで，なかなか研究のむずかしいものなのである。

"0に準ずる"ということを具体的にいうと，"冪零"（nilpotent）ということである。それはある要素 a の冪 a^n が0になるということにほかならない。

$$a^n = 0$$

n は 1, 2, 3, …… のどれでもよいが，とくに $n=1$ であったら，a そのものが0である。まえにのべた $\begin{bmatrix} 0 & 1 \\ 0 & 0 \end{bmatrix}$ という要素は，2乗すると0になるから冪零である。

$$\begin{bmatrix} 0 & 1 \\ 0 & 0 \end{bmatrix}^2 = \begin{bmatrix} 0 & 0 \\ 0 & 0 \end{bmatrix} = 0$$

このような要素をすべてよせ集めて，それを分離することができたなら，話は簡単であるが，そうはうまく問屋がおろさない。そういう冪零な要素の集合は，たとえば，加法について閉じているとは限らないのである。たとえば，まえの例でいうと，

$$a=\begin{bmatrix}0&1\\0&0\end{bmatrix} \quad b=\begin{bmatrix}0&0\\1&0\end{bmatrix}$$

は，$a^2=0$, $b^2=0$ であるが，その和は冪零ではないのである。

$$\begin{bmatrix}0&1\\0&0\end{bmatrix}+\begin{bmatrix}0&0\\1&0\end{bmatrix}=\begin{bmatrix}0&1\\1&0\end{bmatrix}$$

それではどういう制限がなくてはならないだろうか。それは一つの要素 a が冪零という条件よりは強い条件で，イデアールという要素の集合 $\mathfrak{A}$ が冪零という条件である。

$$\mathfrak{A}^n=0$$

これは $\mathfrak{A}$ の任意の要素を n 個，つまり，$a_1, a_2, \ldots, a_n$ をとってきてかけ合わせると 0 になる，という意味である。

$$a_1 a_2 \cdots a_n = 0$$

このようなイデアールのもっとも大きなものが存在するが，それを根基 (radical) と名づける。この根基がやっかいな存在である。
A を多元環とし，R を根基とすると，剰余環 A/R には，もう 0 以外の根基はなくなるだろう。このように根基が 0 であるような環を半単純 (semi-simple) と名づける。

A/R というのは R の要素を 0 とみなす大まかな見方でみた環のことであるから，その意味では A/R は R を無視したとみてもよいだろう。しかし，A が半単純な A^* と根基 R の和にきれいに分かれるとまではいえない。しかし，ある種の条件があれば，A は半単純な A^* と根基の和に分かれるのである。

$$A=A^*+R$$

つぎに，この半単純な A^* をさらに分解すると，これが単純な (simple) 多元環の和に分かれるのである。

$$A^*=A_1+A_2+\cdots+A_m$$

単純というのは 0，もしくはそれ自身以外の両側イデアールを有しないという意味である。両側イデアールがあると，"多対 1"の準同型写像でより小さな環に縮小して写されるが，そのようなイデアールが存在しな

ければ，縮小不可能である。そういう意味で"単純"なのである。
さらに，この単純な多元環はどうなるだろうか。それについてはつぎの定理がいえる。

定理——単純な多元環はある体(非可換であってもよい)の要素でつくられたすべての行列のつくる環である。

つまり，体Kの任意要素をa_{11}, ……, a_{nn} とするすべての行列，

$$\begin{bmatrix} a_{11} & a_{12} \cdots a_{1n} \\ a_{21} & a_{22} \cdots a_{2n} \\ \vdots & \vdots \\ a_{n1} & a_{n2} \cdots a_{nn} \end{bmatrix}$$

のつくる環——これを完全行列環という——となる。完全行列環はn^2個の基をもつ多元環である。

$$e_{11} = \begin{bmatrix} 1 & 0 \cdots 0 \\ 0 & 0 \cdots 0 \\ \vdots & \vdots \\ 0 & 0 \cdots 0 \end{bmatrix}$$

$$e_{21} = \begin{bmatrix} 0 & 0 \cdots 0 \\ 1 & 0 \cdots 0 \\ 0 & 0 \cdots 0 \\ \vdots & \vdots \\ 0 & 0 \cdots 0 \end{bmatrix}$$

....

$$e_{nn} = \begin{bmatrix} 0 & 0 \cdots 0 \\ 0 & 0 \cdots 0 \\ \vdots & \vdots \\ 0 & 0 \cdots 1 \end{bmatrix}$$

をn^2個の基とすると，

$$e_{ij}e_{kl} = \begin{cases} e_i e_l & (i=k \text{ のとき}) \\ 0 & (j \neq k \text{ のとき}) \end{cases}$$

という乗法をもつことがわかる。
このような多元環をM_nとおき，ある体をKとおくと，上の定理はすべての単純多元環が，

$$K \times M_n$$

となる。ここまでくると，一般の多元環を分解していくと，結局，体と完全行列環と冪零の根基になってしまうことがわかった。

Ⅱ―現代数学への招待 2

III――現代数学への招待 3
行列・行列式・グラスマン代数

●――無限の場合について計算することは人間にはできない。しかし，その困難から救い出してくれる定理がある。それは，本来，無限回の計算が必要なものを，有限回の計算ですましてよいことを保証しているすこぶる威力のある定理である。――130ページ「グラスマン代数」

●――行列式はどのような意味をもっているか。$n=2$のときは面積であったが，$n=3$のときは平行6面体の体積になる。$n=3$より大きいときは，もちろん，そのまま幾何学的な意味づけはできない。しかし，逆に行列式をn次元の平行$2n$面体の体積と定義して，これを土台にしてn次元空間の幾何学をつくりあげることはできる。もちろん，目で見ることはできない。しかし，式をもとにして〝幾何学〟をつくりあげることはできるのである。――119ページ「交代数と行列式」

行列とはなにか

●——多次元の量

ある物体 a の目方・体積・長さ……などを書きならべると，いくつかの数の組ができる。

$$a \longrightarrow \begin{bmatrix} 目方 \\ 体積 \\ 長さ \\ \cdots\cdots \end{bmatrix}$$

このように目方・体積・長さ……は物体 a のいろいろの側面を表わす目安である。このようにして定まる数の組をベクトルという。

逆に，このような数の組から a を探し出すこともできる。

$$a \longleftarrow \begin{bmatrix} 目方 \\ 体積 \\ 長さ \\ \cdots\cdots \end{bmatrix}$$

このようなものを数学的に体系づけるために，いくつかの数の組を**ベクトル**とよぶことにする。

$$a = \begin{bmatrix} a_1 \\ a_2 \\ \vdots \\ a_m \end{bmatrix} \quad b = \begin{bmatrix} b_1 \\ b_2 \\ \vdots \\ b_m \end{bmatrix}$$

ここで $a_1, a_2, \cdots\cdots, a_m$ をベクトル a の成分もしくは要素という。
このような数の組のあいだに普通の数と同じ加法と減法を定義する。

$$a+b=\begin{bmatrix} a_1+b_1 \\ a_2+b_2 \\ \vdots \\ a_m+b_m \end{bmatrix}$$

同じ位置にある数同士をそのまま加えてつくったベクトルを $a+b$ と定めるのである。また，

$$a-b=\begin{bmatrix} a_1-b_1 \\ a_2-b_2 \\ \vdots \\ a_m-b_m \end{bmatrix}$$

によって減法を定義する。ここで，

$$a-a=\begin{bmatrix} a_1-a_1 \\ a_2-a_2 \\ \vdots \\ a_m-a_m \end{bmatrix}=\begin{bmatrix} 0 \\ 0 \\ \vdots \\ 0 \end{bmatrix}$$

となる。このようにすべての成分が0となるベクトルを0で表わす。

$$a-a=0$$

また，すべての成分が a の成分の反数となるベクトルを $-a$ で表わす。

$$-a=\begin{bmatrix} -a_1 \\ -a_2 \\ \vdots \\ -a_m \end{bmatrix}$$

ここで，

$$a+(-a)=0$$

となることは明らかである。このような加法は形式的には普通の数の加法と同じである。

$$a+b=b+a$$
$$(a+b)+c=a+(b+c)$$
$$a+0=0+a=a$$
$$a-b=a+(-b)$$

だから，ベクトルの加法と減法は数の計算と同じで，新しく勉強し直す必要はないのである。

●——行列

このようなベクトルを横にならべたものを行列という。

$$\begin{bmatrix} a_1 & b_1 & c_1 \cdots \\ a_2 & b_2 & c_2 \cdots \\ \vdots & \vdots & \vdots \\ a_m & b_m & c_m \cdots \end{bmatrix}$$

このような行列を合理的に書き表わすにはつぎのようにする。

$$A = \begin{bmatrix} a_{11} & a_{12} & \cdots & a_{1n} \\ a_{21} & a_{22} & \cdots & a_{2n} \\ \vdots & \vdots & & \vdots \\ a_{m1} & a_{m2} & \cdots & a_{mn} \end{bmatrix}$$

a_{ik} は i 行目の k 列目の位置の成分であることを意味する。このような行列を m 行 n 列の行列という。簡単に (m, n) 行列といってもよい。

行と列の寸法の同じ行列どうしはベクトルと同じように加えたり，引いたりすることができる。

$$A + B = \begin{bmatrix} a_{11}+b_{11} & \cdots & a_{1n}+b_{1n} \\ a_{21}+b_{21} & \cdots & a_{2n}+b_{2n} \\ \vdots & & \vdots \\ a_{m1}+b_{m1} & \cdots & a_{mn}+b_{mn} \end{bmatrix}$$

$$A - B = \begin{bmatrix} a_{11}-b_{11} & \cdots & a_{1n}-b_{1n} \\ a_{21}-b_{21} & \cdots & a_{2n}-b_{2n} \\ \vdots & & \vdots \\ a_{m1}-b_{m1} & \cdots & a_{mn}-b_{mn} \end{bmatrix}$$

つまり，同じ位置にある成分もしくは要素どうしをそのまま加えたり，引いたりするのである。

ここで，ベクトルも，列の数が1の行列であると見てよい。

$$\begin{bmatrix} a_{11} \\ a_{21} \\ \vdots \\ a_{m1} \end{bmatrix}$$

しかし，列は一つしかないので，$a_{11}, a_{21}, \cdots$ と書く必要はなく，$a_1, a_2, \cdots, a_m$ と書けばよい。

$$\begin{bmatrix} a_1 \\ a_2 \\ \vdots \\ a_m \end{bmatrix}$$

ベクトルと同じように，行列の加減は，やはり，形式的には数の加減と同じ法則に従う。

$A + B = B + A$

$(A+B) + C = A + (B+C)$

$A + O = O + A = A$

$A - B = A + (-B)$

このように数を長方形にならべたものとしてはどのような実例があるだろうか。だいたいにおいて，長方形に数を書きならべた表は数多くある。

これらの表はすべて行列であるとみてもよい。図❶の汽車の運賃表も3行2列の行列と考えてよい。また，図❷の野球の試合の成績の表も11行9列の行列である。また，各県別の面積・人口の表——図❸——も，やはり，そうである。

●——行列の乗法

Aという(l, m)行列，Bという(m, n)行列があったとき，その積をつぎのように定義する。

$$A = \begin{bmatrix} a_{11} & a_{12} & \cdots & a_{1m} \\ a_{21} & a_{22} & \cdots & a_{2m} \\ \vdots & \vdots & & \vdots \\ a_{l1} & a_{l2} & \cdots & a_{lm} \end{bmatrix}$$

$$B = \begin{bmatrix} b_{11} & b_{12} & \cdots & b_{1n} \\ b_{21} & b_{22} & \cdots & b_{2n} \\ \vdots & \vdots & & \vdots \\ b_{m1} & b_{m2} & \cdots & b_{mn} \end{bmatrix}$$

ここでAのi行とBのk列をとり出してみる。

これから次のような式をつくる。

$$a_{i1}b_{1k} + a_{i2}b_{2k} + \cdots + a_{im}b_{mk}$$

❶——運賃表

	2等	3等
横浜	80円	200円
静岡	500	1200
浜松	740	1740

❷——成績表

巨人		打数	得点	安打	三振	四死	犠打	盗塁	失策
(9)	坂崎	3	0	0	0	0	0	0	0
(8)	国松	2	1	2	1	0	0	0	0
(8,7)	高林	2	1	2	1	0	3	0	0
(5)	長嶋	5	0	1	1	1	0	0	0
(3)	王	4	0	1	0	1	1	0	0
(2)	森	5	0	1	0	0	0	0	0
(7,9)	宮本	5	1	2	0	0	0	0	0
(6)	広岡	5	1	2	1	0	0	0	0
(4)	塩原	4	1	3	1	0	0	1	0
(1)	堀本	2	1	0	0	0	0	2	0
(1)	中村稔	0	0	0	0	0	0	0	0

❸——面積・人口表

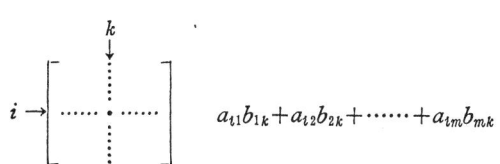

	面積(km²)	人口(万)
北海道	7,8561	429
青森	9630	128
岩手	1,5235	134
宮城	7273	166
秋田	1663	130
山形	9325	135
福島	1,3781	205

これを c_{ik} で表わす。

$$c_{ik}=a_{i1}b_{1k}+\cdots\cdots+a_{im}b_{mk}=\sum_{j=1}^{m}a_{ij}b_{jk}$$

このようにして c_{ik} をつくってならべると，

$$C=\begin{bmatrix} c_{11} & c_{12} & \cdots\cdots & c_{1n} \\ c_{21} & c_{22} & \cdots\cdots & c_{2n} \\ \vdots & \vdots & & \vdots \\ c_{l1} & c_{l2} & \cdots\cdots & c_{ln} \end{bmatrix}$$

この行列は l 行 n 列である。

$$AB=C$$

(l, m) 行列 A と (m, n) 行列 B をかけ合わせると，(l, n) 行列 C となる。この l, m, n のあいだの関係は分数の乗法の規則によく似ている。

$$\frac{l}{m}\times\frac{m}{n}=\frac{l}{n}$$

このように，二つの行列 A，B をかけ合わせるためには前の行列 A の列の数と後の行列 B の行の数が等しくなければならない。だから，任意の二つの行列をかけ合わせることはできないわけである。したがって，A，B から AB はつくれても，BA がつくれるとは限らない。また，BA がつくれても，AB と等しくなるとは限らない。

たとえば，

$$A=\begin{bmatrix} 1 & 3 \\ 2 & 4 \end{bmatrix} \quad B=\begin{bmatrix} 5 & 2 \\ 3 & 1 \end{bmatrix}$$

とすると，

$$AB=\begin{bmatrix} 1 & 3 \\ 2 & 4 \end{bmatrix}\begin{bmatrix} 5 & 2 \\ 3 & 1 \end{bmatrix}=\begin{bmatrix} 14 & 5 \\ 22 & 8 \end{bmatrix}$$

$$BA=\begin{bmatrix} 5 & 2 \\ 3 & 1 \end{bmatrix}\begin{bmatrix} 1 & 3 \\ 2 & 4 \end{bmatrix}=\begin{bmatrix} 9 & 23 \\ 5 & 13 \end{bmatrix}$$

となる。この二つを比べたら，AB と BA は等しくないことがわかる。

$$AB \neq BA$$

だから，二つの行列の積をつくると，かける順序によって，一般に答えはちがう。しかし，結合法則は成立する。

$$(AB)C=A(BC)$$

また，分配法則も成立する。

$$(A+B)C=AC+BC$$
$$A(B+C)=AB+AC$$

$$AO = O$$
$$OA = O$$

したがって，乗法の交換法則を除いて，ほかの規則はそのまま数と同じ規則が成立する。だから，

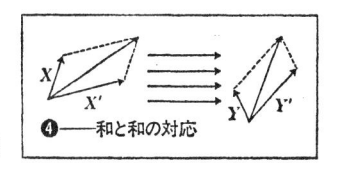

$$(A+B)^2 = (A+B)(A+B)$$
$$= A(A+B) + B(A+B)$$
$$= A^2 + AB + BA + B^2 。$$

普通の数であったら，$AB = BA$ を使って，

$$= A^2 + 2AB + B^2$$

と変形できるが，行列では，一般にはそれができないわけである。

❹――和と和の対応

●――1次変換

X が n 次元のベクトル，A が (m, n) 行列であったら，AX は m 次元のベクトルである。これを Y で表わす。

$$Y = AX$$

$$\begin{bmatrix} y_1 \\ y_2 \\ \vdots \\ y_m \end{bmatrix} = \begin{bmatrix} a_{11} & a_{12} \cdots a_{1n} \\ a_{21} & a_{22} \cdots a_{2n} \\ \vdots \\ a_{m1} & a_{m2} \cdots a_{mn} \end{bmatrix} \begin{bmatrix} x_1 \\ x_2 \\ \vdots \\ x_n \end{bmatrix}$$

これを普通の式で表わすと，つぎのようになる。

$$\begin{cases} y_1 = a_{11}x_1 + a_{12}x_2 + \cdots\cdots + a_{1n}x_n \\ y_2 = a_{21}x_1 + a_{22}x_2 + \cdots\cdots + a_{2n}x_n \\ \cdots\cdots\cdots\cdots \\ y_m = a_{m1}x_1 + a_{m2}x_2 + \cdots\cdots + a_{mn}x_n \end{cases}$$

A によって，X は Y に対応させる。

$$Y = AX \qquad X \longrightarrow Y$$

X' は，A によって Y' に対応させる。

$$Y' = AX' \qquad X' \longrightarrow Y'$$

このとき，X と X' の和 $X+X'$ は $Y+Y'$ に対応させる――図❹。

$$A(X+X') = AX + AX' = Y + Y'$$
$$X + X' \longrightarrow Y + Y'$$

このように和は和に対応させるのである。

また，
$Y = AX$　　$X \longrightarrow Y$ のとき，
　　$Ya = A(Xa)$　　$Xa \longrightarrow Ya$

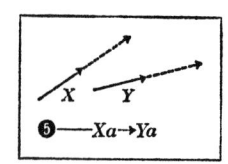

つまり，図❺のようになる。

このような条件を満たすベクトルからベクトルへの対応を1次変換という。Aという行列はその1次変換のあり方を決定する $m \times n$ 個の係数である。このように (m, n) 行列は n 次元のベクトルを m 次元のベクトルに1次変換する働きをもつものと考えてもよい。このような1次変換は数学のあらゆる場面に現われてくるもので，重要である。

交代数と行列式

●——面積

前節で行列の加減乗について説明したが，つぎに残っているのは除法である。1次方程式 $ax=b$ から x を求めるには，a の逆数 $\frac{1}{a}$ を両辺にかけて，

$$\frac{1}{a}\times ax=\frac{1}{a}\times b$$

$$1x=\frac{b}{a}$$

$$x=\frac{b}{a}$$

となって求められる。これと同じことを行列 A とベクトル X についての方程式について行なうにはどうするか。

$$AX=B$$

ここで，A は (n, n) 行列，X と B は n 次元のベクトルである。

$$a_{11}x_1+a_{12}x_2+\cdots\cdots+a_{1n}x_n=b_1$$
$$a_{21}x_1+a_{22}x_2+\cdots\cdots+a_{2n}x_n=b_2$$
$$\cdots\cdots\cdots\cdots$$
$$a_{n1}x_1+a_{n2}x_2+\cdots\cdots+a_{nn}x_n=b_n$$

この連立方程式を解くにはどうしたらいいだろうか。まず簡単な場合で瀬踏みをしてみよう。$n=2$ としよう。

$$\begin{cases}a_{11}x_1+a_{12}x_2=b_1\\ a_{21}x_1+a_{22}x_2=b_2\end{cases}$$

これは加減法によって解けるが，ここではもっと別の方法によることに

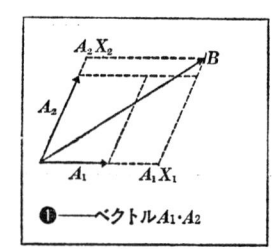

する。

$$A_1=\begin{bmatrix}a_{11}\\a_{21}\end{bmatrix} \quad A_2=\begin{bmatrix}a_{12}\\a_{22}\end{bmatrix} \quad B=\begin{bmatrix}b_1\\b_2\end{bmatrix}$$

とおくと，上の式は，

$$A_1x_1+A_2x_2=B$$

とかける。ベクトル A_1, A_2 を図示すると，図❶のようになるものとする。ここで，B を $A_1x_1+A_2x_2$ と表わすような x_1, x_2 を求めればよいのである。

ここで，A_1, A_2 を二辺とする平行四辺形の面積を $|A_1, A_2|$ であらわすと，

$$x_1=\frac{|A_1x_1, A_2|}{|A_1, A_2|}=\frac{|B, A_2|}{|A_1, A_2|}$$

$$x_2=\frac{|A_1, A_2x_2|}{|A_1, A_2|}=\frac{|A_1, B|}{|A_1, A_2|}$$

となることが図❶からわかる。だから，問題は A_1 の成分

$$\begin{bmatrix}a_{11}\\a_{21}\end{bmatrix}$$

と，A_2 の成分

$$\begin{bmatrix}a_{12}\\a_{22}\end{bmatrix}$$

から面積 $|A_1, A_2|$ を求める式を出せばよい。そのために，つぎの関係式をまず導いておく——図❷。

$$|A_1, A_2+A'_2|=|A_1, A_2|+|A_1, A'_2|$$

ただし，この式が成立するためには正負の値をとる必要がある。
図❸のような場合には，$|A_1, A_2|$ と $|A_1, A'_2|$ の符号は異なるようでなければ，上の式は成立しないはずである。そこで，A_1 の左側に A_2 があるときは $|A_1, A_2|$ が正であると約束すると，$|A_1, A'_2|$ は A'_2 が A_1 の右側にあるから，負になるべきである——図❹。したがって，

$$|A_2, A_1|=-|A_1, A_2|$$

という式が成立する。つまり，A_1, A_2 の順序を入れかえると，この $|A_1, A_2|$ の符号は変わるのである。また，面積の性質から，

$$|A_1a, A_2|=a|A_1, A_2|$$

$$|A_1, A_2a|=a|A_1, A_2|$$

となることは明らかである——図❺。

いま，x_1 軸の方向に向いている長さ1のベクトルを e_1, x_2 軸のそれを e_2 とすると——図❻,

$$e_1 = \begin{bmatrix} 1 \\ 0 \end{bmatrix} \quad e_2 = \begin{bmatrix} 0 \\ 1 \end{bmatrix}$$

となる。そのとき，つぎのようになる。

$$A_1 = e_1 a_{11} + e_2 a_{21}$$
$$A_2 = e_1 a_{12} + e_2 a_{22}$$

これによって $|A_1, A_2|$ を求めると，

$$\begin{aligned}
|A_1, A_2| &= |e_1 a_{11} + e_2 a_{21}, \; e_1 a_{12} + e_2 a_{22}| \\
&= |e_1 a_{11}, e_1 a_{12}| + |e_1 a_{11}, e_2 a_{22}| \\
&\quad + |e_2 a_{21}, e_1 a_{12}| \\
&\quad + |e_2 a_{21}, e_2 a_{22}|
\end{aligned}$$

ここで，$|e_1, e_1| = |e_2, e_2| = 0$ であるから，

$$= a_{11} a_{22} |e_1, e_2| + a_{21} a_{12} |e_2, e_1|_\circ$$

ここで，$|e_2, e_1| = -|e_1, e_2|$ を代入すると，

$$= (a_{11} a_{22} - a_{21} a_{12}) |e_1, e_2|_\circ$$

ここで，$|e_1, e_2| = 1$ とおくと，結局，

$$|A_1, A_2| = (a_{11} a_{22} - a_{21} a_{12})$$

となる。$|A_1, A_2|$ を行列

$$\begin{bmatrix} a_{11} & a_{12} \\ a_{21} & a_{22} \end{bmatrix}$$

の行列式といい，

$$\begin{vmatrix} a_{11} & a_{12} \\ a_{21} & a_{22} \end{vmatrix}$$

で表わす。これは，二つのベクトル

$$\begin{bmatrix} a_{11} \\ a_{21} \end{bmatrix}, \begin{bmatrix} a_{12} \\ a_{22} \end{bmatrix}$$

のつくる平行四辺形の面積である——図❼。これを使ってかくと，

$$x_1 = \frac{\begin{vmatrix} b_1 & a_{12} \\ b_2 & a_{22} \end{vmatrix}}{\begin{vmatrix} a_{11} & a_{12} \\ a_{21} & a_{22} \end{vmatrix}} \quad x_2 = \frac{\begin{vmatrix} a_{11} & b_1 \\ a_{21} & b_2 \end{vmatrix}}{\begin{vmatrix} a_{11} & a_{12} \\ a_{21} & a_{22} \end{vmatrix}}$$

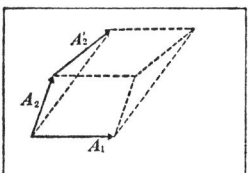

❷——$|A_1, A_2| + |A_1, A_2'|$

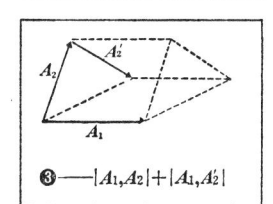

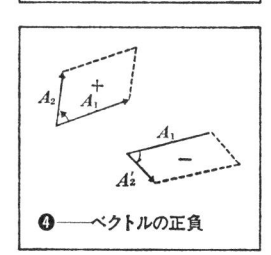

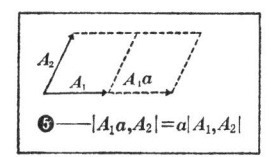

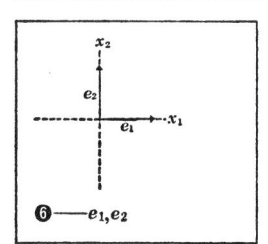

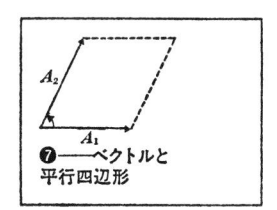

❸——$|A_1, A_2| + |A_1, A_2'|$

❹——ベクトルの正負

❺——$|A_1 a, A_2| = a|A_1, A_2|$

❻——e_1, e_2

❼——ベクトルと平行四辺形

Ⅲ—現代数学への招待 3

となる。これをクラメール(Cramer)の公式という。

●──交代数

ここで $|e_1, e_2|$ を簡単に表わすために積の形 e_1e_2 で書くことにしよう。そうすると，上の規則をつぎのようにすることができる。

$$|e_1, e_1| = 0 \qquad e_1{}^2 = 0$$
$$|e_2, e_1| = -|e_1, e_2| \qquad e_2e_1 = -e_1e_2$$

これを使って行列式を計算するには，

$$(e_1a_{11} + e_2a_{21})(e_1a_{12} + e_2a_{22})$$
$$= e_1{}^2 a_{11}a_{12} + e_1e_2 a_{11}a_{22} + e_2e_1 a_{21}a_{12} + e_2{}^2 a_{21}a_{22}$$
$$\qquad \underset{0}{\downarrow} \qquad\qquad\qquad\qquad \underset{0}{\downarrow}$$
$$= e_1e_2 a_{11}a_{22} + e_2e_1 a_{21}a_{12}$$
$$= e_1e_2 a_{11}a_{22} - e_1e_2 a_{21}a_{12}$$
$$= \underset{1}{\underline{e_1e_2}}(a_{11}a_{22} - a_{21}a_{12}) = (a_{11}a_{22} - a_{21}a_{12})。$$

このような乗法をもつ数――もしくはベクトル――を交代数とよんでいる。

2個の交代数 e_1, e_2 を利用すると，2元の連立方程式を解くことができるわけである。これを始めからやってみると，つぎのようになる。

$$\begin{cases} a_{11}x_1 + a_{12}x_2 = b_1 \\ a_{21}x_1 + a_{22}x_2 = b_2 \end{cases}$$
$$A_1 x_1 + A_2 x_2 = B$$

e_1, e_2 を用いると，

$$(e_1a_{11} + e_2a_{21})x_1 + (e_1a_{12} + e_2a_{22})x_2 = e_1b_1 + e_2b_2$$

となる。ここで，x_2 の係数 $(e_1a_{12} + e_2a_{22})$ を消すために，それ自身を両辺の右からかける。

$$(e_1a_{12} + e_2a_{22})^2 = 0$$
$$(e_1a_{11} + e_2a_{21})(e_1a_{12} + e_2a_{22})x_1 = (e_1b_1 + e_2b_2)(e_1a_{12} + e_2a_{22})$$
$$e_1e_2 \begin{vmatrix} a_{11} & a_{12} \\ a_{21} & a_{22} \end{vmatrix} x_1 = e_1e_2 \begin{vmatrix} b_1 & a_{12} \\ b_2 & a_{22} \end{vmatrix}$$

$$x_1 = \frac{\begin{vmatrix} b_1 & a_{12} \\ b_2 & a_{22} \end{vmatrix}}{\begin{vmatrix} a_{11} & a_{12} \\ a_{21} & a_{22} \end{vmatrix}}$$

$e_1a_{11}+e_2a_{21}$ を左からかけると，x_1 の係数が 0 となるのである．このようにして Cramer の公式が得られた．

●——n 次元の交代数

e_1, e_2 の数を n 個として e_1, e_2, ……, e_n をつくり，つぎのような計算の規則を約束する．

① ——$e_i{}^2=0$
② ——$e_k e_l = -e_l e_k$
③ ——$(e_l e_k)e_l = e_l(e_k e_l)$

その他は数の計算と同じである．

④ ——a が普通の数であるとき，$e_l a = a e_l$

これだけの規則をもつ e_1, e_2, ……, e_n を n 次元の交代数という．
このとき，
$$(e_1a_1+e_2a_2+\cdots\cdots+e_na_n)^2$$
$$=e_1^2a_1^2+e_1e_2a_1a_2+\cdots\cdots+e_le_ka_la_k+e_ke_la_ka_l+\cdots\cdots$$
$$=0$$
となって，すべて 0 となる．つまり，e_i を 1 次にふくんでいる式の 2 乗は 0 になる．

一般の連立方程式はつぎのように書ける．
$$\begin{cases} a_{11}x_1+a_{12}x_2+\cdots\cdots+a_{1n}x_n=b_1 \\ a_{21}x_1+a_{22}x_2+\cdots\cdots+a_{2n}x_n=b_2 \\ \cdots\cdots\cdots \\ a_{n1}x_1+a_{n2}x_2+\cdots\cdots+a_{nn}x_n=b_n \end{cases}$$

そこで，この連立方程式をつぎのような見方でみる．つまり，n 次元のベクトルが n 個ある．

$$\begin{bmatrix}a_{11}\\a_{21}\\\vdots\\a_{n1}\end{bmatrix} \begin{bmatrix}a_{12}\\a_{22}\\\vdots\\a_{n2}\end{bmatrix} \cdots\cdots \begin{bmatrix}a_{1n}\\a_{2n}\\\vdots\\a_{nn}\end{bmatrix}$$

これらのベクトルを e_1, e_2, ……, e_n を使って書き表わすと，つぎのようになる．

$$A_1 = e_1 a_{11} + e_2 a_{21} + \cdots\cdots + e_n a_{n1}$$
$$A_2 = e_1 a_{12} + e_2 a_{22} + \cdots\cdots + e_n a_{n2}$$
$$\cdots\cdots\cdots$$
$$A_n = e_1 a_{1n} + e_2 a_{2n} + \cdots\cdots + e_n a_{nn}$$
$$B = e_1 b_1 + e_2 b_2 + \cdots\cdots + e_n b_n$$

これら n 個のベクトルはみな $e_1, e_2, \cdots\cdots, e_n$ に関する1次式だから，つぎの条件を満たすことは容易にわかる。

$$A_i^2 = 0 \quad (i = 1, 2, \cdots\cdots, n)$$
$$A_i A_k = -A_k A_i \quad (i \neq k)$$

ここで，上の連立方程式を書き直すと，

$$A_1 x_1 + A_2 x_2 + \cdots\cdots + A_n x_n = B。$$

ここで，$x_1 = \cdots\cdots$, $x_2 = \cdots\cdots$, $x_3 = \cdots\cdots$, $\cdots\cdots$, $x_n = \cdots\cdots$ という形の式を導き出すのがこれからの仕事である。まず $x_1 = \cdots\cdots$ を出すには，x_2, $x_3, \cdots\cdots, x_n$ という文字を消してしまわねばならない。
$A_2 x_2$ を消すには A_2, $A_3 x_3$ を消すには A_3 をかけると0になるのである。この性質をつかうと n 元の連立方程式を解くことができる。$A_n x_n$ を消すには A_n をかければよい。したがって，すべてを同時に消すには，$A_2 A_3 \cdots\cdots A_n$ をかければよいことになる。これを右からかけると，

$$A_1 A_2 \cdots\cdots A_n x_1 + 0 + \cdots\cdots + 0 = B A_2 \cdots\cdots A_n$$

となる。ここで，

$$A_1 A_2 \cdots\cdots A_n = D e_1 e_2 \cdots\cdots e_n$$

とおく。D は (a_{ik}) のある多項式である。ここで，

$$B A_2 \cdots\cdots A_n = D' e_1 e_2 \cdots\cdots e_n$$

とおき，もし $D \neq 0$ ならば，

$$x_1 = \frac{D'}{D}$$

が得られることになる。
このようにして，交代数を使うと，連立1次方程式はいちおう解けることになるが，D という多項式のくわしい性質はまだよくわからない。これから D の性質をしらべてみることにしよう。

● ──行列式

$A_1 A_2 A_3 \cdots\cdots A_n$ を展開した結果は，$e_1, e_2, \cdots\cdots, e_n$ の2乗はでてこない

のであるから，すべては $e_1, e_2, \ldots, e_n$ の積だけからできている。
$$(e_1a_{11}+e_2a_{21}+\cdots+e_na_{n1})$$
$$(e_1a_{12}+e_2a_{22}+\cdots+e_na_{n2})$$
$$\cdots\cdots\cdots\cdots$$
$$(e_1a_{1n}+e_2a_{2n}+\cdots+e_na_{nn})$$

ここで，$e_1, e_2, \ldots, e_n$ のかける順序はいろいろちがっていて，そのすべての順列が現われてくる。このとき，一つの順列
$$i_1, i_2, \ldots, i_n$$
があったとき，それに応じて $e_1, e_2, \ldots, e_n$ の積
$$e_{i_1}e_{i_2}\cdots e_{i_n}$$
が定まるが，この係数は明らかに，
$$a_{i_11}a_{i_22}\cdots a_{i_nn}$$
である。

ここで，$e_ke_l=-e_le_k$ の規則を使って $e_{i_1}, e_{i_2}, \ldots, e_{i_n}$ の積の順序をかえて，すべて $e_1, e_2, \ldots, e_n$ という順序に直すことができるはずである。ここで，$e_1, e_2, \ldots, e_n$ のとなりどうしの二つを入れかえるごとに符号が一つかわる。さらにもういちどかえると，符号がもういちど変わって，元どおりになる。つまり，奇数回かえるとマイナスになり，偶数回かえると元どおりになる。つまり，となりどうしを入れかえる回数を q とすると，
$$e_{i_1}e_{i_2}\cdots e_{i_n}=(-1)^q e_1e_2\cdots e_n$$
となるはずである。

ここで，$n=3$ のばあいをやってみよう。
$$e_2e_1e_3=(-1)^1 e_1e_2e_3 \quad\text{—— 1回}$$
$$e_2e_3e_1=(-1)^2 e_1e_2e_3 \quad\text{—— 2回}$$
$$e_1e_3e_2=(-1)^1 e_1e_2e_3 \quad\text{—— 1回}$$
$$e_3e_2e_1=(-1)^3 e_1e_2e_3 \quad\text{—— 3回}$$
$$e_3e_1e_2=(-1)^2 e_1e_2e_3 \quad\text{—— 2回}$$

したがって，
$$A_1A_2A_3$$
$$=(e_1a_{11}+e_2a_{21}+e_3a_{31})(e_1a_{12}+e_2a_{22}+e_3a_{32})(e_1a_{13}+e_2a_{23}+e_3a_{33})$$

$$=e_1e_2e_3a_{11}a_{22}a_{33}+e_1e_2e_3a_{21}a_{32}a_{13}+e_1e_2e_3a_{31}a_{12}a_{23}-e_1e_2e_3a_{11}a_{32}a_{23}$$
$$-e_1e_2e_3a_{31}a_{22}a_{13}-e_1e_2e_3a_{21}a_{12}a_{33}$$

となる。ここで，$e_1e_2e_3$ でくくったときの係数を 行列Aの行列式と 名づける。それを，

$$|A|$$

とかく。くわしくかくと，

$$\begin{vmatrix} a_{11} & a_{12} & a_{13} \\ a_{21} & a_{22} & a_{23} \\ a_{31} & a_{32} & a_{33} \end{vmatrix}$$

となる。n が一般のときは，

$$a_1a_2\cdots a_n = e_1e_2\cdots e_n\left(\sum(-1)^q a_{i_11}a_{i_22}\cdots a_{i_nn}\right)。$$

ここで，q は$(i_1\ i_2\ \cdots\ i_n)$という順列を$(1\ 2\ \cdots\ n)$という標準の順列に直すさいの入れかえの回数である。これを，

$$(-1)^q = \mathrm{sgn}\begin{pmatrix} i_1 & i_2 & \cdots & i_n \\ 1 & 2 & \cdots & n \end{pmatrix}$$

とかくことがある。sgn は signum という字の略で，"符号"という意味である。これを使って書き表わすと，

$$|A| = \begin{vmatrix} a_{11} & \cdots & a_{1n} \\ \vdots & & \vdots \\ a_{n1} & \cdots & a_{nn} \end{vmatrix} = \sum \mathrm{sgn}\begin{pmatrix} i_1 & i_2 & \cdots & i_n \\ 1 & 2 & \cdots & n \end{pmatrix} a_{i_11}a_{i_22}\cdots a_{i_nn}。$$

ここで，$\sum$ は$n!$のすべての順列にわたるものとする。n が 4 のときは $4!=24$，5 のときは $5!=120\cdots$ となるから，$\sum$ をそのまま展開するとたいへん長い式になって計算がむずかしくなる。そこで，

$$\begin{vmatrix} a_{11} & a_{12} & \cdots & a_{1n} \\ a_{21} & a_{22} & \cdots & a_{2n} \\ \vdots & \vdots & & \vdots \\ a_{n1} & a_{n2} & \cdots & a_{nn} \end{vmatrix}$$

の形が何か特別な形をしているときは，その形を利用して，簡単に計算することを工夫することが多い。

さて，この行列式を使って連立方程式を解くと，その解はつぎのように表わされる。

$$x_1 = \frac{\begin{vmatrix} b_1 & a_{12} & \cdots & a_{1n} \\ b_2 & a_{22} & \cdots & a_{2n} \\ \vdots & \vdots & & \vdots \\ b_n & a_{n2} & \cdots & a_{nn} \end{vmatrix}}{\begin{vmatrix} a_{11} & a_{12} & \cdots & a_{1n} \\ a_{21} & a_{22} & \cdots & a_{2n} \\ \vdots & \vdots & & \vdots \\ a_{n1} & a_{n2} & \cdots & a_{nn} \end{vmatrix}}$$

この分子の行列式は第1列を B でおきかえたものである。同じように x_2 をとくには，
$$A_1x_1+A_2x_2+\cdots\cdots+A_nx_n=B$$
という式の左から A_1，右から $A_3A_4\cdots\cdots A_n$ をかければよい。
$$A_1\times(\quad)\times A_3A_4\cdots\cdots A_n$$
ここで，結局，
$$A_1A_2\cdots\cdots A_nx_2=A_1BA_3\cdots\cdots A_n$$
となる。これを行列式で書くと，

$$e_1e_2\cdots\cdots e_n\begin{vmatrix}a_{11}&a_{12}\cdots\cdots a_{1n}\\a_{21}&a_{22}\cdots\cdots a_{2n}\\\vdots&\vdots\quad\quad\vdots\\a_{n1}&a_{n2}\cdots\cdots a_{nn}\end{vmatrix}x_2=e_1e_2\cdots\cdots e_n\begin{vmatrix}a_{11}&b_1\cdots\cdots a_{1n}\\a_{21}&b_2\cdots\cdots a_{2n}\\\vdots&\vdots\quad\quad\vdots\\a_{n1}&b_n\cdots\cdots a_{nn}\end{vmatrix}$$

となる。ここで，$e_1e_2\cdots\cdots e_n$ をとると，

$$x_2=\frac{\begin{vmatrix}a_{11}&b_1\cdots\cdots a_{1n}\\\vdots&\vdots\quad\quad\vdots\\a_{n1}&b_n\cdots\cdots a_{nn}\end{vmatrix}}{\begin{vmatrix}a_{11}&a_{12}\cdots\cdots a_{1n}\\a_{21}&a_{22}\cdots\cdots a_{2n}\\\vdots&\vdots\quad\quad\vdots\\a_{n1}&a_{n2}\cdots\cdots a_{nn}\end{vmatrix}}$$

$$x_n=\frac{\begin{vmatrix}a_{11}\cdots\cdots a_{1,n-1}&b_1\\a_{21}\cdots\cdots a_{2,n-1}&b_2\\\vdots\quad\quad\vdots&\vdots\\a_{n1}\cdots\cdots a_{n,n-1}&b_n\end{vmatrix}}{\begin{vmatrix}a_{11}\cdots\cdots\cdots\cdots a_{1n}\\a_{21}\cdots\cdots\cdots\cdots a_{2n}\\\vdots\quad\quad\quad\quad\vdots\\a_{n1}\cdots\cdots\cdots\cdots a_{nn}\end{vmatrix}}$$

となる。この公式を Cramer の公式という。n が一般であるときである。もちろん，ここで，

$$\begin{vmatrix}a_{11}&a_{12}\cdots\cdots a_{1n}\\a_{21}&a_{22}\cdots\cdots a_{2n}\\\vdots&\vdots\quad\quad\vdots\\a_{n1}&a_{n2}\cdots\cdots a_{nn}\end{vmatrix}\neq 0$$

と仮定している。しかし，行列式が 0 のときにはどうなるかについてはここではのべない。

さて，行列式はどのような意味をもっているだろうか。$n=2$ のときは面積であったが，$n=3$ のときはどうだろうか。$n=3$ のときは A_1, A_2, A_3 というベクトルを三辺とする平行六面体の体積となるのである。
まず一般のときは，
$$(A_1+A'_1)A_2\cdots\cdots A_n=A_1A_2\cdots\cdots A_n+A'_1A_2\cdots\cdots A_n$$

から，

$$\begin{vmatrix} a_{11}+a'_{11} & a_{12} \cdots a_{1n} \\ a_{21}+a'_{21} & a_{22} \cdots a_{2n} \\ \vdots & \vdots \\ a_{n1}+a'_{n1} & a_{n2} \cdots a_{nn} \end{vmatrix} = \begin{vmatrix} a_{11} & a_{12} \cdots a_{1n} \\ a_{21} & a_{22} \cdots a_{2n} \\ \vdots & \vdots \\ a_{n1} & a_{n2} \cdots a_{nn} \end{vmatrix} + \begin{vmatrix} a'_{11} & a_{12} \cdots a_{1n} \\ a'_{21} & a_{22} \cdots a_{2n} \\ \vdots & \vdots \\ a'_{n1} & a_{n2} \cdots a_{nn} \end{vmatrix}$$

となる——図❽．これは面積のときとよく似た性質である．
Cramer の公式を幾何学的に説明するには，A_1, A_2, A_3 と B があるとき，B は A_1 を何倍し，A_2 を何倍し，A_3 を何倍して加えたものであるかを求めればよいのである．

ここで，A_1, A_2, A_3 を辺とする平行六面体の体積と B, A_2, A_3 を辺とする平行六面体の体積の比が x_1 になるわけである——図❾．

つまり，$n=3$ のときの Cramer の公式になるのである．

$$x_1 = \frac{\begin{vmatrix} b_1 & a_{12} & a_{13} \\ b_2 & a_{22} & a_{23} \\ b_3 & a_{32} & a_{33} \end{vmatrix}}{\begin{vmatrix} a_{11} & a_{12} & a_{13} \\ a_{21} & a_{22} & a_{23} \\ a_{31} & a_{32} & a_{33} \end{vmatrix}}$$

n が 3 より大きいときは，もちろん，そのまま幾何学的な意味づけはできない．しかし，逆に行列式を n 次元の平行 $2n$ 面体の体積と定義して，この行列式を土台にして n 次元空間の幾何学をつくり上げることができる．n 次元は，目でみることはもちろんできない．しかし，式をもとにして"幾何学"をつくり上げることはできる．

●──乗法定理

$A_1 = e_1 a_{11} + e_2 a_{21} + \cdots\cdots + e_n a_{n1}$

$A_2 = e_1 a_{12} + e_2 a_{22} + \cdots\cdots + e_n a_{n2}$

$\cdots\cdots\cdots\cdots$

$A_n = e_1 a_{1n} + e_2 a_{2n} + \cdots\cdots + e_n a_{nn}$

とすると，$A_1, A_2, \cdots\cdots, A_n$ が $e_1, e_2, \cdots\cdots, e_n$ と同じ性質をもつことは前にもよくわかった．

$A_1{}^2 = 0 \quad A_2{}^2 = 0 \quad \cdots\cdots \quad A_n{}^2 = 0$

$A_k A_i = -A_i A_k \quad (i \neq k)$

そこで，この $A_1, A_2, \cdots\cdots, A_n$ を新しい $e_1, e_2, \cdots\cdots, e_n$ と考えて，これをもとにして $B_1, B_2, \cdots\cdots, B_n$ をつくる．

$B_1 = A_1 b_{11} + A_2 b_{21} + \cdots\cdots + A_n b_{n1}$

$$B_2 = A_1 b_{12} + A_2 b_{22} + \cdots\cdots + A_n b_{n2}$$
$$\cdots\cdots\cdots\cdots$$
$$B_n = A_1 b_{1n} + A_2 b_{2n} + \cdots\cdots + A_n b_{nn}$$

とおく。ここで，
$$B_1 B_2 \cdots\cdots B_n = A_1 A_2 \cdots\cdots A_n |B|$$
$$= e_1 e_2 \cdots\cdots e_n |A| \cdot |B|_\circ$$

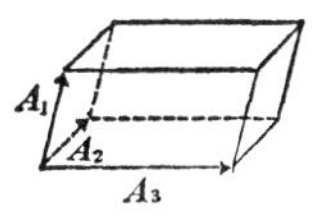

ところで，一方において，
$$[B_1, B_2, \cdots\cdots, B_n]$$
$$= [A_1, A_2, \cdots\cdots, A_n] \begin{bmatrix} b_{11} \cdots\cdots b_{1n} \\ \vdots \quad\quad \vdots \\ b_{n1} \cdots\cdots b_{nn} \end{bmatrix}$$
$$= [e_1, e_2, \cdots\cdots, e_n] \begin{bmatrix} a_{11} \cdots\cdots a_{1n} \\ \vdots \quad\quad \vdots \\ a_{n1} \cdots\cdots a_{nn} \end{bmatrix} \begin{bmatrix} b_{11} \cdots\cdots b_{1n} \\ \vdots \quad\quad \vdots \\ b_{n1} \cdots\cdots b_{nn} \end{bmatrix}$$
$$= [e_1, e_2, \cdots\cdots, e_n] AB$$
$$B_1 B_2 \cdots\cdots B_n = e_1 e_2 \cdots\cdots e_n |AB|$$

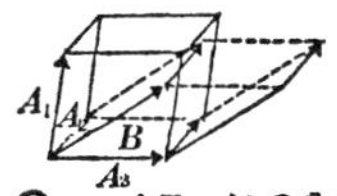

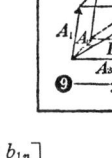

したがって，上の式とくらべると，
$$|AB| = |A| \cdot |B|$$

となる。この公式を乗法定理という。これは行列式の重要な定理の一つである。

●──逆行列

$$\begin{cases} a_{11} x_1 + a_{12} x_2 + \cdots\cdots + a_{1n} x_n = b_1 \\ a_{21} x_1 + a_{22} x_2 + \cdots\cdots + a_{2n} x_n = b_2 \\ \cdots\cdots\cdots\cdots \\ a_{n1} x_1 + a_{n2} x_2 + \cdots\cdots + a_{nn} x_n = b_n \end{cases}$$

を行列で書くと，
$$AX = B$$

となり，これから $X = \cdots\cdots$ を導き出すのであるから，$A^{-1}A = E$ となるような A^{-1} が求められるとよい。ここで，E は $EX = X$ となる行列，つまり，

$$E = \begin{bmatrix} 1 & & & \\ & 1 & & O \\ & & \ddots & \\ & O & & 1 \end{bmatrix}$$

❽──3次元のベクトル

❾──クラーメルの公式

である。このような A^{-1} を A の逆行列という。このような行列をつくるために，
$$[A_1, A_2, \cdots\cdots, A_n]$$
の左側にある行列をかけて，
$$\begin{bmatrix} A_1A_2\cdots\cdots A_n & & O \\ & A_1A_2\cdots\cdots A_n & \\ & & \ddots \\ O & & A_1A_2\cdots\cdots A_n \end{bmatrix}$$
ができるようにしたい。このような行列は，
$$\begin{bmatrix} \pm A_2A_3\cdots\cdots A_n \\ \pm A_1A_3\cdots\cdots A_n \\ \cdots\cdots\cdots \\ \pm A_1A_2\cdots\cdots A_{n-1} \end{bmatrix}$$
という行列である。±はつぎの式が成り立つようにえらぶ。
$$\pm A_2A_3\cdots\cdots A_nA_1 = A_1A_2\cdots\cdots A_n$$
つまり，$(-1)^{n-1}$ である。
$$\pm A_1A_3\cdots\cdots A_nA_2 = A_1A_2\cdots\cdots A_n$$
ここでは，$(-1)^{n-2}$ である。以下，同様である。
これをかけると，結局，
$$\begin{bmatrix} e_1e_2\cdots\cdots e_n|A| & & O \\ & e_1e_2\cdots\cdots e_n|A| & \\ & & \ddots \\ O & & e_1e_2\cdots\cdots e_n|A| \end{bmatrix}$$
となる。一方において，つぎのようになる。
$$\begin{bmatrix} (-1)^{n-1}A_2A_3\cdots A_n \\ (-1)^{n-2}A_1A_3\cdots A_n \\ \vdots \\ \end{bmatrix} = \begin{bmatrix} A_{11} A_{12}\cdots\cdots A_{1n} \\ A_{21} A_{22}\cdots\cdots A_{2n} \\ \cdots\cdots\cdots\cdots \\ A_{n1}A_{n2}\cdots\cdots A_{nn} \end{bmatrix} \begin{bmatrix} (-1)^{n-1}e_1\cdots\cdots e_n \\ (-1)^{n-2}e_1\cdots\cdots e_n \\ \vdots \\ (-1)e_1\cdots\cdots e_n \end{bmatrix}$$
ここで，式の意味から A_{ik} は，行列 A の (k, i) 要素を除いた行列式に
$$(-1)^{i-1+k-1} = (-1)^{i+k}$$
をかけたものである。このような行列をつくると，結局，
$$\begin{bmatrix} A_{11} A_{12}\cdots\cdots A_{1n} \\ A_{21} A_{22}\cdots\cdots A_{2n} \\ \cdots\cdots\cdots\cdots \\ A_{n1}A_{n2}\cdots\cdots A_{nn} \end{bmatrix} \begin{bmatrix} a_{11} & a_{12}\cdots\cdots a_{1n} \\ a_{21} & a_{22}\cdots\cdots a_{2n} \\ \vdots & \vdots & \vdots \\ a_{n1} & a_{n2}\cdots\cdots a_{nn} \end{bmatrix} = \begin{bmatrix} |A| & & \\ & |A| & O \\ & & \ddots \\ O & & |A| \end{bmatrix} = |A|\cdot E$$
となる。だから，もし $|A| \neq 0$ ならば，

$$\begin{bmatrix} \frac{A_{11}}{|A|} & \frac{A_{12}}{|A|} & \cdots & \frac{A_{1n}}{|A|} \\ \frac{A_{21}}{|A|} & \frac{A_{22}}{|A|} & \cdots & \frac{A_{2n}}{|A|} \\ \cdots \cdots \cdots \\ \frac{A_{n1}}{|A|} & \frac{A_{n2}}{|A|} & \cdots & \frac{A_{nn}}{|A|} \end{bmatrix} \begin{bmatrix} a_{11} & a_{12} & \cdots & a_{1n} \\ a_{21} & a_{22} & \cdots & a_{2n} \\ \vdots & \vdots & & \vdots \\ a_{n1} & a_{n2} & \cdots & a_{nn} \end{bmatrix} \begin{bmatrix} 1 & & & O \\ & 1 & & \\ & & 1 & \\ O & & & \ddots \\ & & & & 1 \end{bmatrix} = E_\circ$$

したがって，

$$A^{-1} = \begin{bmatrix} \frac{A_{11}}{|A|} & \frac{A_{12}}{|A|} & \cdots & \frac{A_{1n}}{|A|} \\ \cdots \cdots \cdots \\ \frac{A_{n1}}{|A|} & \frac{A_{n2}}{|A|} & \cdots & \frac{A_{nn}}{|A|} \end{bmatrix}$$

となる。

●――解の存在条件

A が正方形の n 行 n 列の行列であるとしよう。

$$A = \begin{bmatrix} a_{11} & a_{12} & \cdots & a_{1n} \\ a_{21} & a_{22} & \cdots & a_{2n} \\ \vdots & \vdots & & \vdots \\ a_{n1} & a_{n2} & \cdots & a_{nn} \end{bmatrix}$$

ここで，X は n 次の列ベクトルとして，

$$X = \begin{bmatrix} x_1 \\ x_2 \\ \vdots \\ x_n \end{bmatrix}$$

で，X は 0 ベクトルではないものとする。つまり，$x_1, x_2, \cdots\cdots, x_n$ のうち，少なくとも一つは 0 でないとする。このとき，

$$AX = 0$$

つまり，普通の書き方ではつぎのような連立方程式を考える。

$a_{11}x_1 + a_{12}x_2 + \cdots\cdots + a_{1n}x_n = 0$

$a_{21}x_1 + a_{22}x_2 + \cdots\cdots + a_{2n}x_n = 0$

$\cdots\cdots\cdots\cdots\cdots$

$a_{n1}x_1 + a_{n2}x_2 + \cdots\cdots + a_{nn}x_n = 0$

ここで，

$A_1 = e_1 a_{11} + e_2 a_{21} + \cdots\cdots + e_n a_{n1}$

$A_2 = e_1 a_{12} + e_2 a_{22} + \cdots\cdots + e_n a_{n2}$

$\cdots\cdots\cdots\cdots$

$$A_n = e_1 a_{1n} + e_2 a_{2n} + \cdots + e_n a_{nn}$$

とすると，上の式は，

$$A_1 x_1 + A_2 x_2 + \cdots + A_n x_n = 0$$

と書ける。ここで，$x_1, x_2, \cdots, x_n$ のうちで 0 でないものは x_1 であるとする。$x_1 \neq 0$。このとき，$A_2 A_3 \cdots A_n$ を両辺にかけると，

$$A_1 A_2 \cdots A_n x_1 + 0 x_2 + \cdots + 0 x_n = 0$$

$$e_1 e_2 \cdots e_n |A| x_1 = 0。$$

これから $|A|=0$ となる。すなわち，つぎの定理がなり立つ。

定理1——$X \neq 0$ で，$AX=0$ であるとき，$|A|=0$ となる。

この定理は逆も成り立つが，これは後まわし(次節の定理7)にしよう。

●——1 次独立

本来の意味からいうと，ベクトルは3次元空間の矢線であった。X という矢線をある直角座標によって成分にわけると，"たて，よこ，高さ"の三つの数になる。これを $[x_1, x_2, x_3]$ で表わす。
ここで，x_1 座標の向きで長さ1のベクトルを e_1，x_2 の向きで長さ1のベクトルを e_2，同じく x_3 の向きで長さ1のベクトルを e_3 とする——図⑩。
このとき，X はつぎのように表わされる。

$$X = e_1 x_1 + e_2 x_2 + e_3 x_3$$

ここで，二つのベクトル X_1, X_2 があったとする——図⑪。

$$X_1 = e_1 x_{11} + e_2 x_{21} + e_3 x_{31}$$

$$X_2 = e_1 x_{12} + e_2 x_{22} + e_3 x_{32}$$

この X_1, X_2 が同じ方向ならば，

$$X_2 = a X_1$$

となる。つまり，

$$a X_1 - 1 \cdot X_2 = 0$$

となっている。このとき，両辺に左から X_1 をかけると，

$$a X_1^2 - 1 \cdot X_1 X_2 = 0。$$

$X_1^2 = 0$ であるから，

$$X_1 X_2 = 0$$

となる。ここで，
$$X_1X_2 = (e_1x_{11}+e_2x_{21}+e_3x_{31})(e_1x_{12}+e_2x_{22}+e_3x_{32})$$
$$= e_1e_2(x_{11}x_{22}-x_{12}x_{21})+e_2e_3(x_{21}x_{32}-x_{22}x_{31})+e_3e_1(x_{31}x_{12}-x_{11}x_{32})$$
$$= 0。$$

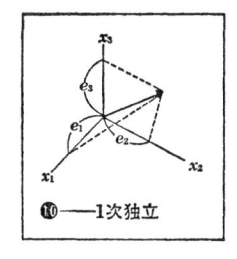

ここで，両辺に e_3 をかけると，
$$e_1e_2e_3(x_{11}x_{22}-x_{12}x_{21})+e_2e_3{}^2(x_{21}x_{32}-x_{22}x_{31})+e_3e_1e_3(x_{31}x_{12}-x_{11}x_{32})=0。$$
$e_1e_2e_3 \neq 0$ であるから，
$$x_{11}x_{22}-x_{12}x_{21}=0。$$
同じく，e_1 をかけると，
$$x_{21}x_{32}-x_{22}x_{31}=0。$$
e_2 をかけると，
$$x_{31}x_{12}-x_{11}x_{32}=0。$$

つまり，これら三つの条件は X_1, X_2 が同じ方向のベクトルであるための条件である。この三つの条件は交代数を使うと，
$$X_1X_2=0$$
という一つの方程式にかける。ここにも交代数の威力が現われている。

また，三つのベクトル X_1, X_2, X_3 のあいだに，
$$X_1\alpha_1+X_2\alpha_2+X_3\alpha_3=0$$
で，たとえば，α_1 が 0 でないとき，
$$X_1=-X_2\frac{\alpha_2}{\alpha_1}-X_3\frac{\alpha_3}{\alpha_1}$$
となる。これは X_3 が X_1 と X_2 をふくむ平面上にあることを意味する。このようなとき，X_1, X_2, X_3 は1次従属であるという。

このとき，
$$X_1X_2X_3=0$$
となる。つまり，X_1, X_2, X_3 が1次従属であるときは，
$$X_1X_2X_3=0$$
である。

逆に，$X_1\alpha_1+X_2\alpha_2+X_3\alpha_3=0$ のときは，いつでも $\alpha_1=\alpha_2=\alpha_3=0$ となるとき，X_1, X_2, X_3 は1次独立であるという。

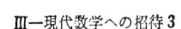

以上のように，1次独立や1次従属の問題を取りあつかうには交代数がとくに適していることがわかった。

グラスマン代数

●——グラスマンの代数

つぎには交代数の計算規則についてのべておこう。$e_1, e_2, \ldots, e_n$ が n 次元の交代数であるとする。このとき，$e_1, e_2, \ldots, e_n$ の k 次の積は n から k をとり出す組み合わせの数 ${}_nC_k$，つまり，$\binom{n}{k}$ だけある。

$$\binom{n}{k} = \frac{n!}{k!(n-k)!}$$

なぜなら，2乗は0になるし，$e_i e_k = -e_k e_i$ となるからである。したがって，k 次の同次式は高々 $\binom{n}{k}$ 個の項から成り立っている。

$$\sum e_{i_1} e_{i_2} \cdots e_{i_k} a_{i_1 i_2 \cdots i_k}$$

このとき，もしこの式が0になったら，すべての係数は0になる。たとえば，その一つの係数 $a_{i_1 i_2 \cdots i_k}$ をとってみよう。ここで，$i_1, i_2, \ldots, i_k$ という数字に等しくない数字を，

$$i_{k+1}, i_{k+2}, \ldots, i_n$$

とする。ここで，両辺に $e_{i_{k+1}} e_{i_{k+2}} \cdots e_{i_n}$ をかけると，

$$e_{i_1} e_{i_2} \cdots e_{i_n} a_{i_1 i_2 \cdots i_k} + 0 + 0 + \cdots = 0$$

となる。なぜなら，他の項には $e_{i_{k+1}}, \ldots, e_{i_n}$ と等しいものが少なくとも一つはでてくるから，$e_i^2 = 0$ の規則で，すべては0になる。したがって，

$$a_{i_1 i_2 \cdots i_k} = 0$$

となる。つまり，任意の係数は0となる。

逆に，少なくとも一つの係数が0でないとき，その式はけっして0にはなれないのである。つまり，0でない式は少なくとも一つの0でない係

数をふくむ。そのような係数を $a_{i_1 i_2 \cdots i_k}$ とすると，
$$A_k = \sum e_{i_1} e_{i_2} \cdots e_{i_k} a_{i_1 i_2 \cdots i_k}$$
となる。この式の両辺に $e_{i_{k+1}} \cdots e_{i_n}$ をかけると，
$$A_k e_{i_{k+1}} \cdots e_{i_n} = e_{i_1} e_{i_2} \cdots e_{i_n} a_{i_1 i_2 \cdots i_k} \neq 0$$
となる。すなわち，つぎの定理が得られる。

定理 1── 0 でない k 次の同次式に適当な $e_{i_k} e_{i_{k+1}} \cdots e_{i_n}$ をかけると，0 でない n 次式が得られる。

また，逆行列の定理によると，つぎのことがわかる。

定理 2──
$$X_1 X_2 \cdots X_n \neq 0$$
のとき，任意のベクトルは $X_1, X_2, \cdots, X_n$ の 1 次結合で表わせる。

$[X_1, X_2, \cdots, X_n] = [e_1, e_2, \cdots, e_n]A$ のとき，
$$X_1 X_2 \cdots X_n = e_1 e_2 \cdots e_n |A| \neq 0$$
で，$|A| \neq 0$ となるから，A^{-1} が存在する。これを B とすれば，
$$[X_1, X_2, \cdots, X_n]B = [e_1, \cdots, e_n]$$
となる。したがって，任意のベクトルを Y とすると，
$$Y = e_1 y_1 + e_2 y_2 + \cdots + e_n y_n$$
は，
$$= [e_1, e_2, \cdots, e_n] \begin{bmatrix} y_1 \\ y_2 \\ \vdots \\ y_n \end{bmatrix}$$
とかける。ここで，つぎのようにおく。
$$= [X_1, X_2, \cdots, X_n] B \begin{bmatrix} y_1 \\ \vdots \\ y_n \end{bmatrix}$$
つまり，Y は $X_1, X_2, \cdots, X_n$ の 1 次結合で書ける。だから，$X_1, X_2, \cdots, X_n$ はベクトルの新しい座標としてえらぶことができる。

定理 3──$X_1 X_2 \cdots X_k \neq 0$ のとき，これに適当な $e_{i_{k+1}}, \cdots, e_{i_n}$ を付加して，

$$X_1, X_2, \cdots\cdots, X_n, e_{i_{k+1}}, \cdots\cdots, e_{i_n}$$

を新しい座標にとることができる。

証明——

$$X_1 X_2 \cdots\cdots X_k \neq 0$$

であるから，定理1によって適当な $e_{i_{k+1}}, \cdots\cdots, e_{i_n}$ をえらんで，

$$X_1 X_2 \cdots\cdots X_k e_{i_{k+1}} \cdots\cdots e_{i_n} \neq 0$$

とすることができる。だから，定理2によって，

$$X_1, X_2, \cdots\cdots, X_k, e_{i_{k+1}} \cdots\cdots e_{i_n}$$

を新しい座標にとって，すべてのベクトルを1次結合で表わせる。

定理4——$X_1 X_2 \cdots\cdots X_k \neq 0$ であって，

$$X_1 X_2 \cdots\cdots X_k X_{k+1} = 0$$

のときは，X_{k+1} は $X_1, X_2, \cdots\cdots, X_k$ の1次結合でかける。

証明——

$$X_1, X_2, \cdots\cdots, X_k, e_{i_{k+1}} \cdots\cdots e_{i_n}$$

を新しい座標とすると，

$$X_{k+1} = X_1\alpha_1 + X_2\alpha_2 + \cdots\cdots + X_k\alpha_k + e_{i_{k+1}}\alpha_{k+1} + \cdots\cdots + e_{i_n}\alpha_n$$

となる。両辺に $X_1 X_2 \cdots\cdots X_k$ をかけると，$X_1\alpha_1 + X_2\alpha_2 + \cdots\cdots + X_k\alpha_k$ の部分は消えて，

$$X_1 \cdots\cdots X_k e_{i_{k+1}}\alpha_{k+1} + \cdots\cdots + X_1 \cdots\cdots X_k e_{i_n}\alpha_n = 0$$

となり，これから，

$$\alpha_{k+1} = \alpha_{k+2} = \cdots\cdots = \alpha_n = 0$$

が得られる。だから，

$$X_{k+1} = X_1\alpha_1 + \cdots\cdots + X_k\alpha_k$$

定理5——$X_1 X_2 \cdots\cdots X_k = 0$ のときは，

$$X_1\alpha_1 + \cdots\cdots + X_k\alpha_k = 0$$

となって，すべては0とならない $\alpha_1, \alpha_2, \cdots\cdots, \alpha_k$ が存在する。つまり，1次従属になる。

証明——$X_1, X_2, \cdots\cdots, X_k$ のなかの積のうちで，m 個の積のなかには0でないものがあり，$m+1$ 個はすべて0になるとすると，たとえば，

$$X_1 X_2 \cdots\cdots X_m \neq 0$$

$$X_1X_2\cdots\cdots X_mX_{m+1}=0$$
となる。したがって，
$$X_{m+1}=X_1\alpha_1+X_2\alpha_2+\cdots\cdots+X_m\alpha_m$$
となる。つまり，1次従属になる。

以上を総合すると，つぎの定理が得られる。

定理6——$X_1, X_2, \cdots\cdots, X_k$ が1次独立であるための必要かつ十分な条件は，
$$X_1X_2\cdots\cdots X_k \neq 0$$
となることである。また，$X_1, X_2, \cdots\cdots, X_k$ が1次従属であるための必要かつ十分な条件は，
$$X_1X_2\cdots\cdots X_k=0$$
となることである。

このようにして k 個のベクトルが1次独立か1次従属かは，それらの積が0でないか0であるかをみれば，判定できることがわかった。

よく考えてみると，この定理はすこぶる威力のある定理であることがわかる。なぜなら，$X_1, X_2, \cdots\cdots, X_k$ が1次独立であることを直接たしかめるには $\alpha_1, \alpha_2, \cdots\cdots, \alpha_k$ のすべての値について(それはもちろん無限にある)，
$$X_1\alpha_1+X_2\alpha_2+\cdots\cdots+X_k\alpha_k$$
という式の値を計算して，どの場合にも0にはならないことを立証する必要がある。ところが，無限の場合について計算することは人間にはできない相談である。その困難から定理6は救い出してくれるのである。$X_1X_2\cdots\cdots X_k$ の計算は有限回の加減と乗法を行なえばできるのである。だから，定理6は，本来，無限回の計算が必要なものを有限回の計算ですましてよいことを保証しているわけである。

定理6はつぎのように言いかえることもできる。記号は $X_1, \cdots\cdots, X_k$ のかわりに $A_1, \cdots\cdots, A_k$ とし，$\alpha_1, \cdots\cdots, \alpha_k$ のかわりに X とおく。

定理7——$X \neq 0$ に対して，
$$AX=0$$

が成り立つための必要かつ十分な条件は，
$$|A|=0$$
となることである。

証明——$A=[A_1 A_2 \cdots\cdots A_k \cdots\cdots A_n]$という正方形行列とし，
$$A_1 A_2 \cdots\cdots A_k \neq 0,$$
A_{k+1} に対して，$A_1 A_2 \cdots\cdots A_k A_{k+1}=0$ とすると，
$$A_{k+1}=A_1 x_1+A_2 x_2+\cdots\cdots+A_k x_k$$
であるから，

$$[A_1, \cdots\cdots, A_k, A_{k+1}, \cdots\cdots, A_n]\begin{bmatrix} x_1 \\ \vdots \\ x_k \\ -1 \\ 0 \\ 0 \end{bmatrix}=0$$

つまり，
$$AX=0$$
となるからである。

●——階数

$A_1, A_2, \cdots\cdots, A_m$ というm個のベクトルがあって，そのなかの$(r+1)$個のベクトルはいつでも1次従属であるが，ある適当なr個の1次独立なものが存在するとき，このようなrを行列$[A_1, A_2, \cdots\cdots, A_m]$の階数(rank)という。階数を実際に求めるには，

$$A_1, A_1, \cdots\cdots A_m, \cdots\cdots \binom{m}{1}個$$

$$A_1 A_2, A_1 A_2, \cdots\cdots\cdots\cdots \binom{m}{2}個$$

$$A_1 A_2 A_3, \cdots\cdots\cdots\cdots\cdots \binom{m}{3}個$$

$\cdots\cdots\cdots\cdots$

という積をつくって，一つの段がはじめて全部0になったところをみつけて，その段の一つ手前の段が階数に当たるのである。その手前の段には，0とならないr個の積が少なくとも一つは存在するはずである。これを，かりに $A_1 A_2 \cdots\cdots A_r \neq 0$ とする。このとき，$A_1, A_2, \cdots\cdots, A_r$ は定理6によって1次独立である。そして，他のベクトルは，すべて $A_1, A_2, \cdots\cdots, A_r$ の1次結合で表わされるはずである。

$$A_1\alpha_1 + A_2\alpha_2 + \cdots\cdots A_r\alpha_r = A_{r+1}$$
$$\cdots\cdots\cdots\cdots$$

つまり，$A_{r+1}, A_{r+2}, \cdots\cdots, A_m$ はすべて $A_1, A_2, \cdots\cdots, A_r$ をふくむ r 次元の空間にふくまれてしまうわけである。だから，行列 $[A_1, A_2, \cdots\cdots, A_m]$ の階数は $A_1, A_2, \cdots\cdots, A_m$ をふくむ空間の真の次元数なのである。さて，$A_1, A_2, \cdots\cdots, A_r$ の具体的な形について考えてみよう。

$$A_1 = e_1 A_{11} + e_2 A_{21} + \cdots\cdots + e_n A_{n1}$$
$$A_2 = e_1 A_{12} + e_2 A_{22} + \cdots\cdots + e_n A_{n2}$$
$$\cdots\cdots\cdots\cdots$$
$$A_r = e_1 A_{1r} + e_2 A_{2r} + \cdots\cdots + e_n A_{nr}$$

とすると，$A_1 A_2 \cdots\cdots A_r$ を展開すると，$e_1 e_2 \cdots\cdots e_n$ のなかの r 個の積 $e_{i_1} e_{i_2} \cdots\cdots e_{i_r}$ がでてくる。この項の数は $\binom{n}{r}$ 個ある。

$$= \sum e_{i_1} e_{i_2} \cdots\cdots e_{i_r} a_{i_1 i_2 \cdots\cdots i_r}$$

ここで，$a_{i_1 i_2 \cdots\cdots i_r}$ の具体的な形を求めてみよう。これは $A_1, A_2, \cdots\cdots, A_r$ のなかから，$e_{i_1}, e_{i_2}, \cdots\cdots, e_{i_r}$ 以外の係数はすべて 0 とみたときの積に等しいから，

$$(e_{i_1} a_{i_1 1} + e_{i_2} a_{i_2 1} + \cdots\cdots + e_{i_r} a_{i_r 1})$$
$$(e_{i_1} a_{i_1 2} + e_{i_2} a_{i_2 2} + \cdots\cdots + e_{i_r} a_{i_r 2})$$
$$\cdots\cdots\cdots\cdots$$
$$(e_{i_1} a_{i_1 r} + e_{i_2} a_{i_2 r} + \cdots\cdots + e_{i_r} a_{i_r r}),$$

したがって，これは r 次の行列式となる。

$$= e_{i_1} e_{i_2} \cdots\cdots e_{i_r} \begin{vmatrix} a_{i_1 1} & \cdots\cdots & a_{i_1 r} \\ a_{i_2 1} & \cdots\cdots & a_{i_2 r} \\ \vdots & & \vdots \\ a_{i_r 1} & \cdots\cdots & a_{i_r r} \end{vmatrix}$$

これは，

$$\begin{bmatrix} a_{11} & a_{12} & \cdots\cdots & a_{1r} \\ a_{21} & a_{22} & \cdots\cdots & a_{2r} \\ \vdots & & & \vdots \\ a_{n1} & a_{n2} & & a_{nr} \end{bmatrix}$$

という行列のなかから，$i_1, i_2, \cdots\cdots, i_r$ 行目をとり出してつくった行列式なのである。このような行列式は全部で $\binom{n}{r}$ 個つくれるが，これが $A_1 A_2 \cdots\cdots A_r$ の展開式の係数となっているのである。だから，

$$A_1 A_2 \cdots\cdots A_r$$

が 0 でないということは，$\binom{n}{r}$ 個の行列式のうち，少なくとも一つが 0

でないことを意味している。また，$A_1 A_2 \cdots\cdots A_r = 0$ はすべての $\binom{n}{r}$ 行列式が0であることと同じである。だから，階数はつぎのように定義しても同じである。

$$A = \begin{bmatrix} a_{11} & a_{12} \cdots\cdots a_{1m} \\ a_{21} & a_{22} & a_{2m} \\ \vdots & \vdots & \vdots \\ a_{n1} & a_{n2} & a_{nm} \end{bmatrix}$$

という行列からつくった $(r+1)$ 次の行列式がすべて0であり，r 次の行列式のなかには0でないものが少なくとも一つあるときは A の階数は r である。つまり，階数を見つけるにはいくつかの行列式を計算して，それが0であるかないかをたしかめればよいのである。

IV──現代数学への招待 4
トポロジー

●──実数を考えるのに数直線を考えない人はいない。逆に，直観だけで論理を使用しない数学者は存在しない。数学はみな論理型であり，直観型なのである。ただ，そのあり方がちがっているだけである。だから，その二つを結びつける試みは数学が発達しつつある限り続けられる。距離も関数空間も，その一つである。──143ページ「距離空間」

●──ゴムの膜を連続的に変形した場合，2点間の距離は思いのままに変化するであろう。しかし，ゴム膜の表面にかいた図形のつながり具合は変わらない。この連続的な変形によっても変わらない性質を研究しようというのがトポロジーの固有の任務である。──144ページ「位相の導入」

●──関数空間に距離を導入すると，解析学的な事実を関数空間のなかの幾何学的な表現に翻訳してとらえることができる。つまり，解析学的な命題を幾何学的な映像によってとらえることができるのである。そういう意味で，関数空間は解析学と幾何学を結びつけるものといえよう。──142ページ「距離空間」

距離空間

●——いろいろの距離

これまで主として群・環・体などの代数系についてのべてきたので、こんどは代数系とならぶ大きな柱である位相についてのべよう。そのために、まず一般的な距離の概念についてのべよう。

近ごろ、交通機関が飛躍的に発達したために、地球がせまくなったとか、距離が縮まったとかいわれている。これは、もちろん、本来の意味の距離が縮まったわけではなく、速度が増したので、2点間を移動する時間が短くなったという意味である。そのことを比喩的に距離が縮まったといい表わしているだけのことである。つまり、それは"時間的距離"とでもいうべきものである。

そう考えてみると、"距離"という言葉にも多様の意味があり得る。日本のなかの2点のあいだの距離といっても、2点間の直線距離のことをさすばあいもあろうし、また、鉄道線路にそった距離であるばあいもあろう。東京—大阪間の距離といっても、東海道線に沿って測った距離は556.4 km であるが、直線距離はもっと短くなるだろう。

このように種々さまざまの距離があり得るとしたら、それらさまざまの距離の一般論をつくっておくことが望ましい。そのために、代数系と同じく、"点"という要素からできている無構造の集合から出発する。

この集合を R としよう。R は有限もしくは無限の要素からできているが、その要素を"点"と名づけることにする。

ここで"点"というのは初等幾何でいう点を思い浮かべる必要はない。そ

れは集合の要素であればよいから，明確に規定してありさえすれば，何でもよいのである．事実，それは幾何学的な点でなくとも，解析学では関数が点となるし，確率論では事象が点となる．だから，それは"あるもの"というほかはない．

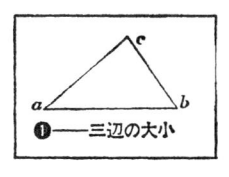

このような集合の二つの"点"a, b のあいだに距離 $d(a, b)$ を導入するのであるが，この $d(a, b)$ はつぎの三つの条件を満たすものとする．

① ―― 2 点が一致したら，距離は 0 である．
$$d(a, a) = 0$$
異なる点の距離は常に正である．すなわち，$a \neq b$ ならば，
$$d(a, b) > 0.$$

② ―― a から b までの距離は b から a までの距離に等しい．
$$d(a, b) = d(b, a)$$

③ ―― 3 点 a, b, c があるとき，a, b の距離と b, c の距離の和は a, c の距離より小さくはならない．
$$d(a, b) + d(b, c) \geqq d(a, c)$$

以上，三つの条件を満足する $d(a, b)$ という R の上の 2 変数関数が存在するとき，$d(a, b)$ を R の上の距離といい，このような $d(a, b)$ の定義でできる集合を距離空間という．

①の条件はきわめて妥当であると思われる．②になると，たとえば，a から b へ歩いて行ける時間とすると，a が b より高いところにでもあれば，a から b へ行く下りの所要時間は，b から a までの上りの所要時間より短くなるだろう．そうなると，
$$d(a, b) < d(b, a)$$
となって対称的ではなくなる．しかし，距離空間の距離はこういう非対称性はゆるさない．

③の条件は三角形の三辺の大小に関するものである――図❶．これも距離にとって本質的なものである．

つぎに 2 次元の平面においていろいろの距離が存在することを実例で示そう．座標を x_1, x_2 とする．普通の距離はピタゴラスの定理によって，
$$d(a, b) = \sqrt{(x_1 - x_1')^2 + (x_2 - x_2')^2}$$

となる。ただし，a の座標は (x_1, x_2)，b の座標は (x_1', x_2') とする。原点からの長さ1の点は円になる——図❷。

しかし，そのほかにも距離は定義できる。$p \geqq 1$ のとき，
$$d(a, b) = (|x_1 - x_1'|^p + |x_2 - x_2'|^p)^{\frac{1}{p}}$$
を距離にしてもよいのである。$p = 2$ のときがピタゴラスの定理による普通の距離である。このとき，原点からの距離が1となる点 c,
$$d(0, c) = 1$$
はつぎのようになる。$p = 1$ のときはもっとも内部の菱形であるし、それからしだいにふくれていって，$p = 2$ のときは円になり，p が2より大きくなると，しだいにふくれていって，$p \to \infty$ に近づくにしたがって外部の正方形になる——図❸。このような距離も，やはり，①②③の条件を満足する。

$$\{|x_1 - x_1'|^p + |x_2 - x_2'|^p\}^{\frac{1}{p}}$$

において $|x_1 - x_1'|$ と $|x_2 - x_2'|$ とのうちで大きいほうをかりに $|x_1 - x_1'|$ とすると，
$$\frac{|x_2 - x_2'|}{|x_1 - x_1'|} \leqq 1$$
であるから，
$$= |x_1 - x_1'| \left\{ 1 + \left(\frac{|x_2 - x_2'|}{|x_1 - x_1'|} \right)^p \right\}^{\frac{1}{p}} \leqq |x_1 - x_1'| \cdot 2^{\frac{1}{p}}。$$

p を限りなく大きくすると，
$$\longrightarrow |x_1 - x_1'|。$$

つまり，
$$d(a, b) = \sup(|x_1 - x_1'|, |x_2 - x_2'|)。$$

このような距離空間をはじめて研究したのはミンコフスキーであるところから，これを"ミンコフスキーの空間"とよぶことがある（相対性理論における時空世界とはちがう）。

このように同じ平面でも異なった距離を導入することができる。2次元でなく，n 次元の空間であったら，
$$a = (x_1, x_2, \cdots, x_n)$$
$$b = (x_1', x_2', \cdots, x_n')$$
という2点間の距離として，

$$d(a,b)=\{|x_1-x_1'|^p+|x_2-x_2'|^p+\cdots+|x_n-x_n'|^p\}^{\frac{1}{p}}$$

をとることができる．これは①②③の条件を満足する．①②は簡単であるが，③をたしかめることは少しめんどうである．初等的に証明するにはつぎのようにすればよい．まずつぎの定理を準備として証明しておく．

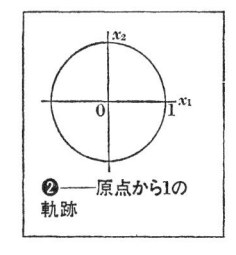

定理——$p\geqq 1$ のとき，区間$[0,a]$で，
$$f(x)=(x^p+b^p)^{\frac{1}{p}}+\{(a-x)^p+c^p\}^{\frac{1}{p}}$$
$$(a>0,\ b>0,\ c>0)$$

は $x=\dfrac{ab}{b+c}$ で極小値 $\{a^p+(b+c)^p\}^{\frac{1}{p}}$ をとる．

証明——方法は微分の極大・極小を適用するだけである．$p>1$ とすると，
$$f'(x)=\left(\frac{x^p}{x^p+b^p}\right)^{\frac{p-1}{p}}-\left(\frac{(a-x)^p}{(a-x)^p+c^p}\right)^{\frac{p-1}{p}}$$

$f'(x)$ は x が 0 から a に増加するにつれて単調に増加する．

$$f'(0)=-\left(\frac{a^p}{a^p+c^p}\right)^{\frac{p-1}{p}}\qquad f'(a)=\left(\frac{a^p}{a^p+b^p}\right)^{\frac{p-1}{p}}$$

だから，0 になるところは一か所しかない．
$f'(x)=0$ とおくと，
$$\frac{x^p}{x^p+b^p}=\frac{(a-x)^p}{(a-x)^p+c^p}$$
$$c^p x^p=b^p(a-x)^p$$
$$cx=b(a-x)$$
$$x=\frac{ab}{b+c}$$

となる．この点における $f(x)$ の値を計算すると——図❹，
$$f\left(\frac{ab}{b+c}\right)=\{a^p+(b+c)^p\}^{\frac{1}{p}}。$$

この補助定理を適用していく．簡単のために，一般に $|x_1|,\ |x_2|,\ \cdots\cdots,$

のかわりに $x_1, x_2, \ldots$, と書くと,

$$(x_1^p + x_2^p + \cdots + x_{n-1}^p)^{\frac{1}{p}} = b$$

$$(x_1'^p + x_2'^p + \cdots + x'_{n-1}^p)^{\frac{1}{p}} = c$$

$$x_n = x \qquad x_n' = a - x$$

とおくと,

$$\{x_1^p + x_2^p + \cdots + x_{n-1}^p + x_n^p\}^{\frac{1}{p}} + \{x_1'^p + x_2'^p + \cdots + x_n'^p\}^{\frac{1}{p}}$$

$$\geq [\{(x_1^p + \cdots + x_{n-1}^p)^{\frac{1}{p}} + (x_1'^p + \cdots + x_{n-1}'^p)^{\frac{1}{p}}\}^p$$

$$+ (x_n + x_n')^p]^{\frac{1}{p}}.$$

つぎつぎに適用していくと,

$$\geq \{(x_1 + x_1')^p + (x_2 + x_2')^p + \cdots + (x_n + x_n')^p\}^{\frac{1}{p}}$$

となる。ここで,

$$x_1 + x_1' \geq |x_1 - x_1'|,$$

ゆえに,

$$d(0, a) + d(0, b) \geq d(a, b)。$$

この0は一般の点であってもよい。これはn次元のミンコフスキーの空間である。

●——**無限次元の距離空間**

n が有限でなく，限りなく大きくなっていったとき，無限次元の距離空間が得られる。点 a は,

$$(x_1, x_2, \ldots, x_n, \ldots),$$

b は,

$$(x_1', x_2', \ldots, x_n', \ldots)$$

という無限個の座標で定められるとして，そのような2点のあいだの距離を,

$$d(a, b) = \{|x_1 - x_1'|^p + |x_2 - x_2'|^p + \cdots + |x_n - x_n'|^p + \cdots\}^{\frac{1}{p}}$$

によって定義されるとすると，このような $d(a, b)$ は，やはり，①②③の条件を満足する。これは n が無限に大きくなったところがちがうが，ここにでてくる無限級数は収束しないと意味がない。n が有限のときは収束の問題は起こってこない。

p は 1 に等しいか，より大きな実数であるが，$p=1$ のときは，
$$d(a, b) = |x_1 - x_1'| + |x_2 - x_2'| + \cdots + |x_n - x_n'| + \cdots$$
となって，式は簡単になってとりあつかいが容易になる。逆に，p が限りなく大きくなると，$d(a, b)$ は，
$$|x_1 - x_1'|, |x_2 - x_2'|, \cdots, |x_n - x_n'|, \cdots$$
の上限に近づく。
$$d(a, b) = \sup_n (|x_n - x_n'|),$$
これは $p=\infty$ に相当する。このように，1から ∞ までの p に対して，ミンコフスキーの空間ができるが，そのなかでも，もっともよくでてくるのは $p=2$ のばあいである。ここでは，ピタゴラスの定理が成り立っているし，$p=2$ であることから計算のレールにのりやすい。

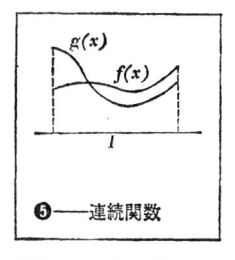

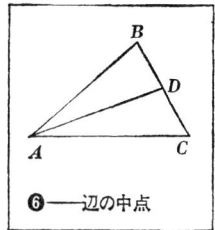

● ―― 関数空間

関数を"点"とみなすような空間を関数空間とよぶことにしよう。簡単のために，x のある区間 I の上に定義された連続関数全体の集合を R としよう。R を構成している"点"は $f(x), g(x), \cdots$ というような連続関数である。そのとき，2"点"間の距離は，
$$d(f, g) = \left\{ \int_I |f(x) - g(x)|^p dx \right\}^{\frac{1}{p}}$$
であると定義すると――図❺，このような距離は明らかに①②③の条件を満足する。ここでも，$p=2$ のばあいはピタゴラスの定理が成り立つので，普通のユークリッド空間と同じようにとりあつかうことができる。平面幾何では，$\triangle ABC$ において辺 BC の中点を D とすると，つぎのような等式が成立する――図❻。
$$AB^2 + AC^2 = 2AD^2 + 2BD^2$$
これはピタゴラスの定理から導かれるが，この等式が $p=2$ の関数空間にも成り立つのである。

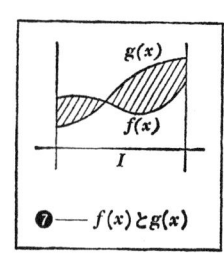

$p=1$ のばあいは，
$$d(f, g) = \int_I |f(x) - g(x)| dx$$
となって，図❼では $f(x)$ と $g(x)$ のくいちがいの部分の面積が距離となる。

$p=\infty$ に相当するのは，
$$d(f, g) = \sup_x |f(x) - g(x)|$$
が距離となるから，図❽では $f(x)$ と $g(x)$ の差のもっとも大きなくいちがいが距離となる。以上のように，関数空間に距離を導入すると，解析学的な事実を関数空間のなかの幾何学的な表現に翻訳してとらえることができる。

❼——$f(x)$と$g(x)$

❽——距離

たとえば，関数列

$f_1(x), f_2(x), \ldots, f_n(x), \ldots$

が関数 $f(x)$ に一様に収束するということは，

$\sup_x |f_n(x) - f(x)|$

が $n \longrightarrow \infty$ につれて 0 に近づくということである。一様収束の条件は x の値とは無関係な ε が定まって，ある番号から先の n に対しては，

$|f_n(x) - f(x)| < \varepsilon$

となるということであるから，これは，

$d(f_n, f) < \varepsilon$

ということを意味する。だから，f_n が f に一様収束するということは，このような空間で，点 f_n が点 f に近づくということと同じである。このように，解析学的な命題を幾何学的な映像によってとらえることができる。そういう意味で関数空間は解析学と幾何学を結びつけるものといえよう。

がんらい，人間は，ものを考えるとき，何らかの映像に頼りながら考えていくことが多い。ちょっとこみ入ったことは映像や図式の助けをかりることによって，混乱や迷路にふみ込むことを避けながら考えを進めていくことができる。

ポアンカレが数学者には論理型と直観型があるといったことは有名である。それはいちおう正しいとみなければばなるまい。しかし，これにも，

やはり，ただし書きが必要であろう。なぜなら，純粋な論理型の人もいないし，純粋な直観型の人もいないだろうと思われるからである。

実数を考えるのに数直線を考えない人がいたら，その人は純粋な論理型の人といえるだろうか。そういう人はいないだろうし，逆に，直観だけで論理を使用しない人は数学者である限り存在し得ないはずである。

数学はみな論理型であり，直観型なのである。ただ，そのあり方がちがっているだけなのである。だから，論理と直観とを結びつける試みは数学が発達しつつある限りは続けられるのである。そのような試みの一つとしてでてきたのが距離であり，関数空間なのである。

位相の導入

●——近傍

"点"と称するものの集合があり，それらの点のあいだに"距離"と称する負でない実数が定義されていると，そこに遠近の規定された一つの空間が現出する。このような空間を"距離空間"とよんだ。

距離という考えは，われわれにとって親しみ深い考えであるために，距離空間もつかみやすい考えである。"点"のあいだに何らかの意味で遠近の関係が定義されているのが，これからのべようとする位相空間であるとすると，その遠近が実数で定義されているのだから，そのものズバリの感じがある。

しかし，この"距離"もあまりにもとらえやすくてかえって不便であるということになる。なぜなら，トポロジーという数学の一部門は，図形——そのなかには空間もふくめることにする——を連続的に変形することによって，変化しない性質を研究するという任務をもっているからである。

ゴムの膜を連続的に変形したばあいを思いうかべてみるとよい。そのときは2点間の距離は思いのままに変化するであろう。つまり，距離はあてにならないのである。しかし，ゴム膜の表面にかいた図形のつながり具合は変わらないであろう——図❶。

この連続的な変形によっても変わらない性質を研究しようというのがトポロジーの固有の任務なのであるから，距離はたよりにならない。だから，距離とはちがった別のよりどころを求めなければならない。そのよ

うな理由で生まれてきたのが"近傍"という考えである。

まず準備として距離空間のなかで考えてみよう。距離空間Rのなかの1点pをとってみよう。このとき，動く点xがしだいにpに近づくということは，簡単にxとpの距離$d(x,p)$が0に近づくということにほかならない。

このことを別のコトバでいいかえてみよう。pからの距離が一定の数rより小さい$(d(x,p)<r)$点の集まりを半径rの球であると名づけることにしよう。そして，これを$S(r)$で表わそう——図❷。rをいろいろに変えると，pを中心とする同心円の列ができる——図❸。

xがpに近づくということは，xがこの同心円の障壁をつぎつぎに突破してしまうので，$S(r)$ではrをいくら小さくしても，xを遮断することができないということを意味している。だから，

$$x_1, x_2, x_3, \ldots, x_n, \ldots$$

という点の列があったとき，どのような$S(r)$もかならずある番号Nからさきの$x_N, x_{N+1}, \ldots$は

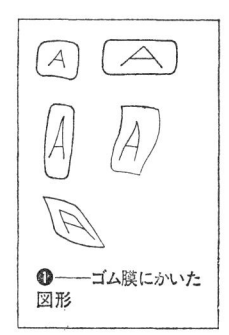

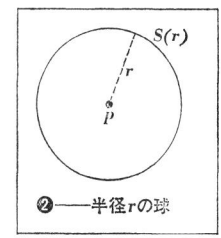

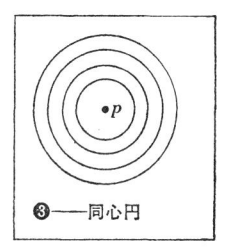

❶——ゴム膜にかいた図形

❷——半径rの球

❸——同心円

すべてふくむということである。このような球$S(r)$はpのまわりにあって，pに近づいてくる点を見わけるのに決定的な役割をはたす。このような$S(r)$を点の近傍といい，この近傍全体の集合pをpの近傍系という。

距離空間の近傍は，その空間の部分集合であるが，それは距離によって定められている。距離の定義されていないような"点"の集合Rにおいても，その部分集合をえらび出して，それを近傍に相当するものとみなせば，距離空間とよく似たものができあがるだろう。そのようにして生まれてきたのが近傍空間である。集合Rの部分集合に点pの近傍であるかないかの指定をすると，それでひとまず遠近の概念がRのなかに導入されたことになるが，この近傍の指定もあまりに勝手であっては困るのである。そこで，最少限つぎの制約は受けるものとしよう。

①——Rのあらゆる点は少なくとも一つの近傍をもち，点 p はその近傍のすべてに含まれる——図❹。つまり，p の近傍を $U(p)$ とすると，
$p \in U(p)$。
②——同じ点の二つの近傍は第三の近傍をふくむ——図❺。
③——点 q が点 p の近傍 $U(p)$ にふくまれているとすると，q の近傍で $U(p)$ にふくまれるものがある——図❻。

距離空間の近傍である球も，以上①②③の条件をもちろん満足している。近傍空間は距離空間のもついろいろの性質のうちで，①②③だけをもつものであればよいのである。

●——触点・閉包

近傍によって空間を規定していくこともできるが，また，閉包という考えで空間をつくっていくこともできる。

平面上に円があって，その内部だけの集合を A としよう。したがって，その円の周囲は A にはふくまれていないものとする。

円外の点 q があったら，十分に小さい近傍をとると，そのなかに A の点が入りこんでこないようにできる。ところが，このとき，円周上の1点 p をとると，p はもちろん A にはふくまれていないが，p の近くには A に属する点がいくらでも存在する——図❼。

つまり，p の近傍はいくら小さいものをえらんでも，そのなかに A の点がはいりこんでくる。p の近傍で A の点を遮断することはできないのである。すなわち，点 p のすべての近傍が A と空でない交わりをもつとき，このような点を p の触点という。A の点はもちろん A の触点であるが，円周上の点もやはり A の触点となっている。

A の触点全体の集合を A の閉包といい，$\bar{A}$ で表わす。この $\bar{A}$ の性質をあげてみよう。

①の条件で，A の点 p はつねにその近傍にふくまれるから，p は A の触点である。だから，A は $\bar{A}$ にふくまれる。

$A \subset \bar{A}$

つぎに，p が $\bar{A}$ にふくまれるとすると，p の近傍 $U(p)$ にはかならず $\bar{A}$ のある点がふくまれる。この点を q とすると，③によって q の近傍

$U(q)$ で $U(p)$ にふくまれるものが存在する。q は A の触点であるから，$U(q)$ には A の点がふくまれる。だから，$U(p)$ は A のある点をふくむ。だから，p は A の触点にもなっている。だから，
$$\bar{\bar{A}} \supset \bar{A}.$$
すでに証明したように，$\bar{A} \subset \bar{\bar{A}}$ にもなっているから，
$$\bar{A} = \bar{\bar{A}}.$$
つぎに $A \cup B$ の閉包について考えてみよう。触点の定義によって，
$$\bar{A} \subset \overline{A \cup B}$$
$$\bar{B} \subset \overline{A \cup B}.$$
だから，
$$\bar{A} \cup \bar{B} \subset \overline{A \cup B}$$
となることは自明である。

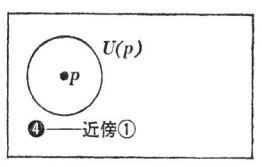

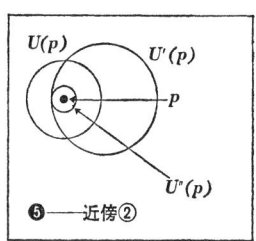

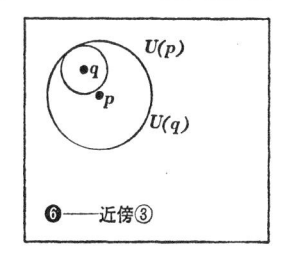

その逆を証明しよう。p が $\overline{A \cup B}$ に属するものとしよう。そして，$\bar{A}$ にも $\bar{B}$ にも属さないとしよう。そうすると，p の近傍で A の点をふくまない近傍 $U(p)$ と，B の点をふくまない近傍 $U'(p)$ が少なくとも一つずつは存在する。②によって $U(p)$ と $U'(p)$ の双方にふくまれる近傍 $U''(p)$ が存在することになる。この $U''(p)$ は A の点も B の点もふくまないから，p は $A \cup B$ の触点ではないことになって仮定に反する。だから，p は $\bar{A}$ か $\bar{B}$ か，少なくとも一方には属さなければならない。
$$p \in \bar{A} \cup \bar{B}$$
だから，
$$\bar{A} \cup \bar{B} \supset \overline{A \cup B}.$$
まえの結果と合わせると，
$$\bar{A} \cup \bar{B} = \overline{A \cup B}.$$
もう一つ補足的に空集合 ϕ の閉包は空集合であること，すなわち，

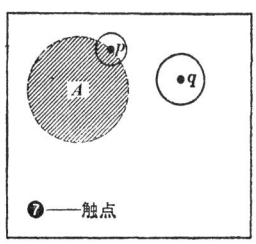

❹──近傍①

❺──近傍②

❻──近傍③

❼──触点

$$\bar{\phi}=\phi$$

をつけ加えておくことにしよう。まとめて書くと，つぎのようになる。

Ⓐ────$\overline{A\cup B}=\bar{A}\cup\bar{B}$
Ⓑ────$A\subset\bar{A}$
Ⓒ────$\bar{\bar{A}}=\bar{A}$
Ⓓ────$\bar{\phi}=\phi$

"A の閉包 $\bar{A}$ をつくる"という ¯ は，ⒶⒷⒸⒹを満足する R の部分集合に対する操作である。もとを正せば，この閉包をつくる ¯ は近傍から〈近傍───→触点───→閉包〉という順序で導き出されたものであった。

●────閉集合と開集合

集合 A の触点を考えていくと，$A\subset\bar{A}$ であるから，一般的には A の外にはみ出す。しかし，¯ という操作によって，それ以上，大きくならない集合を閉集合という。つまり，

$$A=\bar{A}$$

という集合である。

"閉じている"(closed)というコトバは数学のいたるところにでてくるコトバであるが，大まかにいうと，ある集合に対して何らかの操作が定義されているとき，その集合の範囲内だけで，その操作が完全に遂行できるとき，その集合はその操作に対して"閉じている"(closed)という。
たとえば，自然数全体の集合

$$N=\{1,\ 2,\ 3,\ \cdots\cdots\}$$

は，加法が自由に行なえる。つまり，N の任意の二つの要素を加えても，N の要素になって，N の外にはみ出さない。だから，N は"加法的に閉じている"という。しかし，N は減法に対しては閉じていないのである。トポロジーでは"触点をつくる"という操作が自由に遂行できるのが閉集合である。つねに $\bar{\bar{A}}=\bar{A}$ であるから，$\bar{A}$ はつねに閉集合である。
閉集合のいくつかの性質をあげてみよう。有限個もしくは無限個の閉集合の共通集合は，やはり閉集合である。

$$A_1,\ A_2,\ \cdots\cdots$$

の共通部分を D とする。

$$D \subset A_1$$
$$D \subset A_2$$
$$\cdots\cdots\cdots$$
であるから，
$$\bar{D} \subset \bar{A}_1 = A_1$$
$$\bar{D} \subset \bar{A}_2 = A_2$$
$$\cdots\cdots\cdots 。$$
したがって，$\bar{D}$ は $A_1, A_2, \cdots\cdots$ の共通部分 D にふくまれる。
$$\bar{D} \subset D$$
一方，$D \subset \bar{D}$ は明らかだから，
$$\bar{D} = D 。$$
だから，D は閉集合である。

その性質を使うと，$\bar{A}$ を A の閉包と名づけた理由がよくわかる。$\bar{A}$ は A をふくむ閉集合のうちで最小のものであり，また，A をふくむすべての閉集合の共通部分でもある。

つぎに閉集合の合併に対しては，つぎの定理が成り立つ。

定理——有限個の閉集合の合併集合は，また閉集合である。

これは二つの閉集合について証明すれば，それをつぎつぎに適用すれば，有限個のばあいが証明できる。

A_1, A_2 が二つの閉集合であるとしよう。ここで，$A_1 \cup A_2$ をつくってみよう。
$$\overline{A_1 \cup A_2} = \bar{A}_1 \cup \bar{A}_2 = A_1 \cup A_2$$
だから，$A_1 \cup A_2$ は閉集合である。これをつぎつぎに適用していくと，
$$A_1 \cup A_2 \cup \cdots\cdots \cup A_n$$
が閉集合であることが証明できる。

しかし，ここで注意しておく必要のあることは，無限個の閉集合の合併集合はかならずしも閉集合にはならないということである。

また，R 全体と空集合 ϕ は閉集合になる。たとえば，直線上の有理数の点は，1点としては閉集合であるが，有理数全体の集合は閉集合にはならない。

閉集合の余集合を開集合という。だから，閉集合についての ∩∪ の関係は ∪∩ の関係に逆転して開集合についても成立することになる。

有限個もしくは無限個の開集合の合併集合は，また開集合である。有限個の開集合の共通集合は開集合である。全空間Rと空集合ϕは開集合である。

さて，この開集合を，それに属する点の近傍と考えると，①②③を満足する近傍空間ができるだろうか。つまり，それまでとは逆の路をたどってみるのである。

$$\text{閉包}\longrightarrow\text{閉集合}\longrightarrow\text{開集合}\longrightarrow\text{近傍}\longrightarrow\text{近傍空間}$$

ⓐⓑⓒⓓを満足する閉包の定義された集合R——つまり，空間R——は①②③を満足する近傍空間になるだろうか。答えは肯定的である。

空集合ϕは閉集合であるから，その余集合Rは開集合である。だから，Rの任意の点pに対しては，それを含む近傍Rが少なくとも一つ存在する。pをふくむ開集合をpの近傍とすれば，①は成立する。

pの二つの近傍を$U(p)$，$U'(p)$とすると，その余集合をそれぞれA, Bとする。A, Bはもちろん閉集合である。そうすると，$A\cup B$はもちろん閉集合である。そのとき，その余集合は，$U(p)\cap U'(p)$が開集合でpをふくんでいるから，pの近傍である。ゆえに②が証明された。

pの近傍$U(p)$に属する点qは$U(p)$にふくまれるから，$U(p)$はqの近傍でもある。だから，③が成立する。だから，このような空間が近傍空間であることがわかった。

以上のことから空間Rを定義するのに，つぎの四つの方法があることがわかった。

㋐——近傍の指定
㋑——閉包の指定
㋒——閉集合の指定
㋓——開集合の指定

㋐と㋑の関係は上にたどったとおりであるが，㋒と㋓も同様に関係づけることができる。

㋒はRの部分集合のなかで"閉集合"と称するものを指定して，それがつぎの条件を満足するものとする。

①――有限個もしくは無限個の閉集合の共通集合は閉集合である。
②――有限個の閉集合の合併集合は閉集合である。
③――Rと空集合は閉集合である。

これから出発するときは，Aをふくむすべての閉集合の共通集合を$\bar{A}$と定義すれば，④につながる。また，①②③と$\cap \cup$を入れかえて開集合を定義してもよい。

以上，四つの方法で集合Rに遠近の関係を導入することができるが，そのようにして遠近関係の導入された"点"の集合Rを位相空間(topological space)とよんでいる。位相空間Rの満たすべき条件はわずかであるので，位相空間はきわめて広い範囲の"空間"を包括することができる。1次元の直線も，2次元の平面も，3次元の立体も，あるいはn次元の相空間(phase space)も，無限次元のヒルベルト空間も，いやしくも距離空間である限りはこの位相空間の一種である。

このように，位相空間は広範な概念ではあるが，一方においてはあまりに広すぎて仕末に困るような傾向もないわけではない。そこで，位相空間にいろいろの条件をつけて，それをしだいに特殊化していく必要が起こってきた。

位相空間と連続写像

●──位相空間と分離公理

位相空間は距離という概念を利用しないで遠近の定義された空間である。位相空間Rはその要素の"点"の集合であるばかりではなく、その部分に閉集合であるかないかの指定がされていればよい。それだけで空間としてのRの性質は確定したものとみなしてよいのである。

Rのすべての部分集合が閉集合として指定されたとすると、それは閉集合の極端に多い空間になるし、また反対に、R自身と空集合だけが閉集合である空間は、逆に閉集合の極端に少ない空間になる。他の空間はその両極端の中間にあるとみてよいのである。

それでは閉集合が多いか少ないかは、その空間の性格にどう影響するだろうか。たとえば、1本の$[0, 1]$の区間の線分をとってみよう──図❶。これを一つの位相空間Rとみなすと、このRは二つのたがいに共通部分のない閉集合に分解することはできない。

$$R = A \cup B$$

で、$A \cap B = \phi$(空集合)とする。Aの点で右のほうにBの点の存在するような点全体をA'とする。A'の上限の点をCとする。

εを任意に小さい正数として、区間$[C-\varepsilon, C]$を考えると、この中にはかならずA'の点が存在する。また、$[C-\varepsilon, C+\varepsilon]$のなかに$B$の点がはいっていなかったら、上限は$C+\varepsilon$も$A'$に属することになって矛盾である。だから、この中にはBの点もふくまれる。だから、CはA, B双方の触点になっている。A, Bは閉集合だから、Cは双方にふくまれる

ことになる。これは矛盾である。だから，Rは共通部分のない部分集合に分解することはできない。しかし，二つの区間からできている空間——図❷——は明らかに二つの閉集合 A, B に分けられる。

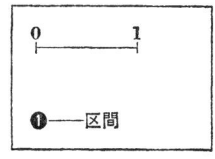

$$R = A \cup B \quad A \cap B$$

だから，二つの閉集合に分けられないような空間は連結していると考えてよい。そうでなかったら切れているとみてよい。

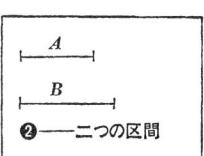

❶——区間

❷——二つの区間

$R = A \cup B$ と分解したときは，B は A の余集合であるから，開集合にもなっている。だから，連結している空間 R は R 自身と空集合以外には閉集合であり，開集合である部分集合をもっていないことになる。それに反して，第2の例はそのような部分集合をもっているのである。後者のほうが閉集合が多いといえよう。

この例からもわかるように，閉集合が多ければ多いほど，その空間は裂け目が多いということになる。だから，R自身と空集合だけを閉集合とする空間はもっとも裂け目のない空間であると考えてよいし，また逆に，すべての部分集合が閉集合となっている空間はもっとも裂け目が多く，すべての点が残りの点から孤立しているという空間である。

他の空間はこの両極端の中間に位していて，閉集合も R と空集合以外にもあるし，また，すべての部分集合が閉集合であるというように多くもないわけである。

このように指定された閉集合——もしくは，その余集合としての開集合——がどのくらいあるかということを，点や部分集合を近傍で分離することがどの程度，可能であるかという条件でいい表わしたものに"分離公理"といわれるものがある。分離公理は程度によっていろいろの段階にわかれている。だんだん条件がきびしくなっていくにつれて，位相空間がわれわれの住んでいるユークリッド空間に近づいていく。

●——T_0-空間

まずコルモゴロフの分離公理というものをあげよう。それはつぎのようにいい表わすことができる。

「空間 R の任意の2点をとったとき，少なくとも，そのうちの1点は他

の点をふくまない近傍を有する」

この条件を T_0 といい，この条件を満足する空間を T_0-空間と名づける。たとえば，R 自身と空集合だけを閉集合とする空間は，開集合も R と空集合だけであるから，一方だけをふくみ，他をふくまない開集合は存在しないし，したがって，近傍も存在しないわけである。

このような T_0-空間では，1点 p の閉包 $\bar{p}$ はかならずしもその1点ではない。一般には，

$$p \subset \bar{p} \quad で \quad p \neq \bar{p}$$

となっている。

このような空間の例として，つぎのようなものをあげることができる——図❸。三角形の3頂点を1，2，3と名づけ，三角形を $\{1, 2, 3\}$，辺を $\{1, 2\}$ $\{2, 3\}$ $\{3, 1\}$，頂点を $\{1\}$ $\{2\}$ $\{3\}$ とし，これらの7個の集合を R とする。各要素の閉包は，その要素とその辺，端であるとする。たとえば，辺 $\{1, 2\}$ の閉包は，

$$\{1, 2\} \quad \{1\} \quad \{2\}$$

である。このとき，余集合は開集合になっている。このような空間では T_0 の条件が成立している。その確かめは読者にまかせよう。

T_0 の条件を閉包の条件に翻訳すると，つぎの形になる。

定理——二つの異なる点の閉包は異なる。

証明——$p \neq q$ とする。一方の p が q をふくまない近傍 $U(p)$ を有するとする——図❹。そうすると，p は q の閉包 $\bar{q}$ にはふくまれない。だから，

$$\bar{p} \neq \bar{q}.$$

逆に，$p \neq q$ とする。p が $\bar{q}$ にふくまれると，

$$\bar{p} \subset \bar{\bar{q}} = \bar{q}.$$

また，同じく q が $\bar{p}$ にふくまれるとすると，

$$\bar{q} \subset \bar{p}.$$

同時に，$p \subset \bar{q}$，$q \subset \bar{p}$ が成立すると，$\bar{p} = \bar{q}$ となって矛盾する。だから，$p \subset \bar{q}$，$q \subset \bar{p}$ の一方は成立しない。かりに $p \not\subset \bar{q}$ ならば，p は $\bar{q}$ の余集合 $R - \bar{q}$ にふくまれる。これを $U(p)$ とすれば，この $U(p)$ は開集合で，q をふくまない。——証明終わり

一般に半順序系Pがあったとする。すなわち，Pは半順序<の定義された集合であるとする。このPの部分集合Aに対して，Aのある要素aをとって，$x \leq a$となるすべての要素の集合を，その閉包$\bar{A}$と定義すると，そのようにして得られた位相空間はT_0-空間である。なぜなら，$p \neq q$として，$p<q$ならば，$\bar{p}$はqをふくまないから，$\bar{p} \neq \bar{q}$。$p<q$でも，$p>q$でもなければ，やはり，$\bar{p} \neq \bar{q}$であり，T_0-空間であることがわかる。

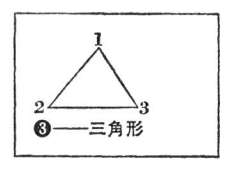

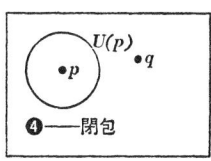

逆に，T_0-空間があって，$p \subset \bar{q}$のとき，$p \leq q$という2項関係を導入すると，$p \leq q, q \leq r$から，

$$p \subset \bar{q} \quad q \subset \bar{r},$$

したがって，

$$p \subset \bar{q} \quad \bar{q} \subset \bar{\bar{r}} = \bar{r}$$

となり，

$$p \subset \bar{r},$$

したがって，

$$p \leq r。$$

つまり，この$\leq$は推移的となる。だから，このRは半順序系となる。だから，T_0-空間は半順序系と同一視してさしつかえないのである。たとえば，ある会社の社員全体の集合をPとして，上役と下役の関係を$p<q$で表わすと，Pは半順序系である。したがって，T_0-空間でもある。そのとき，ある社員pの閉包$\bar{p}$は，彼自身と彼の部下全員である。

● ── T_1-空間

T_0-空間では1点の閉包がその点より大きくなるというのであるから，幾何学的な常識からはほど遠い。だから，ハウスドルフなどはこういう条件を飛び越して，もっときびしい条件をはじめから設定したのである。ところが，T_0という条件は半順序系と関係づけられることがわかると，これは重要な一段階であることになる。

つぎのはT_0よりは少しきつい条件で，$p \neq q$のとき，"どれか一方の"点ではなく，両方とも他をふくまない近傍を有するという条件である。こ

れを T_1 の分離公理といい，この公理を満足する空間を T_1-空間という。

定理──T_1-空間では1点 p の閉包 $\bar{p}$ は p 自身である。
$$p=\bar{p}$$
証明──$\bar{p}$ が p 以外の点 q をふくむとしよう。このとき，q の近傍はかならず p をふくむはずである。だから，これは T_1 に矛盾する。だから，$\bar{p}$ は p 以外の点はふくまない──図❺。ゆえに，
$$p=\bar{p}。$$
逆に，$p \neq q$ とすると，$\bar{p}=p$ は q をふくまない。だから，q の近傍の中には p をふくまないものがある──図❻。
ゆえに，T_1 が成立する。

❷──T_2-空間

ハウスドルフは，さらにすすんで，つぎの条件を立てた。
「異なる2点はたがいに共通部分のない近傍を有する」
つまり，$p \neq q$ のとき，p, q の近傍 $U(p)$, $U(q)$ が存在して，
$$U(p) \cap U(q) = \phi \text{ (空集合)}$$
となる──図❼。
このような条件を T_2 といい，T_2 を満足する位相空間を T_2-空間もしくはハウスドルフの空間とよぶ。T_2 は T_1 よりきびしいから，T_2-空間は T_1-空間であることは明らかである。しかし，T_1-空間ではあるが，T_2-空間にならない実例が存在する。それをあげることは省略する。
以上で2点に関する分離公理をあげたが，これをまとめると，T_0, T_1, T_2 はしだいにきびしい条件になっている。だから，
$$T_0\text{-空間} \supset T_1\text{-空間} \supset T_2\text{-空間}$$
という順序になっている。
さらに閉集合を分離する条件になってくると，つぎのような形のものになる。

❸──T_3-空間と T_4-空間

これは T_2 のなかで，一方の点のかわりに閉集合をおさえたものである。
閉集合の1点と，それをふくまない閉集合は共通部分のない近傍をもつ

——図❽。これを第3の分離公理という。
しかし，注意しておくが，この条件から T_2 はでてこないのである。なぜなら，T_1 が成立するかどうかわからないので，すべての点はかならずしも閉集合であるとは限らないのである。だから，T_1 が成立すれば，この条件から T_2 がでてくるのである。このような空間を正規(regular)と名づけている。

さらに進んで，両方とも閉集合となるばあいはつぎの条件になる。

「たがいに共通部分のない二つの閉集合は，やはり共通部分のない近傍をもつ」——図❾

この条件を満たす T_1-空間を正則(normal)，もしくは T_4-空間という。

このように分離の条件をだんだんきつくしていくと，われわれにとってしたしみ深いユークリッド空間に近づいていくが，その途中にある重要な空間は距離空間である。そこで問題となるのは，位相空間にはどのような条件があれば距離空間と位相的に同じになるか，ということである。これは古くからの大きな問題であったが，最近になって長田氏らによって解決された。しかし，これはむずかしい問題なので，ここでは省略しておく。

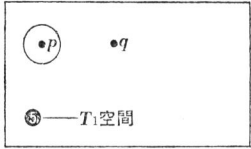

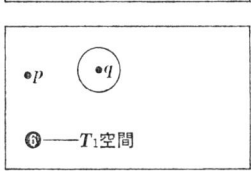

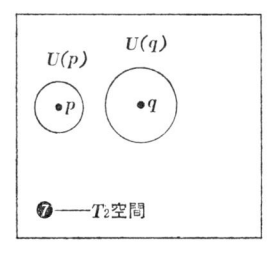

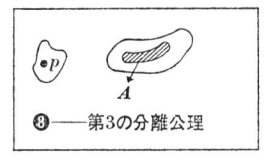

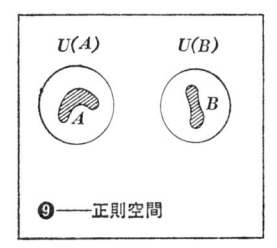

❺——T_1 空間

❻——T_1 空間

❼——T_2 空間

❽——第3の分離公理

❾——正則空間

❿——連続写像

これまで一つの空間の内部構造を研究してきたが，つぎには二つ以上の空間のあいだの相互関係を研究する必要がおこってくる。

二つの空間 R, R' があって，R の要素 x に R' の要素 y を対応させる関数 $y=f(x)$ が存在するものとしよう。この f によって R の部分集合 A が R' の部分集合 A' に対応するとき，$A'=f(A)$ とかくことにする。

ここで，f が連続であるということはいったいどういうことであろうか。

われわれがよく知っている1変数の関数が連続であるという条件をふりかえってみよう。
$$y=f(x)$$
このとき，R も R' も一直線のつくる1次元の空間である。R のなかで，x が集合 A の点をとおって a に近づくとき，a は明らかに A の触点である。そのとき，$f(x)$ は R' のなかで $f(A)$ の点を動く。そして，f が連続ならば，$f(x)$ は $f(a)$ に近づく。つまり，$f(a)$ は $f(A)$ の触点になっている。つまり，$f(\bar{A})$ の点 $f(a)$ は $f(A)$ の触点になっている。だから，
$$f(\bar{A}) \subset \overline{f(A)}。$$
この条件を一般化して，一般の R, R' に適用して，f の連続性の定義とするのである。

R から R' への写像の逆を考えよう。
$$f(x)=y$$
で，y が R' の部分集合 A' に属するようなすべての x の集合を A の原像といい，$f^{-1}(A')$ で表わすことにしよう。A' が R' のなかの閉集合であるとする。
$$\bar{A}'=A'$$
f が連続だから，定義によって，
$$f(\overline{f^{-1}(A')}) \subset \overline{f(f^{-1}(A'))}=\bar{A}'=A'。$$
このことから，
$$\overline{f^{-1}(A')}=f^{-1}(A')。$$
ゆえに $f^{-1}(A')$ は閉集合である。つまり，連続的な写像において，閉集合の原像は閉集合である。

しかし，注意しておくが，閉集合の像はかならずしも閉集合ではない。たとえば，R は一直線で，R' は $[-1, +1]$ の区間であるとし，$y=\sin x$ による写像を考えてみよう。A は R のなかで整数の集合であるとする。n が A の要素であるとき，その像 $\sin n$ は R' のなかでは閉集合ではない。

●——位相の強弱

もし R から R' への写像が1対1で連続ならば，R' の閉集合には R の閉

集合が対応する．だから，Rのほうの閉集合のほうが一般には多いわけである．大まかないい方をすると，RのほうがR'よりは裂け目の多い空間になるわけである．裏からいうと，ある空間を1対1に連続写像すると，閉集合は一般に少なくなり，裂け目は減る傾向になる．このとき，R'の位相はRの位相より弱くないという．もしR'からRへの逆写像が連続でなかったら，つまり，Rの閉集合Aで，その像がR'のなかで閉じていないものが一つでもあったら，R'の位相はRの位相より強いといってよい．とくに逆写像が連続であったら，Rの位相とR'の位相とは同じであるといってよい．

位相の強い弱いという形容詞は，逆に使われることもある．連結力が強い弱いという意味なら，閉集合の少ないほうが強いことになるが，分離力が強い弱いという意味なら，閉集合の多いほうが強いというべきである．どちらを主語にみるかによって変わってくるわけである．

連結力ではR自身と空集合だけを閉集合に指定した空間がもっとも強いし，分離力ではすべての部分集合が閉集合である空間がもっとも強いわけである．

位相の強弱ということに着眼すると，同じ"点"の集合に導入できるすべての位相のあいだに強弱の順序がつけられ，これはまた半順序系になる．このような半順序系もまた一つの研究の題目となり得る．じじつ，それはいくらか研究されている．

V──現代数学への道1
集合と特性関数

●──新しい時代の扉を開いたのがどれも幾何学であったことはおもしろい。代数や数論にくらべると、幾何学はとくに人間の外にある空間や図形のような客観的な世界とのつながりの深い学問で、人間の思考とのつながりを正面から問題にせざるを得ない部門である。だから、そのなかに一つのはっきりした数学観が表明され、新しい時代をきり開いたものと考えられる。──164ページ「現代数学の生いたち」

●──自然現象の忠実な模写という立場をこえて、自然そのものを人力によって解体し、それを自己の欲する姿に再構成するという意欲が表面に出てくるようになると、微分積分はもはや万能ではなくなる。素朴な模写論の立場に立つ微分方程式にかわって、構成的な立場をとる新しい動向が生まれてくる。──167ページ「現代数学の生いたち」

●──集合論は現代数学の出発点であるなどというと、ひどく深遠で、とても手に負えないほど難解な考えではないかと思うかもしれない。しかし、それは思い過ごしである。集合は予備知識を必要とせず、子どもでもわかる、ごくありふれた考えにすぎない。意外に思う人があるかもしれないが、学問の発展にはしばしばそのようなことが起こるのである。──171ページ「集合とはなにか」

現代数学の生いたち

●——現代数学と教育

子どもに数学(これから"算数"というコトバをやめて"数学"一本にしようと思います)を教えるには，現代数学の基本的な考え方をつかんでおくことがますます必要になってきました。

このことは，これまでもたびたび言われてきたことですから，少しも珍しいことではありませんが，このさい，もういちど強調しておきたいと思います。なぜなら，それをもういちど強調する必要が，このごろ，とくに大きくなってきたからです。

その理由は数年後に予定されている学習指導要領の改訂にあります。いま，文部省は数年後の改訂をめざして準備をはじめ，委員もすでに決まっているという噂です。どんな人びとが任命されたかは知りませんが，どんな形の指導要領がでてくるかは，およその見当がつきます。

まず第1に，"現代化"という方向に向かって行なわれることはほぼ確実でしょう。"現代化"というスローガンはわれわれがはじめに言い出したものですから，その言葉に反対することはありません。しかし，問題はその内容です。その点ではかならずしも安心はできません。というより，おおいに心配なのです。

第1の心配は外国のものを——とくにアメリカのものを——そのまま持ち込んでくることです。それはけっして取り越し苦労とは言えません。なぜなら，これまでも先例があるからです。たとえば，1951年の指導要領はアメリカのある指導書の引き写しといえるほど，そのまま模倣した

ものだったからです。そういうことがもういちどないとは言えないのです。〝現代化〟といっても，その裏付けになるような実験の積み重ねはほとんどありません。

1958年の指導要領は，大まかに言って日本の過去の国定教科書をつきまぜたものです。暗算偏重は緑表紙だし，割合は黒表紙の数え主義に根があります。そこで今度はどこからもってくるのでしょうか。どうやら，それはあちらのものである気配があります。

たとえば，SMSGに対する度はずれの礼賛が一部にあります。今日，世界の各国には現代化のプランがいろいろと出されていて，そのなかにはSMSGよりはすぐれているものがあるのに，SMSGの持ち上げようは異常な感じを与えます。そういうところからみて，SMSGなどのやり方がそのまま指導要領に流れこんでくるおそれがあります。そこにでてくるものは〝生煮えの現代化〟であるかもしれません。そうなったら，苦しむのは子どもと先生です。

そのようなことにならないためには現代化の源である〝現代数学〟に対する正しい理解を深めておくことがまず必要です。現代数学とは何か，ということを正しくつかんでいれば，まちがった現代化，子どもにとって役に立たない現代化の正体を見破り，正しい方向を見い出すことができるでしょう。そのために，この連載講座をはじめました。できるだけゆっくりと，子どもの考えからはなれないように心がけながら書き進めていきたいと思います。

●──数学発展の時代区分

現代数学とは何だろうか。それは，いま，研究されている数学というだけの意味だろうか。もしそうだったら，数学はいつでも現代数学だったといえる。ピタゴラスの時代からみると，ピタゴラスの研究していた数学は，やはり，その意味では当時の〝現代数学〟だったということになる。しかし，ここでいう現代数学というのはそのような普通名詞的な意味のものではなく，いわば固有名詞的な意味のものである。大まかにいって，20世紀の初期あたりから支配的になってきた一つの原則に導かれている数学のことである。いわば，一つの歴史的な概念である。

では，そのような意味での現代数学が生まれてくるのには，数学そのも

のがどのような変化と成長の歴史をたどったかをふりかえってみよう。そこで，数学の歴史的発展を大まかな時代に区分して，そのおのおのの時代の特徴をあげてみることにしよう。ただ，以下にのべる時代区分は数学史家の一致した意見でも何でもない。ただ私の個人的意見であることを断わっておきたい。しかし，定説ではないが，それに近い考えをもっている人は私のほかにもいないわけではない。

私は数学史をつぎの四つの時代に分けたいと思っている。

①——**古代的**——数学の発生からユークリッドまで
②——**中世的**——ユークリッドからデカルトまで
③——**近代的**——デカルトからヒルベルトまで
④——**現代的**——ヒルベルトから現在まで

そして，この四つの時代を分ける特徴的な著作はつぎの三つである。

①——ユークリッドの『原論』
②——デカルトの「幾何学」
③——ヒルベルトの『幾何学の基礎』

この三つがどれも幾何学であったということはたいへんおもしろい。この三つの幾何学がそれぞれの時代の扉を開く先駆者であり，しかも，その共通の指標であったことは偶然であったのかもしれない。しかし，一歩ふみこんで考えると，それはかならずしも偶然ばかりではなかったように思える。

代数や数論にくらべると，幾何学は数学のなかで，とくに人間の外にある空間や図形のような客観的な世界とのつながりの深い学問である。人間の思考と客観的世界とのつながりを正面から問題にせざるを得ない部門であるといえる。だから，そのなかに一つのはっきりした数学観が表明され，新しい時代をきり開いたものと考えられる。

●——古代数学

ユークリッドまでといっても，それはやや大まかな言い方であって，古代数学とは古代ギリシアの数学の全体であって，ユークリッドはそのピークであり，しめくくりであった。伝説的なターレスやピタゴラスから

はじまって，テアイテトス，ユードクサスなどを経て，ユークリッドで集大成される以前の数学である。

ギリシア以前の数学の主な特徴は"経験的"ということであった。今から4000年以上むかしのものといわれるエジプトの『リンド・パピルス』にしても，それは一種の問題集のようなものであって，多くの例題があって，それに解法がついている。今日の受験用の問題集とよく似ている。また，中国の周時代のものといわれる『九章算術』にしても似たようなものであって，やはり，一つの問題集である。

こういう本は順を追って問題を解いていくうちに，解法の一般的な方法がだんだんわかっていくように編集されている。そういう意味ではじつによくできていて，いま読んでも感心するほどである。しかし，そこには解法の背後にある共通の論理は明らかにされてはいない。そういうものは同じ型の問題をたくさんやっているうちに，自然に"経験的"にわかるということを当てにしているようである。

このような大まかな特徴をもっているのが古代数学であるといえよう。つまり，そこには"証明"ということがまだ十分に意識されていないのである。もちろん，それは大まかな傾向をのべているので，ギリシア以前に証明がなかったと断言するのは誤りであろう。数学史家のノイゲバウアーは，ギリシア以前のバビロニアの数学にも証明があったことを指摘している。だが，ユークリッドのように少数の公理から論理の連鎖によって一つの学問体系を建設しようという壮大な意欲はまだなかった。

●――中世数学

ユークリッド以後を中世数学と名づけることは，歴史的にはやや適当でないかもしれない。しかし，大まかに言えば，ユークリッドからデカルトまでの約2000年はヨーロッパの中世に相当するから，広い意味では中世数学といってもよいだろう。

中世的数学のもっとも大きな特徴の一つは，静的であり，不動なものを研究の対象としていたということである。不動なものが聖なるものであり，動くものは，そのことによって悪しきもの，醜いものであった。ユークリッドを貫いているものは，そのような思考法であり，そこでは運動や変化はきびしくしりぞけられている。三角形 ABC というものがひ

とたび与えられると，それはもはや永久に変化しないものであった。
しかし，ユークリッドから少しおくれて生まれたアルキメデスは，運動や変化を数学のなかにとり入れて動的な数学をつくり出す端緒をつくったかに見えた。しかし，あまりにも時代を超えていたアルキメデスの方法は後継者をもつことができず，一つの狂い咲きに終わった。

静的で，不動の，有限的な数学が，長いあいだ，ヨーロッパの中世のなかで生きのびてきた。しかし，人間のエネルギーを解放したルネサンスは，中世的な数学の狭いワクを吹きとばしてしまった。

●──近代数学

動力学の基礎をきずいたガリレオ(1564—1642年)にとって中世数学は，もう役に立たなくなった。変化と運動を正面からとりあつかうことのできる新しい数学を彼は必要としたが，彼の時代にはそのような道具はまだみつかっていなかった。それを創り出したのは，彼よりおくれて生まれてきたデカルト(1595—1650年)，ニュートン(1642—1727年)，ライプニッツ(1646—1716年)などであった。

ガリレオは『新科学対話』のなかで，登場人物の一人であるサルヴィヤチにつぎのように言わせている。

> 賛成ですね。しかし，この種の深遠な考察は吾々の研究よりも一段高い学問に属していませんか。吾々は只，大理石を石山から切り出す，しがない労働者を以て満足しなければなりません。将来天才ある彫刻家が，この荒削りの，形を成していない外面に隠れている傑作を創り出すでしょう。[1]

遺言めいたガリレオの念願をなしとげたのが，デカルトにはじまる近代数学であった。デカルトは変数としての文字をはじめて使った。そして，変数と変数とのあいだの相互関係，それは客観的世界の量的法則のパターンであるが，それを座標という手段によって幾何学的なグラフとして表現する道を切り開いた。

デカルトの後に，ニュートンが続いた。ニュートン自身の言葉によると，

---

[1] ガリレオ・今野武雄・日田節次訳『新科学対話』下巻・66ページ・岩波文庫

"デカルトという巨人の肩にのって"，彼は微分積分学という近代的解析学の水平線を遠望することができた。

ニュートンはガリレオによって礎石をおかれた動力学に微分積分学という強力無比の道具を適用して遊星運動の法則を説明し，近代的宇宙観の荘麗な体系をうち立てた。

彼にとって，太陽系は，神が最初の衝撃を与えて，その後は神すらも干渉することのできない一種の自動機械であった。そのことは数学的に言えば，神が与えるのは微分方程式の初期条件だけであり，その後は解の一意性によって未来永劫まですべての出来事は決定されているというのである。このような決定論的世界観を数学的に表現するものが微分方程式であり，それが近代数学の中軸となったのはけっして偶然ではなかった。

微分方程式は，人間の外にあって人間の意志の入りこむ余地のない遊星法則の説明にはまことに打ってつけの道具であった。そこでは自然現象の忠実な模写と記述が最大の関心事であったからである。

●——現代数学

自然現象の忠実な模写という立場をこえて，自然そのものを人力によって解体し，それを自己の欲する姿に再構成するという意欲が表面に出てくるようになると，微分積分や微分方程式は，もはや万能ではなくなる。素朴な模写論の立場に立つ微分方程式にかわって構成的(constructive)な立場をとる新しい動向が生まれてくる。ベルはその始点をガウスの整数論においている。ガウスの整数論が現代数学の重要な方法を萌芽的にふくんでいるという点からすれば，それは正しい。

また，ガロアの方程式論をあげることもできよう。それは一つの構造としての数体を，その自己同型の群を指針として順次に構成していくという方法をはじめて発見したからである。また，非ユークリッド幾何学も著しく構成的な性格をもっている。それは点・直線・平面といわれるものからユークリッド幾何学とは異なる構造をつくってみせたのである。

しかし，これらの先駆的な研究だけでは現代数学を生み出すのには十分ではなかった。現代数学が生み出されるには，さらに強力な衝撃，すなわち，カントルの集合論が必要であった。

集合論は考え得るすべてのものを最終的な原子にまで分解する。それは何よりもまず徹底的に原子論的な理論である。直線は個々バラバラの点に分解され，そのつながりは完全に無視される。いっさいの相互関係から切りはなされた要素の雑然たる集積とみなされたものがカントルの集合なのである。集合の一つ一つの要素は，もはや相互に固く結びつけられた固体の分子ではなく，お互いに自由にとびまわることのできる気体の分子のようなものである。

このようにして，カントルはあらゆる構造を解体し，それを原子にまで打ち砕きはしたが，しかし，それは最終の目標ではなかった。いちど解体された構造は，もういちど再構成されて新しい構造が創り出されねばならなかった。

$$構造 \xrightarrow{解体} 集合 \xrightarrow{再構成} 構造$$

このプロセスは，一見，単純な往復運動のように見えるかもしれないが，けっしてそうではない。出発点となった第1次的な構造は客観的な世界の，いわば直接的な模写であって，そこからかけはなれたものではない。ガウスの整数論にしても，そこでとりあつかっている対象は自然数であり，そこからわずかばかり拡大された正負の整数であった。

しかし，そのような整数のあいだの内的な連関が深く探求され，その全体的な構造が明らかにされるようになると，その構造的な原則がこれまでなかった新しい構造をつくり出す手がかりを与える。このようにして，クンメル，デデキント，クロネッカーなどの代数的整数論が生まれてきた。

このような過程は何も数学に限ったことではなく，人間の探究的活動の普遍的な法則であるとも言い得る。与えられた第1次的な化合物をいちど解体して分子もしくはより単純な原子にまで分解し，それを再結合してこれまでに存在していなかった第2次的な化合物をつくることは，いわゆる有機合成化学の任務であるが，それも解体と再構成のプロセスである。だが，それはたんなる往復運動ではない。なぜなら，これまでに存在しなかったまったく新しい化合物が数多くつくり出されるからである。

同じことを概念の世界で行なっているのが現代数学である。有機合成化学が，これまでになかったポリエチレンやナイロンのような新しい物質

をつくり出したように，現代数学も非ユークリッド幾何学・有限幾何学・p進体などのようなまったく新しい構造をつくり出した。

もし自然数やユークリッド幾何学が第1次的な構造であるとすれば，それらは解体と再構成という手続きによってつくり出された第2次的な構造であるといえよう。

●──ヒルベルトの『幾何学の基礎』と現代数学

ユークリッドの『原論』が古代数学から中世数学への橋渡しの役割を果たし，デカルトの「幾何学」が近代数学の端緒をつくったように，ヒルベルトの『幾何学の基礎』は現代数学への決定的な一歩をふみ出したものである。

しばしば誤解されているように，ヒルベルトの方法はたんにユークリッドの公理系の欠陥を補強することを目標としたものではなかった。ユークリッドの幾何は，いわば自然の模写としての第1次的な構造であった。だから，そこでいう点・直線……などはわれわれの視覚がとらえた感覚的な映像からそれほどかけはなれたものではなかった。それは感覚的なものが必然的に持たざるを得ない大きさや幅などを捨象したものにすぎなかった。

しかし，ヒルベルトのいう点や直線はそのようなものではなかった。彼自身の言葉をかりれば，"それらを机，イス，ビールのコップ等におきかえても差支えのないもの"なのである。そこでは"何か"が問題なのではなく，"それらがいかに関係するか"，その関係のしかたが問題なのである。

もちろん，このような考え方はけっしてヒルベルトに始まったものではなく，すでに射影幾何学の双対の原理のなかに鮮やかに表われているといえる。一つの定理における点のかわりに直線を，直線のかわりに点をおきかえ，"交わり"のかわりに"結び"を，"結び"のかわりに"交わり"をおきかえても，その定理は成り立つ，というのである。換言すれば，一つの命題にでてくる"点"は常識的な意味の点ではなく，常識的な意味の直線であるかもしれない，ということである。このようなことを逆説好きのヒルベルトは机，イス，ビールのコップという，やや極端なたとえ話で表現したのであろう。

つまり，ヒルベルトははじめから第2次的な構造として幾何学を考えたのである。そのようなものは相互関係の規定のしかた(公理系)によって無数にできる。たとえば，そのなかには有限個の点から成る〝有限幾何学〟もある。

このように，無数の幾何学のなかから第1次的なユークリッド幾何学と同型なものを選び出そうとしたのである。このように，幾何学を第2次的な構造としてとらえようとしたのがヒルベルトの『幾何学の基礎』の真の意図であった。

直観的で感性的な幾何学でさえ，このような構造的な方法が成功したとすると，より抽象的な他の部門ではなおさら容易であろう。そのようにして，ヒルベルトの方法は代数学・位相数学・解析学など数学の全領域にひろがっていった。このようにして構造を中軸とする現代数学が誕生したのである。

集合とはなにか

●——集合とはなにか

現代数学の出発点となったのは，いうまでもなく集合論であったが，その集合とはいったいなにかということを，まず問題にしなければならない。

現代数学の出発点などというと，ひどく深遠な考えではないかと思う人がいるかもしれない。近代数学の主軸である微分積分さえひどくむずかしいではないか，それなのに近代数学のつぎにきた現代数学の中核となる考えだとなると，とても手に負えないほど難解な考えではないか，などと思うかもしれない。

しかし，それは思い過ごしである。集合という考えは微分積分などの予備知識を少しも必要としない考え方であり，それは子どもでもわかる，ごくありふれた考えにすぎないのである。

そのようなことは意外だと思う人があるかもしれないが，学問の発展にはしばしばそのようなことが起こるのである。ちょうど，それは石がしだいに積み重ねられて，天に向かってのびていくように発展していく。しかし，いつまでもそのままの形で発展するわけではない。ある時期になると，高く積み上げられた石の山が崩されて，もういちどふり出しにもどって，石の積み直しが行なわれる。集合論の出現は，ちょうど，その積み直しに当たる仕事であった。そして，そのふり出しに当たるのが集合論なのである。

それでは集合とは何か。集合論の創始者・カントル(1845—1918年)は集合

をつぎのように定義した。

「集合とは われわれの直観 もしくは思惟のよく区別された対象——これを集合の要素と名づける——を一つの全体にまとめたものである」

これはまことに簡単であるが，その内容はなかなか複雑である。

"この机の上にあるミカンの集まり"もやはり集合であるが，これは目にみえるから，思惟の対象ではなく，直観の対象であろう。しかも，その一つ一つは他のものからよく区別されている。だから，カントルの集合の定義に当てはまる。また，"ある学校の1年生全体の集まり"もやはり集合である。

しかし，すべて直観の対象であるとは限らない。たとえば，"十二支の集まり"もやはり集合である。

{子，丑，寅，……}

がそれであるが，その中には辰などのように空想的な動物を含んでいるが，それは思惟の対象ではあるが，直観の対象ではない。しかし，それはカントルの意味の集合である。つまり，"七福神の集まり"もやはり集合であるが，これはすべて思惟の対象である。つまり，集合というのは物体の集まりである必要は少しもないわけである。

もう一つ，集合はどんな対象をとってきても，そのものが集合に属するかどうかがはっきりしているものでなければならない。たとえば，"背の高い人の集まり"といっても，それは集合にならないのである。なぜなら，背が高いか低いかの区別が明確でなく，したがって，ある人がその集まりに属するかどうかは明らかでないからである。

●——外延的定義と内包的定義

"この皿のなかにあるリンゴの集まり"というのは，明らかに集合である。これは集合のメンバーを直接，集めてきて集合をつくってみせたのでわかりやすい。これは，"これだけの集まり"といって見せることができるからである。このように，集合の構成分子を直接，集めて集合を定義することを"外延的定義"という。

しかし，"日本の自動車の集合"を外延的に定義することは容易ではない。なぜなら，何百万台とある自動車を広場に集めて，"これだけ"の集合ということはきわめてむずかしいからである。つまり，非常に多数のもの

の集合を外延的に定義することはむずかしいのである。
さらに，無限個の対象の集合を外延的に定義することは不可能である。たとえば，"すべての素数の集合"を外延的に定義することは不可能である。

$$2, \ 3, \ 5, \ 7, \ 11, \ \cdots\cdots$$

はいくらかいてもきりがないので，すべての素数をかきつくすことはできないのである。そこで外延的定義のかわりに内包的定義が必要となってくる。素数の例でも，

"すべての素数，すなわち，ちょうど二つの約数をもつ正の整数の集合"
という定義になる。これは"約数がちょうど二つある"という性質によって特徴づけられる正の整数の全体としての集合である。つまり，それは，

"……のようなものの全体"
という形で定義される集合である。ここでは"すべての"とか"全体"というコトバがどうしても必要になってくる。つまり，対象の性質を一つ指定して，そのような性質をもつ対象の全体として定義する方法である。このような定義が内包的定義である。ただし，外延的定義・内包的定義は外延量・内包量とは直接の関係はない。

内包的定義を式でかくにはつぎのようにする。

$$M = \{x \mid x \text{ は……の性質をもつ}\}$$

これは"以下の性質をもつものの全体"という意味である。

$$M = \{x \mid x \text{ は実数で, } x > 0\}$$

これは 0 より大きい実数の全体という意味である。

正の整数 a, b があって，a が b の約数であるとき，

$$a/b$$

とかくことにすると，

$$M_b = \{x : x/b\}$$

は b の約数の全体である。

$$M_6 = \{1, \ 2, \ 3, \ 6\}$$
$$M_8 = \{1, \ 2, \ 4, \ 8\}$$
$$M_{12} = \{1, \ 2, \ 3, \ 4, \ 6, \ 12\}$$
$$\cdots\cdots\cdots$$

問い――上の定義で，M_{14}, M_{20}, M_{30}, M_{18} を求めよ。

また，$P_b = \{x \mid x$ は素数で，$x/b\}$。
これは b の素因数の全体である。たとえば，つぎのようになる。

$P_{12} = \{2, 3\}$　　$P_8 = \{2\}$　　$P_{30} = \{2, 3, 5\}$　　……

問い――上の定義にしたがって，P_{14}, P_{15}, P_{27}, P_{64} を求めよ。

●――集合の要素

$M = \{a, b, c, \cdots\cdots\}$

であるとき，M の構成分子 $a, b, c, \cdots\cdots$ を M の要素という。このことを，

$a \in M$　　$b \in M$　　$c \in M$　　……

という式でかく。これは"a は M にふくまれる"という意味である。$\in$ は"ふくまれる"のドイツ語"enthalten"の 頭文字 e の ギリシア文字だという。M が十二支の集合なら，

$申 \in M$

である。しかし，猫は M にふくまれない。

$猫 \notin M$

縦棒は否定で，$\notin$ は"ふくまれない"という意味である。

●――部分集合

あるクラスの生徒全体の集合を M とし，そのクラスの男生徒全体の集合を N とすると，N の要素は常に M の要素となっている。このようなとき，N は M の部分集合であるという。式では，

$N \subseteq M$

とかく。N は M にそっくり含まれている，という意味である。この記号ははじめ，

$N \subset M$

とかいた。しかし，近ごろは $N = M$ のばあいも許すことをはっきりさせるために，$N \subseteq M$ とかくことが多くなった。このときには，$N \subset M$ は $M = N$ を除外するという意味である。つまり，M には属するが，N には属しない要素が少なくとも一つは存在するということを意味する。

この定義から，$N \supseteq M$ であって，$N \subseteq M$ ならば，
$$N = M$$
となることはいうまでもない。

例——M_b は前例のように b の約数全体の集合とする。このとき，a/b ならば，
$$M_a \subseteq M_b$$
となる。さらに，$a \neq b$ であるときは，
$$M_a \subset M_b$$
となることを証明せよ。

証明——$x \in M_a$ ならば，M_a の定義によって，
$$x/a,$$
しかるに，a/b であるから，
$$x/b$$
となる。したがって，
$$x \in M_b,$$
すなわち，M_a の要素はすべて M_b の要素である。したがって，
$$M_a \subseteq M_b$$
となる。さらに，$a \neq b$ ならば，
$$a < b,$$
b/b であるから，
$$b \in M_b,$$
しかし，b は a より大きいから，a の約数にはならない。
$$b \notin M_a$$
だから，
$$M_a \neq M_b,$$
したがって，つぎのようになる。
$$M_a \subset M_b 。$$

定義からすぐわかるように，$A \subseteq B$, $B \subseteq C$ ならば——図❶，
$$A \subseteq C$$
となる。

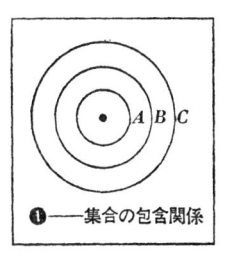

なぜなら，$x \in A$ ならば，$A \subseteq B$ だから，
$\quad x \in B$。
また，$B \subseteq C$ だから，
$\quad x \in C$。
だから，
$\quad A \subseteq C$
となる。

● ──交わり
二つの集合 A，B の双方に属する要素の全体を"共通集合"もしくは"交わり"(meet)といい，
$\quad A \cap B$
とかく。図示すると，斜線の部分に当たる──図❷。
A を10より小さい正の整数の集合とすると，
$\quad A = \{1, 2, 3, 4, 5, 6, 7, 8, 9\}$,
B を正の偶数の集合とすると，その共通集合もしくは交わりは，
$\quad A \cap B = \{2, 4, 6, 8\}$
である。
また，前のように M_{12} は12の約数の集合，M_{18} は18の約数の集合とすると，
$\quad M_{12} = \{1, 2, 3, 4, 6, 12\} \quad M_{18} = \{1, 2, 3, 6, 9, 18\}$
で，その交わりは，
$\quad M_{12} \cap M_{18} = \{1, 2, 3, 6\}$
となる。これは M_6 と同じになる。
$\quad M_{12} \cap M_{18} = M_6$

問い──$M_{10} \cap M_{15}$，$M_{20} \cap M_{30}$，$M_{18} \cap M_{27}$ を求めよ。

ここで少し注意しておくことがある。それは，A，B の双方に属する要素の存在しない場合である。たとえば，A が10以下の正の偶数の集合，B が10以下の正の奇数の集合であるとき，
$\quad A = \{2, 4, 6, 8\} \quad B = \{1, 3, 5, 7, 9\}$

で，共通の要素は存在しない。だから，"A と B の交わりはない"ということになる——図❸。しかし，このようなばあい，数学は"ない"といわないで，"空集合"になるという。空集合というのは，要素を一つもふくんでいない集合で，強いてかくと，

$$\{\ \ \}$$

ということになるのだろう。このような空集合を ϕ で表わす。

$$\phi = \{\ \ \}$$

上の例だと，

$$A \cap B = \phi$$

とかける。

"丸い三角形の集合"

"東海道新幹線を走る電気機関車の集合"

"200歳以上の人間の集合"

…………

などはみな空集合の例である。

問い——任意の集合 A に対して，$A \cap \phi = \phi$ となることを証明せよ。

問い——$A \subseteq B$ のとき，$A \cap B = A$ となり，逆に $A \cap B = A$ のとき，$A \subseteq B$ となることを証明せよ。

●——結び

"交わり"と対照的な手続きは"結び"(join)である。二つの集合 A, B のどれかに属する要素全体の集合を A, B の"結び"もしくは"合併集合"という——図❹。記号では，

$$A \cup B$$

で表わす。A を10以下の奇数の集合とし，

$$A = \{1,\ 3,\ 5,\ 7,\ 9\},$$

B を10以下の3の倍数の集合とする。

$$B = \{3,\ 6,\ 9\}$$

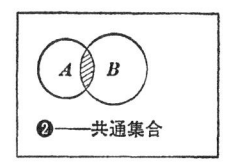

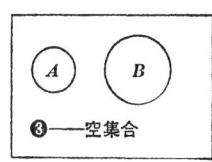

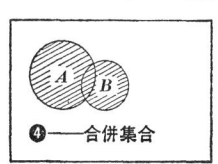

このとき，
$$A \cup B = \{1, 3, 5, 6, 7, 9\}$$
である。

また，Aはある年の日曜日の集合とし，Bは祝祭日の集合とすると，その結び $A \cup B$ は休日の集合である。このとき，日曜で祝祭日の日，つまり，"日食"はもちろんそのなかにふくまれる。日食は $A \cap B$ に当たる。

$\in$ の記号をつかうと，つぎのようになる。

"$x \in A$ または $x \in B$" のときは "$x \in A \cup B$" となり，逆に，"$x \in A \cup B$" のときは "$x \in A$ または $x \in B$" となる。

$$\left.\begin{array}{l} x \in A \\ \text{または(or)} \\ x \in B \end{array}\right\} \rightleftarrows \{x \in A \cup B\}$$

交わりのほうは，"または"(or)のかわりに"そして"(and)をいれかえるとよい。

$$\left.\begin{array}{l} x \in A \\ \text{そして(and)} \\ x \in B \end{array}\right\} \rightleftarrows \{x \in A \cap B\}$$

例——$A \cup A = A$ を証明せよ。

解——$x \in A$ または $x \in A$ は，$x \in A$ とまったく同じ意味であるから，
$$A \cup A = A$$
となる。

例——$A \cup B = A$ ならば，$B \subseteq A$ となることを証明せよ。

解——$x \in B$ ならば，$x \in A \cup B = A$ だから，
$$B \subseteq A$$
となる。

問い——$A \cap B = A$ ならば，$A \subseteq B$ となることを証明せよ。

問い——$A \cap A = A$ を証明せよ。

● ——交わりと結び

交わりと結びのあいだにはどのような関係があるだろうか。たとえば，

一つのクラスのなかで考えたとき，A, B, C はつぎのような集合であるとする。

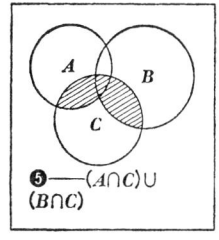

A ── メガネをかけている子どもの全体
B ── 兄弟姉妹のなかで長男もしくは長女，つまり，第1子全体の集合
C ── 男の子の集合

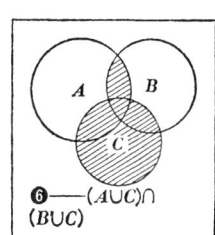

❺ ── $(A \cap C) \cup (B \cap C)$

このとき，$A \cup B$ はメガネをかけているか，それとも第1子になっている子ども全体の集合である。これから，

$$(A \cup B) \cap C$$

❻ ── $(A \cup C) \cap (B \cup C)$

をつくると，これは定義通りに考えると，メガネをかけているか，それとも第1子である子どものなかで，男の子全体の集合である。
しかし，このとき，A のなかから男の子をえらびだすと，$A \cap C$ になり，B のなかから男の子をえらびだすと，$B \cap C$ になる。ここで二つを合わせると，結局は，$(A \cup B) \cap C$ と同じになることがわかる。つまり，

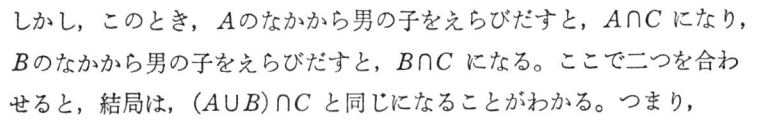

$$(A \cup B) \cap C = (A \cap C) \cup (B \cap C)$$

という式が成り立つ。この式は一般の A, B, C という集合に対しても成り立つのである。つまり，恒等式である。これは図❺において斜線をいれた部分の集合になる。
$\in$ の記号を使って証明してみよう。
$x \in (A \cup B) \cap C$ ならば，$x \in (A \cup B)$，そして，$x \in C$ となる。
これはまた，$x \in A$ または，$x \in B$，そして，$x \in C$。
これは二つのばあいに分かれる。

$$\begin{bmatrix} x \in A \\ そして \\ x \in C \end{bmatrix} \text{ または } \begin{bmatrix} x \in B \\ そして \\ x \in C \end{bmatrix}$$

したがって，

$$x \in (A \cap C) \cup (B \cap C)$$

となる。逆に，$x \in (A \cap C) \cup (B \cap C)$ から，

$$x \in (A \cup B) \cap C$$

をだすこともできる。これは上の道すじを逆にたどればよい。

注意——この恒等式は クラスのなかの 部分集合をいろいろ 定義しておいて，そこで実例をつくって練習させるとよい。

例——クラスでテストを行なった。2題でていて，第1問は A，B という二つに分かれていて，第2問はCであった。
ここで第1問はA，Bのうち，どちらかができればよいし，第2問はかならずできなければいけないものとする。A，B，Cのできたものの集合をそれぞれA，B，Cとすると，及第者の集合は，

$$(A \cup B) \cap C$$

である。これはA，Cのできたもの$A \cap C$と，B，Cのできたもの$B \cap C$の合併である。つまり，

$$(A \cap C) \cup (B \cap C)$$

である。だから，

$$(A \cup B) \cap C = (A \cap C) \cup (B \cap C)$$

上の例でも，A，B，Cをいれかえると，ちがった実例ができる。

$$(B \cup C) \cap A \qquad (C \cup A) \cap B$$

などはちがっているが，上の恒等式はつねに成立する。
もう一つ，別の恒等式が成り立つことに注意しておこう。それは上の恒等式にでてくる$\cap$，$\cup$という記号をいれかえた式である。

$$(A \cup B) \cap C = (A \cap C) \cup (B \cap C)$$
$$\downarrow \qquad \downarrow \qquad \downarrow \qquad \downarrow \qquad \downarrow \qquad \downarrow$$
$$(A \cap B) \cup C = (A \cup C) \cap (B \cup C)$$

これを図示すると，図❻のようになる。上の例でいうと，$A \cap B$はメガネをかけていて 第1子になっている子どもであり，$(A \cap B) \cup C$ は，それと男の子全体を合わせたものである。これはメガネをかけているか，それとも男の子である子どもの集合$A \cup B$と，第1子であるか，それとも男の子である子どもの集合$B \cup C$の共通部分になっている。つまり，

$$(A \cup C) \cap (B \cup C)$$

である。

例——上の問題で，第1問の A，B は各25点で，C は50点であるとする。このとき，50点以上は及第であるとしたら，そのとき，及第した子どもの集合を求めよ。

解——C ができると50点であるから及第である。また，A と B が二つともできても，やはり，50点である。このほうは $A \cap B$ である。結局，50点以上とった子どもの集合は，

$$(A \cap B) \cup C$$

である。

これを別の見方でいうと，A か C ができた子どもの集合 $A \cup C$，B か C のできた子どもの集合 $B \cup C$ の共通部分になっている。つまり，

$$(A \cup C) \cap (B \cup C)$$

である。

●——$\cap$，$\cup$ と $\subseteqq$ との関係

$\cap$，$\cup$ と $\subseteqq$ はどのような関係があるかをしらべてみよう。つまり，辺々の交わりをつくることができる。

$$\begin{array}{r} A \subseteqq A' \\ \cap \quad B \subseteqq B' \\ \hline A \cap B \subseteqq A' \cap B' \end{array}$$

また，辺々の結びをつくることもできる。

$$\begin{array}{r} A \subseteqq A' \\ \cup \quad B \subseteqq B' \\ \hline A \cup B \subseteqq A' \cup B' \end{array}$$

$A \subseteqq A'$，$B \subseteqq B'$ のときは，

$$A \cap B \subseteqq A' \cap B' \quad A \cup B \subseteqq A' \cup B'$$

となる。このことは定義からすぐわかる。
また，

$$A \subseteqq A \cup B \quad B \subseteqq A \cup B$$

となり，そして，

$$A \cap B \subseteqq A \quad A \cap B \subseteqq B$$

となることも明らかである。

例——$A \cup B = A \cup B$ のとき，$A = B$ となることを証明せよ。
解——$B \subseteq A \cup B = A \cap B \subseteq A$, 逆に，$A \subseteq A \cup B = A \cap B \subseteq B$ だから，
$A = B$

●——補集合
一つのクラスのなかで，Aという子どもの集合に属しない子どもの集合を$\bar{A}$で表わす。$\bar{A}$をAの補集合という——図❼。Aがメガネをかけた子どもの集合であったら，$\bar{A}$はメガネをかけていない子どもの集合である。補集合の補集合はもとの集合であることは明らかである。
$\bar{\bar{A}} = A$
クラス全体の集合をMとすれば，
$A \cup \bar{A} = M \quad A \cap \bar{A} = \phi$ (空集合)
という関係が成り立つ。補集合と$\subseteq$とのあいだにはつぎの関係がある。
$A \subseteq A'$
のときは，
$\bar{A} \supseteq \bar{A}'$。
つまり，¯をとると，$\subseteq$の関係は逆転する。
たとえば，Aがメガネをかけた男の子の集合で，A'が男の子の集合であるとする。このとき，
$A \subseteq A'$
となる。Aの補集合$\bar{A}$は女の子であり，メガネをかけていない子どもの集合である。$\bar{A}'$は女の子の集合である。だから，
$\bar{A} \supseteq \bar{A}'$
となる。
ここで，クラス全体の集合MをAと$\bar{A}$に分割するのと，Bと$\bar{B}$に分割する二つの分割法を考えてみよう。図❽のように，Mは四つの集合に分割される。ここで，$A \cap B$の補集合は，$A \cap \bar{B}$, $\bar{A} \cap B$, $\bar{A} \cap \bar{B}$の合併集合である。ここで$\bar{A} \cap \bar{B}$を2度数えることにすると，
$\bar{A} \cap B$ と $\bar{A} \cap \bar{B}$ の合併，つまり，$\bar{A}$
$A \cap \bar{B}$ と $\bar{A} \cap \bar{B}$ の合併，つまり，$\bar{B}$
の合併である。
$\bar{A} \cup \bar{B}$,

つまり,
$$\overline{A\cap B}=\bar{A}\cup\bar{B}。$$
また,同じ図で,
$$\overline{A\cup B}=\bar{A}\cap\bar{B}$$
となることも明らかであろう。

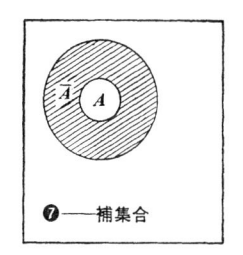

例——$\overline{A\cap B}=\bar{A}\cup\bar{B}$ から $\overline{A\cup B}=\bar{A}\cap\bar{B}$ を導きだせ。
解——A のかわりに $\bar{A}$, B のかわりに $\bar{B}$ とおきかえると,
$$\overline{\bar{A}\cap\bar{B}}=\bar{\bar{A}}\cup\bar{\bar{B}}=A\cup B。$$
両辺の補集合をつくると,
$$\overline{\overline{\bar{A}\cap\bar{B}}}=\overline{A\cup B}\qquad \bar{A}\cap\bar{B}=\overline{A\cup B}。$$
問い——A がメガネをかけた子どもの集合,B が男の子の集合であるとき,
$$A\cap B\qquad \bar{A}\cap B\qquad A\cap\bar{B}\qquad \bar{A}\cap\bar{B}$$
はどのような集合か。

●——双対性
$$\overline{A\cap B}=\bar{A}\cup\bar{B}\qquad \overline{A\cup B}=\bar{A}\cap\bar{B}$$
という法則はきわめて重要な法則である。この法則は対称的な形をもっているので記憶しやすくもある。それは A, B, $\bar{A}$, $\bar{B}$ と $\cap$, $\cup$ をふくんでいる式で,
$$A\longrightarrow\bar{A}\qquad \cap\longrightarrow\cup$$
$$B\longrightarrow\bar{B}\qquad \cup\longrightarrow\cap$$
といういれかえを行なうと,補集合になる,という形になっているのである。

$$\begin{array}{ccc}A & \cap & B \\ \downarrow & \downarrow & \downarrow \\ \bar{B} & \cup & \bar{A}\end{array}$$

つまり,$\bar{A}\cup\bar{B}$ は $A\cap B$ の補集合になっているわけである。すなわち,
$$\overline{A\cap B}=\bar{A}\cup\bar{B}。$$
また,

$$A \cup B$$
$$\downarrow \downarrow \downarrow$$
$$\bar{A} \cap \bar{B}$$

つまり,
$$\overline{A \cup B} = \bar{A} \cap \bar{B}.$$
このような関係を 双対性(duality)という。 このような型の関係は数学全体において，きわめて重要な役割を演ずる。

●——シーソー・ゲーム

双対性はシーソーの関係によく似ている。

シーソーの両端は——図❾,

A と $\bar{A}$

B と $\bar{B}$

…………

というようにおたがいに補集合であるとする。A が B より上なら，シーソーでは $\bar{B}$ のほうが $\bar{A}$ より上になる。つまり，これを $\subseteq$ の関係に直すと，$A \supseteq B$ ならば，

$\bar{A} \subseteq \bar{B}$

ということになる。このように大小，その他の順序の関係が逆転するのである。このような関係は数学の至るところに姿を現わす——図❿。

●——集合が二つ以上のばあい

以上は二つの A, B についての法則であるが，三つ以上のばあいはどうなるだろうか。A, B のかわりに，

$A_1, A_2, A_3, \cdots\cdots\cdots, A_n$

とする。

三つのばあいは，

$$\overline{A_1 \cap A_2 \cap A_3} = \overline{A_1 \cap (A_2 \cap A_3)}$$
$$= \bar{A_1} \cup \overline{(A_2 \cap A_3)} = \bar{A_1} \cup (\bar{A_2} \cup \bar{A_3})$$
$$= \bar{A_1} \cup \bar{A_2} \cup \bar{A_3}$$

となる。まったく同じように，

$$\overline{A_1 \cap A_2 \cap \cdots\cdots \cap A_n} = \bar{A_1} \cup \bar{A_2} \cup \cdots\cdots \cup \bar{A_n}$$

という式が得られる。

例——ある週の月，火，水，……，土の各日に登校した子どもの集合を，
$$A_1, A_2, A_3, A_4, A_5, A_6$$
とする。このとき，$A_1 \cap A_2 \cap A_3 \cap A_4 \cap A_5 \cap A_6$ は1週間の全部を登校した子どもの集合である。だから，
$$\overline{A_1 \cap A_2 \cap A_3 \cap A_4 \cap A_5 \cap A_6}$$
は1週間，無欠席でなかった子どもの集合である。これは，

月曜日に欠席した子どもの集合——$\overline{A_1}$
火曜日に欠席した子どもの集合——$\overline{A_2}$
…………
土曜日に欠席した子どもの集合——$\overline{A_6}$

の合併になっている。
$$\overline{A_1} \cup \overline{A_2} \cup \overline{A_3} \cup \overline{A_4} \cup \overline{A_5} \cup \overline{A_6}$$
つまり，この例からもわかるように，
$$\overline{A_1 \cap A_2 \cap A_3 \cap A_4 \cap A_5 \cap A_6}$$
$$= \overline{A_1} \cup \overline{A_2} \cup \overline{A_3} \cup \overline{A_4} \cup \overline{A_5} \cup \overline{A_6}$$

例——上の例で，$A_1 \cup A_2 \cup A_3 \cup A_4 \cup A_5 \cup A_6$ は，その1週間の少なくとも1日だけは登校した子どもの集合である。
この補集合は，1回も登校しなかった子どもの集合である。それは，つまり，月曜日も火曜日も……土曜日も欠席した子どもの集合 $\overline{A_1} \cap \overline{A_2} \cap \cdots \cap \overline{A_6}$ になる。だから，
$$\overline{A_1 \cup A_2 \cup \cdots \cup A_6} = \overline{A_1} \cap \overline{A_2} \cap \cdots \cap \overline{A_6}$$
が得られる。

以上は $n=6$ のばあいであったが，この n は6でなくても任意の自然数であってよいことがわかる。
$$\overline{A_1 \cap A_2 \cap \cdots \cap A_n} = \overline{A_1} \cup \overline{A_2} \cup \cdots \cup \overline{A_n}$$

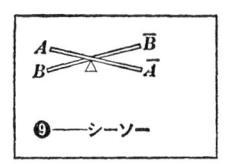

$$\overline{A_1 \cup A_2 \cup \cdots \cup A_n} = \bar{A}_1 \cap \bar{A}_2 \cap \cdots \cap \bar{A}_n$$

という法則が成り立つ。

問い——ある野球のチームで1番打者，2番打者，……をそれぞれ1, 2, 3, ……, 9とする。第1回で安打を打った打者の集合を A_1，同じく第2回で安打を打った打者の集合を A_2, ……とする。

このとき，$A_1 \cup A_2 \cup \cdots \cup A_9$ は何を意味するか。

$\bar{A}_1 \cap \bar{A}_2 \cap \cdots \cap \bar{A}_9$ は何を意味するか。

問い——上の例で，第2回目に失策をしなかった選手の集合を A_n とする。

このとき，$A_1 \cap A_2 \cap \cdots \cap A_9$ は何を意味するか。

$\bar{A}_1 \cup \bar{A}_2 \cup \cdots \cup \bar{A}_9$ は何を意味するか。

特性関数

●——特性関数

ある集合Mの部分集合Aを明らかにするために，その集合に"属するか""属しないか"を区別する目安をはっきりさせるための便利な手段がある。Mが一つのクラスの子どもの集合とするとき，Aに属する子どもを知るために，手をあげさせるというやり方がよく使われる。

「この問題のできた人は手をあげなさい」

と先生がいうときは，その問題のできた子どもの集合Aを知るための目安として，手をあげるか，あげないか，という事実を利用しているわけである。xがAに属するときは手をあげるし，Aに属しないとき，つまり，xが補集合$\bar{A}$に属するときは手をあげないから，つぎのような対応が得られる。

$\qquad x \longrightarrow$ あげる手の本数

これは $x \in A$ のときは，

$\qquad x \longrightarrow 1$,

$x \in \bar{A}$ のときは，

$\qquad x \longrightarrow 0$

とすると，ここでMの要素から$\{0, 1\}$という集合への対応が得られるわけである。つまり，これは一つの関数である。この関数の変域はMで，値域は$\{0, 1\}$である。このような関数を部分集合の特性関数という。これを $f(x; A)$ で表わす。

例——Mは1から10までの自然数の集合とする。$D(6)$は6の約数の集合とする。このとき，$D(6)$の特性関数を求めよ。
解——$D(6)=\{1, 2, 3, 6\}$であるから，

$f(1; D(6))=1$　　$f(2; D(6))=1$　　$f(3; D(6))=1$
$f(4; D(6))=0$　　$f(5; D(6))=0$　　$f(6; D(6))=1$
$f(7; D(6))=0$　　$f(8; D(6))=0$　　$f(9; D(6))=0$
$f(10; D(6))=0$

グラフにかくと，図❶のような形になる。

問い——同じく，$f(x; D(8))$，$f(x; D(9))$，$f(x; D(10))$を求めよ。

●——交わりの特性関数

A，Bの特性関数 $f(x; A)$ と $f(x; B)$ から $A \cap B$ の特性関数はどのようにして求めることができるか。

$f(x; A \cap B)=1$

ならば，定義によって，

$x \in A \cap B$。

したがって，

$x \in A$　　$x \in B$

となる。定義によって，

$f(x; A)=2$　　$f(x; B)=1$

となる。したがって，

$f(x; A) \cdot f(x; B)=1 \cdot 1=1$。

つまり，

$f(x; A \cap B)=1$

ならば，

$f(x; A) \cdot f(x; B)=1$
$f(x; A) \cdot f(x; A)=0$

ならば，

$f(x; A) \cdot f(x; B) \neq 1$。

したがって，

$f(x; A \cap B) \neq 1$。

だから，
$$f(x;\ A\cap B)=0。$$
逆に，
$$f(x;\ A),$$
$$f(x;\ A)\cdot f(x;\ B)=1$$
から，
$$f(x;\ A\cap B)=1$$
がでてくる。したがって，
$$f(x;\ A\cap B)=f(x;\ A)\cdot f(x;\ B)$$
が常に成り立つ。つまり，集合の交わりは特性関数のかけ算に対応する。

例——上の例で $f(x;\ D(6))$ と $f(x;\ D(9))$ から $f(x;\ D(6)\cap D(9))$ を求めよ。

解——

f \ x	1	2	3	4	5	6	7	8	9	10
$f(x;\ D(6))$	1	1	1	0	0	1	0	0	0	0
$f(x;\ D(9))$	1	0	1	0	0	0	0	0	1	0
積	1	0	1	0	0	0	0	0	0	0

このときの関数が $f(x;\ D(6)\cap D(9))$ になる。

● ——補集合の特性関数

前の例で，「この問題のできなかった人は手をあげなさい」といったら，それは $\bar{A}$ の特性関数をみつけることになる。

$f(x;\ A)=1$ ならば，
$$x\in A,$$
だから，
$$x\notin \bar{A},$$
したがって，
$$f(x;\ \bar{A})=0。$$
逆に，$f(x;\ A)=0$ ならば，
$$x\notin A。$$

したがって，
$$x \in \bar{A}.$$
だから，
$$f(x; \bar{A}) = 1.$$
つまり，
$$f(x; \bar{A}) = 1 - f(x; A)$$
が得られる。

例——上の例で $\overline{D(6)}$ の特性関数を求めよ。

解——

f \ x	1	2	3	4	5	6	7	8	9	10
$f(x; D(6))$	1	1	1	0	0	1	0	0	0	0
$1 - f(x; D(6))$	0	0	0	1	1	0	1	1	1	1

特性関数は，普通の数の乗法に転換するので，重要な意味をもっている。集合 A の個数，もしくは集合数を $|A|$ で表わすと，
$$|A| = \sum_{x \in M} f(x; A)$$
となる。つまり，$x \in A$ のときは1になるし，$x \in \bar{A}$ のときは0に対応するからである。式でかくと，
$$\sum_{x \in M} f(x; A) = \underset{\underset{|A|}{\downarrow}}{\sum_{x \in A} f(x; A)} + \underset{\underset{0}{\downarrow}}{\sum_{x \in \bar{A}} f(x; A)}$$
$$= |A|$$
となるからである。

問い—— $f(x; M) = |M|$, $f(x; \phi) = 0$ を証明せよ。

●——**結びの特性関数**

交わりは特性関数とそのまま対応するが，結びのほうはどうだろうか。これを求めるには交わりに直して計算することにする。
$$\overline{A \cup B} = \bar{A} \cap \bar{B}$$
であるから，両辺の補集合をとると，

$$A \cup B = \overline{\overline{A} \cap \overline{B}}$$
$$\begin{aligned}f(x;\ A \cup B) &= 1 - f(x;\ \overline{A} \cap \overline{B}) \\ &= 1 - f(x;\ \overline{A}) \cdot f(x;\ \overline{B}) \\ &= 1 - (1 - f(x;\ A)) \\ &\quad (1 - f(x;\ B)) \\ &= 1 - (1 - f(x;\ A) - f(x;\ B) + f(x;\ A) \cdot f(x;\ B)) \\ &= f(x;\ A) + f(x;\ B) - f(x;\ A) \cdot f(x;\ B)_{\circ}\end{aligned}$$

つまり，つぎのような公式が成り立つ．

$$f(x;\ A \cup B) = f(x;\ A) + f(x;\ B) - f(x,\ A) \cdot f(x;\ B)$$

$x \in A \cap B$ のときは，

$$f(x;\ A) + f(x;\ B) = 2$$

となるが——図❷，それから，

$$f(x;\ A) \cdot f(x;\ B) = f(x;\ A \cap B) = 1$$

をひいておくから，$A \cup B$ ではいつでも1になるのである．この両辺の和をつくると，

$$\sum_{x \in M} f(x;\ A \cup B) = \sum_{x \in M} f(x;\ A) + \sum_{x \in M} f(x;\ B) - \sum_{x \in M} f(x;\ A \cap B)$$

だから，

$$|A \cup B| = |A| + |B| - |A \cap B|$$

となる．

17世紀のはじめに書かれた笑話集に『醒睡笑』という本がある．そのなかにつぎのような話がのっている．

> 義経東国下向の時一夜の宿を借られけり。弁慶，あるじの女房に，「子はいくたり候ぞ」と問えば「てての子六人，母の子六人，合せて九人候」とこたへしを，何とも当座にあたらず，明の日も案ずるとて，弁慶道を七里あゆみおくれたるとなん。[*1]

弁慶は 6+6=12 になるのに，なぜ 6+6=9 になるのかわからなかったのであろう．だから，それを考えながら歩いているうちに，さすがの弁慶も連れの人びとから7里もおくれてしまったのであろう．

---

*1——鈴木棠三校注『醒睡笑』下巻・39ページ・角川文庫

しかし，現在の夫との間に子どもがあったら，それは2度数えられているわけである。"てて"，すなわち，現在の夫の子どもの集合をA，その女房の子どもの集合をBとすると，

$$|A \cup B| = |A| + |B| - |A \cap B|。$$

ここで，

$$|A| = 6 \quad |B| = 6 \quad |A \cup B| = 9$$

であるから，

$$9 = 6 + 6 - |A \cap B|$$

となり，これから，

$$|A \cap B| = 6 + 6 - 9 = 3。$$

つまり，現在の夫との間に3人の子どもがあるはずである。弁慶ははじめから $A \cap B = \phi$ と思いこんでいたので，どうしても合点がいかなかったのであろう。

● ── ふるい

これを三つ以上の集合に拡張してみよう。一つのクラス全体の集合Mのなかで，ある週の月曜日，火曜日，……土曜日の掃除当番の集合を，$A_1, A_2, ……, A_6$ とする。ここで，その週にぜんぜん掃除当番にいちどもならなかった子どもの集合は，

$$\bar{A}_1 \cap \bar{A}_2 \cap …… \cap \bar{A}_6$$

になる。ここで，月曜日の掃除当番には A_1 という札をくばり，火曜日の掃除当番には A_2 という札をくばることにする。もしすべての子どもが1度しか掃除当番にならないとしたら，その人数は，

$$|M| - |A_1| - |A_2| - …… - |A_6|$$

になる。しかし，2回以上，掃除当番になる子どもがいるとすると，これはひきすぎになって，実際よりは小さくなっている。だから，

$$|A_1 \cap A_2|, |A_1 \cap A_3|, ……, |A_5 \cap A_6|$$

という数を加えておく必要がある。この集合は全部で15だけある。
ところが，これを加えると，3回以上があると，実際より大きくなる。だから，

$$|A_1 \cap A_2 \cap A_3|, ……$$

を引いておく必要がある。つまり，

$$|M|$$
$$-|A_1|-|A_2|-|A_3|-\cdots\cdots-|A_6|$$
$$+|A_1\cap A_2|+|A_1\cap A_3|+\cdots\cdots+|A_5\cap A_6|$$
$$-|A_1\cap A_2\cap A_3|-\cdots\cdots-|A_4\cap A_5\cap A_6|$$
$$+|A_1\cap A_2\cap A_3\cap A_4|+\cdots\cdots$$
$$-|A_1\cap A_2\cap A_3\cap A_4\cap A_5|-\cdots\cdots$$
$$+|A_1\cap A_2\cap A_3\cap A_4\cap A_5\cap A_6|$$

が求める答えになる．これを求めるには，つぎのようにする．

$$f(x;\bar{A}_1\cap\bar{A}_2\cap\cdots\cap\bar{A}_6)$$
$$=f(x;\bar{A}_1)\cdot f(x;\bar{A}_2)\cdot\cdots\cdot f(x;\bar{A}_6)$$
$$=\{1-f(x;A_1)\}\{1-f(x;A_2)\}\cdots\{1-f(x;A_6)\}$$

この式を展開すると，つぎのようになる．

$$=1-f(x;A_1)-f(x;A_2)-\cdots\cdots-f(x;A_6)$$
$$+f(x;A_1)\cdot f(x;A_2)+\cdots\cdots+f(x;A_5)\cdot f(x;A_6)$$
$$\cdots\cdots$$
$$f(x;A_1)\cdot f(x;A_2)\cdot\cdots\cdot f(x;A_6)$$
$$=1-f(x;A_1)-\cdots\cdots-f(x;A_6)$$
$$+f(x;A_1\cap A_2)+\cdots\cdots+f(x;A_5\cap A_6)$$
$$-f(x;A_1\cap A_2\cap A_3)-\cdots\cdots-f(x;A_4\cap A_5\cap A_6)$$
$$\cdots\cdots$$
$$+f(x;A_1\cap A_2\cap\cdots\cap A_6)$$

この両辺の和をつくる．つまり，$\sum_{x\in M}$ をつくるのである．

$$\sum_{x\in M}f(x;\bar{A}_1\cap\bar{A}_2\cap\cdots\cap\bar{A}_6)$$
$$=\sum_{x\in M}1-\sum_{x\in M}f(x;A_1)-\sum_{x\in M}f(x;A_2)-\cdots\cdots$$
$$+\sum_{x\in M}f(x;A_1\cap A_2)+\cdots\cdots$$
$$\cdots\cdots$$
$$+\sum_{x\in M}f(x;A_1\cap A_2\cap\cdots\cap A_6)$$
$$=|M|-|A_1|-|A_2|-\cdots\cdots-|A_6|$$
$$+|A_1\cap A_2|+\cdots\cdots+|A_5\cap A_6|$$
$$-|A_1\cap A_2\cap A_3|-\cdots\cdots$$
$$\cdots\cdots$$

$$+|A_1 \cap A_2 \cap \cdots \cap A_6|$$

例──60を越さないで，これと最大公約数が1である数の個数を求めよ。
解──$60=2^2\cdot 3\cdot 5$ であるから，x と 60 の共通の素因数は，2, 3, 5 のどれかである。
2 の倍数の集合を A_2, 3 の倍数の集合を A_3, 5 の倍数の集合を A_5 とする。われわれの求める集合は，

$$\bar{A}_2 \cap \bar{A}_3 \cap \bar{A}_5$$

である。

$$|A_2|=\frac{60}{2} \quad |A_3|=\frac{60}{3} \quad |A_5|=\frac{60}{5}$$

となる。$A_2 \cap A_3$ は 2 と 3 の双方でわり切れるから 6 の倍数で，個数は，

$$|A_2 \cap A_3|=\frac{60}{2\cdot 3} \quad |A_2 \cap A_5|=\frac{60}{2\cdot 5} \quad |A_3 \cap A_5|=\frac{60}{3\cdot 5}$$

$A_2 \cap A_3 \cap A_5$ は 2, 3, 5 などの倍数であるから，$2\cdot 3\cdot 5$ の倍数である。だから，

$$|A_2 \cap A_3 \cap A_5|=\frac{60}{2\cdot 3\cdot 5}.$$

したがって，

$$|\bar{A}_2 \cap \bar{A}_3 \cap \bar{A}_5|$$
$$=60-\frac{60}{2}-\frac{60}{3}-\frac{60}{5}+\frac{60}{2\cdot 3}+\frac{60}{2\cdot 5}+\frac{60}{3\cdot 5}-\frac{60}{2\cdot 3\cdot 5}$$
$$=60\left(1-\frac{1}{2}-\frac{1}{3}-\frac{1}{5}+\frac{1}{2\cdot 3}+\frac{1}{2\cdot 5}+\frac{1}{3\cdot 5}-\frac{1}{2\cdot 3\cdot 5}\right)$$
$$=60\left(1-\frac{1}{2}\right)\left(1-\frac{1}{3}\right)\left(1-\frac{1}{5}\right)$$
$$=60\cdot\frac{1}{2}\cdot\frac{2}{3}\cdot\frac{4}{5}$$
$$=16$$

この論法は $A_1, A_2, \cdots$ をすべて除くことであるから，"ふるい" (sieve) という名称がある。

問い──$n=p_1^{\alpha_1} p_2^{\alpha_2} \cdots p_n^{\alpha_n}$ という素因数分解をもつ数は，最大公約数が 1 で，その n を越える数の個数は，

$$n\left(1-\frac{1}{p_1}\right)\left(1-\frac{1}{p_2}\right)\cdots\left(1-\frac{1}{p_n}\right)$$

であることを示せ。

●——入れかえの問題

n 組の夫婦がダンス・パーティに出かけた。そのとき，踊る組のつくり方はいくつあるか。ただし，夫婦どうしはけっして踊らないものとする。夫婦の組を 1, 2, 3, ……, n とする。
第1組の夫婦どうしで踊るときに，踊りの組のつくり方の集合を A_1 で表わす。同様に，第2組の夫婦どうしで踊るときの組のつくり方の集合を A_2 とする。このようにして A_1, A_2, ……, A_n という集合が得られる。求める集合は，

$$\bar{A}_1 \cap \bar{A}_2 \cap \cdots \cap \bar{A}_n$$

である。だから，これはふるいの問題である。$|A_1|$ は 2, 3, ……, n を勝手にならべかえるのであるから，$(n-1)!$ になる。
$|A_2|$, $|A_3|$, ……, $|A_n|$ もみな同じである。$A_1 \cap A_2$ は 3, 4, ……, n を勝手にならべかえるのであるから，

$$|A_1 \cap A_2| = (n-2)!$$

となる。
$|A_1 \cap A_3|$, ……, $|A_{n-1} \cap A_n|$ もみな同じである。同様に，

$$|A_1 \cap A_2 \cap A_3| = (n-3)!$$
$$|A_1 \cap A_2 \cap A_3 \cap A_4| = (n-4)!$$
············
$$|A_1 \cap A_2 \cap \cdots \cap A_n| = 0! = 1。$$

ふるいの公式によって，

$$|\bar{A}_1 \cap \bar{A}_2 \cap \cdots \cap \bar{A}_n|$$
$$= n! - (n-1)! \, n + \binom{n}{2}(n-2)! - \binom{n}{3}(n-3)!$$
············
$$(-1)^m \binom{n}{m}(n-m)!$$
············
$$(-1)^n \binom{n}{n} \cdot 0!。$$

一般に，

$$\binom{n}{m}(n-m)! = \frac{n!}{m!(n-m)!} \cdot (n-m)! = \frac{n!}{m!}$$

であるから，上の式は，つぎのようになる。

$$= n! - \frac{n!}{1!} + \frac{n!}{2!} - \frac{n!}{3!} + \cdots\cdots + (-1)^m \cdot \frac{n!}{m!} + \cdots\cdots$$

$$= n!\left(1 - \frac{1}{1!} + \frac{2}{2!} - \frac{1}{3!} + \cdots\cdots + (-1)^n \cdot \frac{1}{n!}\right)$$

この数を入れかえ(Derangement)の個数という。この数を D_n で表わす。

$$\frac{D_n}{n!} = 1 - \frac{1}{1!} + \frac{1}{2!} - \cdots\cdots + (-1)^n \cdot \frac{1}{n!}$$

n をしだいに大きくしていくと，この数は，

$$1 - \frac{1}{1!} + \frac{1}{2!} - \frac{1}{3!} + \cdots\cdots$$

という無限級数に等しくなることがわかる。これはよく知られているように，e^{-1} である。

$$e^{-1} = 1 - \frac{1}{1!} + \frac{1}{2!} - \frac{1}{3!} + \cdots\cdots$$

$$e^{-1} \fallingdotseq 0.36\cdots\cdots$$

である。つまり，D_n は $n!$ のなかで3割に近い率を占めていることがわかる。

V—現代数学への道 1

Ⅵ——現代数学への道2
構造と関係

●——たんに四国地方の四つの県名をあげただけでは、そのあいだに相互関係は考えられていないので、まさに集合であって、それはオモチャ箱にはいっている積み木の集まりと同じである。しかし、〝県境を接している〟という相互関係を導入すると、〝構造〟になる。それは積み木を汽車や家にしたようなものである。——201ページ「集合から構造へ」

●——五十音は母音の集合と子音の集合の直積である。このように、二つの集合の直積をつくったり、一つの集合を二つの集合の直積に分解することは広く行なわれている。デカルトの座標も、結局はそれである。rをタテ軸とヨコ軸上の点の集合とし、二つのrからx, yという二つの要素をとりだし、(x, y)の組をつくると、平面上の点となる。つまり、〝平面＝直線×直線〟という分解が可能であることを発見したのがデカルトであった。——207ページ「直積と関係」

集合から構造へ

●──集合から構造へ

さて，こんどは集合とそこからつくられる構造についてのべよう。今回は日本地図をひろげて，この講座を読むことを読者にお願いする。

問い──四国地方の県をあげよ。
答え──$M=\{$香川，徳島，愛媛，高知$\}$

このMは個数が4の集合である。このMからどの県を除いてもいけないし，また，"山口"などという県をつけ加えてもいけない。このMは何のアイマイさもなく確定される集合なのである。

このような集合の要素のあいだに，つぎのような相互関係を新しく導入してみよう。それは，"……は……と境を接している"という相互関係である。この関係をRで表わす。"aはbと境を接する"ということを，

$$aRb$$

で表わし，その否定である，"aはbと境を接していない"を，

$$a\bar{R}b$$

という式で表わすことにしよう。

この関係は，地図をみると，図❶のようになっている。この表をもっと単純化するために，Rのときは黒点をかき，$\bar{R}$のときはかかないものとする──図❷。

このようにMの要素のあいだにRという相互関係を導入したとき，Mは

たんなる集合ではなく，もはや″構造″となったのである。これを S で表わす。S は M の上に R を併せて考えたものである。つまり，比喩的にかくなら，

$$S = M + R$$

というような意味である。

M はたんに四つの県をあげただけで，そのあいだに相互関係は考えていない。これはまさに集合であって，それはオモチャ箱にはいっている積み木の集まりのようなものである。しかし，S は R という相互関係を考えているので，積み木を汽車や家につみ上げたようなものである。

❶――隣接関係

❷――四国型

問い――東北地方の県の集合をつくれ。

答え――$M =$ {青森，秋田，岩手，山形，宮城，福島}

問い――この M の上に″……は……と境を接している″という関係 R を考えよ。

ここで，相互関係 R を併せて考えた集合 M が構造 S である――図❸。

❸――東北地方

つぎに中国 5 県に兵庫を合わせた集合を考えてみよう。

$$M' = \{兵庫，鳥取，岡山，島根，広島，山口\}$$

この集合 M' に相互関係 R を考えてみよう。このようにしてできた構造を S' とする――図

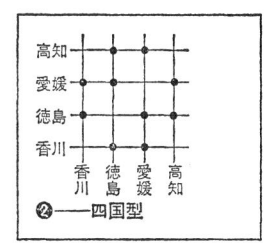

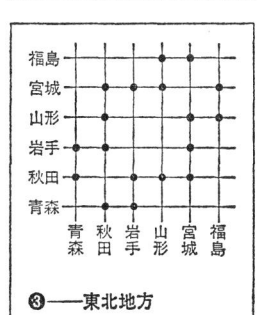

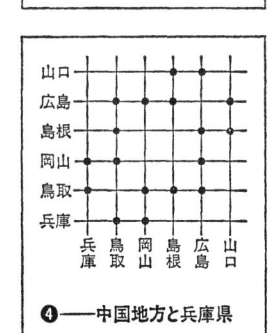

❹――中国地方と兵庫県

❹。この S' を東北 6 県からできる構造 S とくらべてみよう。

このとき，S も S' も 6 個の要素からできている。さらに R の関係をくらべると，二つの表における黒点の位置はそっくり同じである。つまり，S の表と S' の表はそっくりそのまま重ね合わせることができるのであ

る。このようなとき，構造 S と構造 S' はたがいに 同型(isomorphic)であるという。つまり，S と S' を比較してみよう。
まず，S と S' のあいだに，つぎのような1対1対応をつけてみよう。

$M=\{$青森，秋田，岩手，山形，宮城，福島$\}$
$\quad\quad\updownarrow\quad\,\,\updownarrow\quad\,\,\,\updownarrow\quad\,\,\,\updownarrow\quad\,\,\,\updownarrow\quad\,\,\,\updownarrow$
$M'=\{$兵庫，鳥取，岡山，島根，広島，山口$\}$

ここで S と S' のあいだに，たとえば，

秋田 R 岩手
$\updownarrow\quad\,\,\updownarrow\quad\,\,\updownarrow$
鳥取 R 岡山

という対応がつけられ，また，

秋田 $\bar{R}$ 福島
$\updownarrow\quad\,\,\updownarrow\quad\,\,\updownarrow$
鳥取 $\bar{R}$ 山口

という対応がつけられる。つまり，このような1対1対応によって R と $\bar{R}$ がそのまま持ち越されるのである。つまり，この1対1対応は R という関係を保存するのである。このような関係保存的な1対1対応ができるとき，S と S' は同型なのである。

S と S' とは東北と中国で，その構成分子はまるでことなっている。しかし，その相互関係のタイプは同じである。別のコトバを使うと，S と S' の構造は同じなのである。

つぎに，もう一つの例をあげてみよう。まず関東地方の県の集合をあげてみよう。

$M=\{$茨城，栃木，群馬，埼玉，千葉，東京，神奈川$\}$

ここで R を併せ考えた構造 S を図示してみよう――図❺。
つぎに九州地方について構造 S' をつくってみよう――図❻。

$M'=\{$鹿児島，宮崎，大分，熊本，福岡，佐賀，長崎$\}$

この M' に相互関係 R を考えて，構造 S' をつくってみよう。ここで関東の S と九州の S' とをくらべてみよう。このとき，S と S' のあいだに R を保存するような1対1対応をつけることができるだろうか？

S も S' も7個の要素から成り立っているので，そのあいだに可能な1対1対応は全部で 7! だけある。

$7!=1\cdot2\cdot3\cdot4\cdot5\cdot6\cdot7=5040$

だけある。この5040の1対1対応を一つ一つ試してみて，そのなかに R を保存するようなものがあるかどうかを確かめてみなければならない。

しかし，その必要はないのである。Sの表をみて，そのなかの埼玉に注意してみよう。これは5県と境を接している。ところが，S'のなかにこれと対応する県があったとしたら，その境は，やはり，九州のS'のなかで5県と境を接していなければならないはずである。ところが，S'の表をみると，5県と境を接している県は一つもない。だから，SとS'のあいだにはRを保存するような1対1対応は存在しないはずである。そのことから，関東地方のSと九州地方のS'は同型ではない，と結論できる。

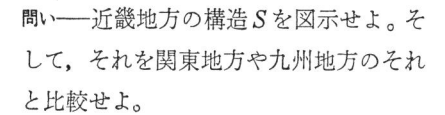

問い――近畿地方の構造Sを図示せよ。そして，それを関東地方や九州地方のそれと比較せよ。

問い――日本の地図をみて，"四国型"の構造をもつような4県をえらび出せ。

問い――また，"東北地方"と同型な6県をえらび出せ。

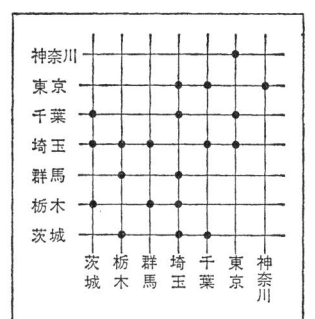

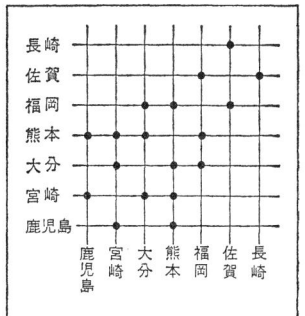

❺――関東地方

❻――九州地方

●――自己同型

同型は一般的にいうと，二つの異なった構造を比較して，その構造が同じであることを言うのであるが，とくに一つの構造のなかで，同型写像が存在するばあいがある。たとえば，"四国型"をとってみよう。

　　集合M＝｛香川，徳島，愛媛，高知｝
のなかで，

　　　香川――→香川　　　愛媛――→徳島

　　　徳島――→愛媛　　　高知――→高知

とすると，"……と境を接している"という関係は同じである。それをグラフで比較してみよう――図❼。

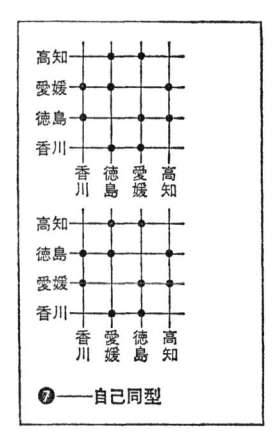

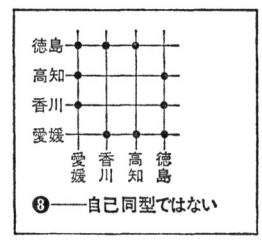

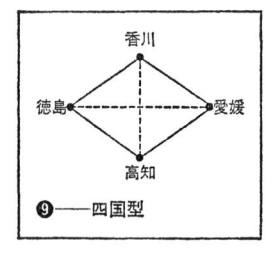

この二つのグラフを比べてみると，点の配置はまったく同じである。つまり，Mのあいだで入れかえを行なっても，その構造は同じである。

このようにRを変えないようなMのなかの1対1対応を，構造
$$S=M+R$$
の自己同型(automorphism)と名づける。autoはautomobile(自動車)などのような"自己"という意味で，morphismは"型"というような意味である。

四国型の自己同型は他にもある。たとえば，

　　香川──→高知　　愛媛──→愛媛
　　徳島──→徳島　　高知──→香川

という1対1対応があるし，また，

　　香川──→高知　　愛媛──→徳島
　　徳島──→愛媛　　高知──→香川

も，やはり自己同型である。しかし，つぎのような1対1対応は自己同型ではない。

　　香川──→愛媛　　愛媛──→高知
　　徳島──→香川　　高知──→徳島

なぜなら，Rのグラフをかくと，図❽のようになっているからである。このグラフはたしかにMのなかの1対1対応ではあるが，Rを変えないような自己同型ではないのである。四国の集合の1対1対応は全部で，

　　$4!=24$

だけあるが，そのなかでも，自己同型になるのはこれまでにあげた3個の対応と，もう一つ，すべての県を自分自身に対応させる，

　　香川──→香川　　愛媛──→愛媛
　　徳島──→徳島　　高知──→高知

という1対1対応を加えた4個だけで，残りの20個は自己同型にはならない。

この自己同型をわかりやすくするために四県を菱形の頂点に配列してみるとよい――図❾。この菱形を自分自身の上に重ね合わせる合同変換と，"四国型"の自己同型は同じになる。

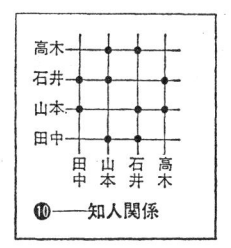

問い――東北型の自己同型はいくつあるか，それをすべて列挙せよ。

問い――関東型・九州型・近畿型の自己同型をあげよ。

以上は県と県とが"境を接している"という関係を問題にしたのであるが，これは人間と人間とのあいだにも成り立つ。"……は……と知り合いである"という関係――これを R' で表わす――についても同じようなことが成り立つ。たとえば，ここに四人の人間の集合，

$M'=$｛田中，山本，石井，高木｝

があって，そのとき，田中と山本とが知り合いであったら，

田中 R' 山本

とかき，田中と高木が知り合いでなかったら，

田中 $\bar{R'}$ 高木

とかくことにしよう。このとき，四人のあいだに，図❿のような関係が成り立つばあいがあるだろう。このとき，この四人のあいだの知人関係は四国型であるといえる。つまり，四国の隣接関係と四人の知人関係は同型である，ということができる。

直積と関係

●——集合の直積

A, Bという二つの集合があるものとする。

$A = \{a_1, a_2, \cdots\cdots, a_m\}$

$B = \{b_1, b_2, \cdots\cdots, b_n\}$

この二つの集合から、任意の要素 a_i, b_k を一つずつ選び出して、その組をつくる。

(a_i, b_k)

この組は全部で mn 個ある。

$(a_1, b_n), (a_2, b_n), \cdots\cdots (a_m, b_n)$

$\cdots\cdots\cdots\cdots$

$(a_1, b_2), (a_2, b_2), \cdots\cdots (a_m, b_2)$

$(a_1, b_1), (a_2, b_1), \cdots\cdots (a_m, b_1)$

このような組全体の集合を、

$A \times B$

で表わす。たとえば、Aはつぎのようなアルファベットの集合とする。

$A = \{k, s, t, n, h, m, y, r, w\}$

そして、Bは五つの母音の集合とする。

$B = \{a, i, u, e, o\}$

このとき、AとBの直積$A \times B$は、

$$A \times B = \begin{bmatrix} ka & sa & ta & \cdots\cdots & wa \\ ki & si & & \cdots\cdots\cdots \\ ku & & & \cdots\cdots\cdots\cdots \\ ke & & & \cdots\cdots\cdots\cdots \\ ko & & & \cdots\cdots\cdots\cdots \end{bmatrix}$$

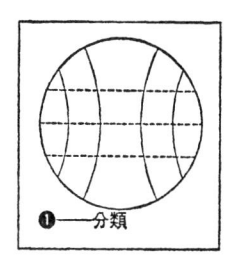

こうしてアイウエオの集合が得られる。このようにして，AとBとから新しい集合 $A \times B$ がつくり出されることになる。

逆のばあいはどうか。五十音という集合Cがあるとする。この集合を子音の共通性に着目して分類すると，

　　　無子音群 {ア，イ，ウ，エ，オ}
　　　k 一群　 {カ，キ，ク，ケ，コ}
　　　s 一群　 {サ，シ，ス，セ，ソ}
　　　t 一群　 {タ，チ，ツ，テ，ト}
　　　n 一群　 {ナ，ニ，ヌ，ネ，ノ}
　　　h 一群　 {ハ，ヒ，フ，ヘ，ホ}
　　　m 一群　 {マ，ミ，ム，メ，モ}
　　　y 一群　 {ヤ，イ，ユ，エ，ヨ}
　　　r 一群　 {ラ，リ，ル，レ，ロ}
　　　w 一群　 {ワ，ヰ，ウ，ヱ，ヲ}

となり，つぎには観点をかえて，母音の共通性によって分類すると，

　　　a 一群 {ア，カ，サ，タ，ナ，ハ，マ，ヤ，ラ，ワ}
　　　i 一群 {イ，キ，シ，チ，ニ，ヒ，ミ，イ，リ，ヰ}
　　　u 一群 {ウ，ク，ス，ツ，ヌ，フ，ム，ユ，ル，ウ}
　　　e 一群 {エ，ケ，セ，テ，ネ，ヘ，メ，エ，レ，ヱ}
　　　o 一群 {オ，コ，ソ，ト，ノ，ホ，モ，ヨ，ロ，ヲ}

となる。このように五十音の集合Cを二つの異なる側面から分類すると，その結果は前に述べたような表ができると考えてもよい。図示すると，実線による分類と，点線による分類とを二つ同時に行なうと──図❶，上のような表ができるわけである。

このように，二つの集合A，Bの直積をつくったり，また逆に，一つの集合を二つの集合の直積に分解することは非常に広く行なわれている考え方である。

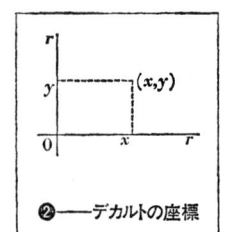

たとえば，デカルトの座標というのも，結局はそれである。r を実数の集合，すなわち，直線上の点の集合とし，二つの r から x，y という二つの要素をとりだし，(x, y) の組をつくると，平面上の点となる，ということである。つまり，

$$平面＝直線×直線$$

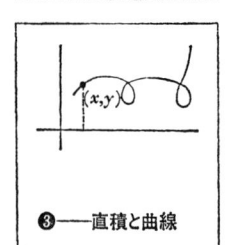

という分解が可能であることを発見したのがデカルトであったのである。だから，平面は記号的には $r×r$ である，といえる——図❷。

まったく同じように，3次元の空間は三つの直線の直積と考えてよい。

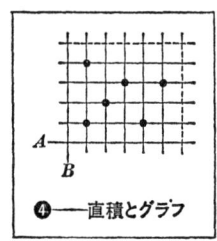

$$r×r×r$$

❷——デカルトの座標

❸——直積と曲線

❹——直積とグラフ

❹——直積と関係

$r×r$，つまり，平面の上にある曲線があるとき，その曲線上の点 (x, y) は，もちろん，直積 $r×r$ の一つの要素であるから，図❸のような曲線 K は $r×r$ の部分集合である。

$$K \subset r×r$$

つまり，グラフ K というようなものは直積の部分集合である。

このことをもっと一般化してみよう。二つの集合 A，B の直積 $A×B$ の部分集合 G を広い意味のグラフと考えるのである——図❹。

$$G \subset A×B$$

ここで，G に属している (a, b) に対しては一つの関係 R が成立しているといい，

$$aRb$$

とかき，反対に (a, b) が G に属していないときは，a は b に対して R の関係をもたないということにして，

$$a\bar{R}b$$

とかくことにする。そうすると，G によって関係 R が定まることになった。

前節のはじめにあげた四国地方の県の集合で，"……は……と境を接し

ている"という関係をRで表わすと，Rから

$$M = \{香川, 徳島, 愛媛, 高知\}$$

という集合どうしの直積 $M \times M$ のなかの部分集合Gが定まる。

$$G \subset M \times M$$

だから，RからGが定まり，逆に，GからRが定まる，ということがいえる。

A，Bを二つの学校の柔道のチームであるとする。A，Bが試合をして，aがbに勝ったという関係をaRbで表わすと，その試合の結果を図❺のようなグラフで表わすことができる。

また，A，Bをそれぞれ四人ずつの男女の集合とし，ダンス・パーティでいっしょに踊った，という関係をRとすると，図❻のようなグラフができるだろう。

また，Aは学生の集合，Bは数学・英語……などの科目の集合とする。このとき，"AはBの科目に合格した"という関係をRとすると，図❼のようなグラフが得られる。

また，Aを英語の単語の集合，Bを日本語の単語の集合とし，"aの意味はbである"という関係を与えるのが字引きの役割である。この関係をRとすると，このRはまた$A \times B$のグラフで表わされる。この一部をかくと，図❽のようになるだろう。このようにして，一つの字引きとしての役割をもっている。字と字との対応を与えているのが字引きだからである。このばあいは英和字典である。

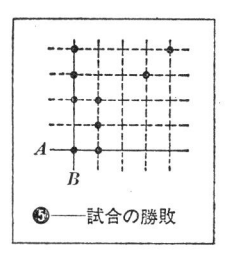

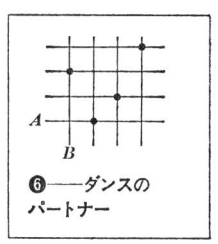

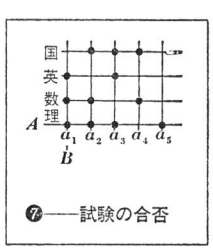

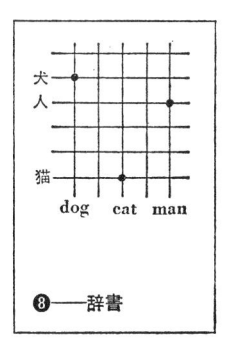

❺——試合の勝敗

❻——ダンスのパートナー

❼——試験の合否

❽——辞書

● ——関係の連結

Aがドイツ語，Bが英語，Cが日本語の単語の集合であるとする。いま，独英字典と英和字典を使ってドイツ語の意味を知りたかったら，

$$独 \longrightarrow 英 \longrightarrow 和$$

⑨——関係の連結

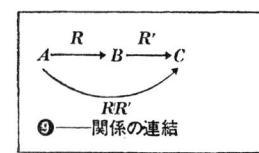

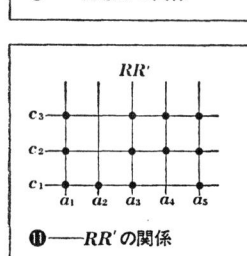

⑩——RとR'の関係

⑪——RR'の関係

という順に字典を利用すればよい。このように二つの字典を使って意味を知る手続きに当たるのが関係の連結である。

$$\text{Hund} \longrightarrow \text{dog} \longrightarrow 犬$$

A, B, C の要素をそれぞれ a, b, c とするとき，

$$aRb \quad bR'c$$

のとき，

$$aR''c$$

となるような関係を $RR'=R''$ で表わすことにする——図⑨。そのとき，R, R' が図⑩のようなグラフで表わされているとき，RR' を求めると，つぎのようになる。

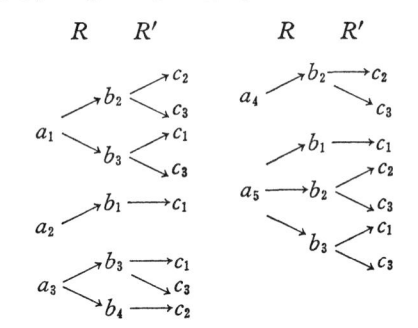

RR' を整理すると，つぎのようになる。

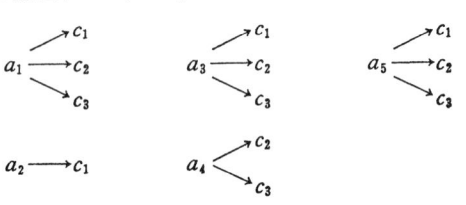

これから RR' を求めると，図⑪になる。

問い・1——つぎの二組の関係を連結せよ——図⑫。
問い・2——同じく，つぎのような関係を連結せよ——図⑬。

● ── 2項関係

四国地方の県の関係では，
　　$M = \{香川，徳島，愛媛，高知\}$
という集合の要素どうしのあいだの関係である。だから，
　　$M \times M$
という直積の部分集合となった。
二つの異なった言語，たとえば，英語と日本語のあいだの橋渡しをする英和辞典は，
　　{英語の 単語の集合}×{日本語の 単語の集合}
の部分集合であった。これに対して，たとえば，『言海』のように日本語で日本語を引く字引きは，
　　{日本語の 単語の 集合}×{日本語の単語の集合}
という直積の部分集合を与えることになる。このように同じ集合の直積の部分集合としての関係をこれから考えていくことにしよう。
たとえば，曜日の集合，
　　$M = \{日，月，火，水，木，金，土\}$
で，"aのつぎにはbがくる"という関係を，
　　aRb
で表わすことにしよう。この関係をグラフで表わすと，図⓮になる。

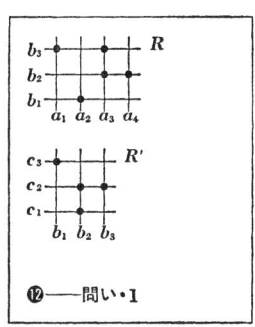

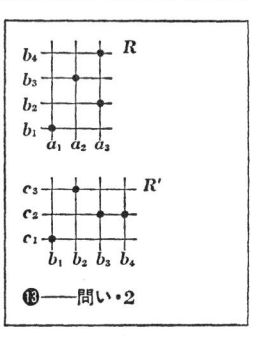

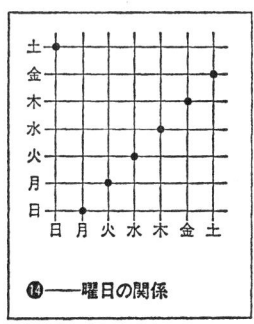

⓬ ── 問い・1

⓭ ── 問い・2

⓮ ── 曜日の関係

問い ── {ヘビ，カエル，ナメクジ}の集合に"aがbに勝つ"を aRb で表わすとき，この関係をグラフで表わせ。

このように，二つの要素のあいだに成立する関係を2項関係という。

●——関係の逆

集合$M = \{a, b, c, \cdots\cdots\}$
の上の2項関係Rがあるとする。このとき，Sという関係をつぎのように定義する。
「もし aRb のとき，bSa となり，また，$a\bar{R}b$ のとき，$b\bar{S}a$ となるものとする」
このようなとき，グラフはつぎのようになる——図⓯。つまり，グラフで表わすと，RのグラフとSのグラフは対角線に対して対称である。このようなSをRの逆といい，R^{-1}で表わす。

⓯——関係の逆

問い・1——曜日の集合の上の2項関係，〝aのつぎにbがくる〟という関係Rと，〝aはbの前日である〟という関係Sをグラフにかき，SはRの逆R^{-1}であることをたしかめよ。

問い・2——1から5までの数の集合
$$M = \{1, 2, 3, 4, 5\}$$
の上に〝aはbより大きい〟という関係をRとし，〝aはbより小さい〟という関係をSとし，この二つをグラフにかき，そのグラフを見て，SはRの逆R^{-1}であることを示せ。

問い・3——つぎは六つの野球チームの勝敗の表である——図⓰。タテがヨコに勝った数である。このとき，〝aはbに勝ち越している〟を aRb で表わしたとき，このRをグラフで表わせ。また，〝aはbに敗け越している〟をSで表わすとき，このSをグラフで表わせ。

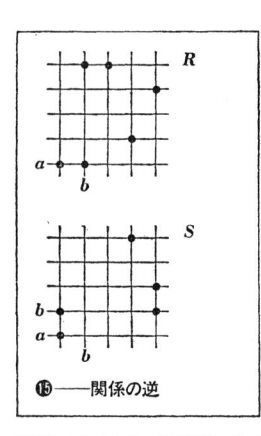

W	2	3	3	3	7
T	4	3	2	5		4
A	4	2	3		3	7
C	5	4		5	4	5
D	2		5	8	8	3
G		6	3	5	4	9
	G	D	C	A	T	W

⓰——問い・3

●——関係の結び

同じ集合$M = \{a, b, c, \cdots\cdots\}$の上に二つの2項関係$R$，$S$があるとき，このような$R$，$S$から新しい関係をつぎのように定義する。
aRb，もしくは aSb のとき，また，そのときのみ aQb となるとき，このようなQをRとSの結びと名づけ，
$$R \cup S = Q$$

となり，すなわち，
"c は a の叔父である"，
あるいは，
"a は c の甥もしくは姪である"
ということになる。このように R と S を連結した関係を，

$$R \circ S$$

で表わし，R と S の結合(composition)という。上の例では図㉒になる。

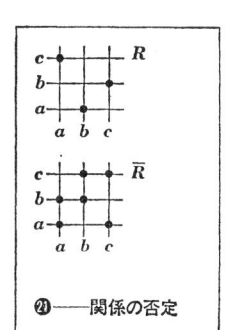

問い・1── R, S が図㉓のグラフで表わされるとき，$R \circ S$ のグラフをもとめよ。

問い・2──"a は b の兄弟である"を，aRb で表わし，"b は c と夫婦である"を，bSc で表わすと，$R \circ S$ はどのような関係を表わすか。

問い・3── M を平面上の点の集合とし，"a は b の 1cm 左側にある"を，aRb で表わし，"b は c の 1cm 上方にある"を bSc で表わすと，$R \circ S$ はどのような関係を表わすか。

問い・4──つぎの等式を証明せよ。

$$(R \circ S)^{-1} = S^{-1} \circ R^{-1}$$
$$(R \cup S) \circ T = (R \circ T) \cup (S \circ T)$$
$$(R \circ S) \circ T = R \circ (S \circ T)$$
$$(R \cap S) \circ T = (R \circ T) \cap (S \circ T)$$

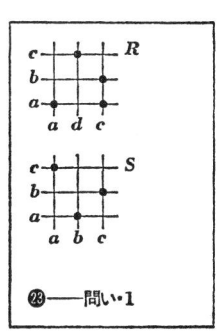

● ──関係の内含

M を自然数の集合とする。

$$M = \{1, 2, 3, \cdots\cdots\}$$

ここで，"a のつぎの数は b である"を aRb で表わし，"a より b は大きい"を aSb で表わすと，aRb から aSb がかならず結果する。しかし，aSb から aRb がでてくるとは限らない。記号的には，

$$aRb \longrightarrow aSb$$

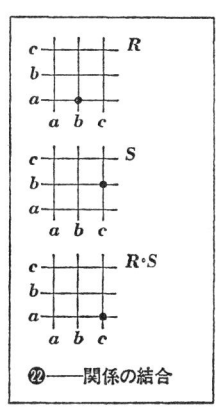

$R \cap S$

で表わされるわけである。

問い・1——R, S がつぎのグラフで表わされるとき——図⑳, $R \cap S$ をグラフで表わせ。

以上の例からもわかるように, R, S のグラフは $M \times M$ の部分集合であるが, $R \cap S$ のグラフはその共通部分である。だから, $R \cap S$ をこう表わすことは自然であろう。

問い・2——つぎの等式を証明せよ。

$$(R \cup S)^{-1}=R^{-1} \cup S^{-1} \quad (R \cap S)^{-1}=R^{-1} \cap S^{-1} \quad (R^{-1})^{-1}=R$$

●——関係の否定

R という関係があり, $a\bar{R}b$ のとき, また, そのときだけ aQb となるような2項関係 Q を $\bar{R}$ で表わすと, $\bar{R}$ のグラフは $M \times M$ における R のグラフの補集合になる。記号的には,

$$\bar{R}=M \times M - R$$

とかくことができる。

例——$M=\{a, b, c\}$ の上の R が図㉑ の上のグラフで表わされたとき, $\bar{R}$ は下のグラフで表わされる。

問い——つぎの等式を証明せよ。

$$(\bar{R})^{-1}=\overline{(R^{-1})} \quad \overline{R \cup S}=\bar{R} \cap \bar{S} \quad \overline{R \cap S}=\bar{R} \cup \bar{S}$$

●——関係の結合

$$M=\{a, b, c, \cdots\cdots\}$$

を何人かの人の集合とし, この M の上につぎのような二つの2項関係 R, S を定義するものとする。"a は b の子である"を aRb で表わし, "c は b の兄弟である"を, bSc で表わすときには, a と c との関係はつぎのように表わされる。

"a は b の子であり, しかも, c は b の兄弟である"

とかく。これをグラフで表わしてみよう。

$M=\{a, b, c, d\}$

を四人の人の集合とする。このとき、"a は b の友人である"を aRb で表わし、"a は b の先輩である"を aSb で表わすとき、$R \cup S$ は、"a は b の友人もしくは先輩である"という関係になる。たとえば、R と S とがそれぞれつぎのようなグラフで表わされるものとする――図⓱。このとき、$R \cup S$ は二つの点を合併したものとなる――図⓲。つまり、R, S は $M \times M$ の部分集合であるが、$R \cap S$ はそれらの集合の合併である。

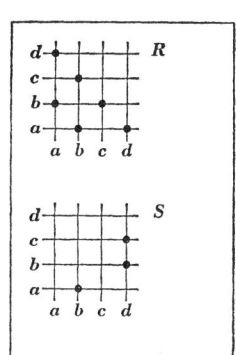

⓱――RとSの関係

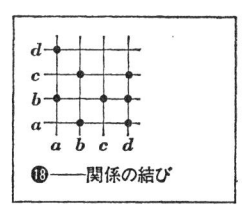

⓲――関係の結び

● ―― 関係の交わり

つぎに二つの2項関係 R, S の交わりについてのべよう。

上の例で、aRb であって、同時に、aSb となるとき、また、そのときだけ、aPb となるものとする。これを、

$R \cap S = P$

で表わす――図⓳。

⓳――関係の交わり

つまり、上の例だと、"a は b の友人であり、同時に先輩である"という関係を

$R \cap S$

で表わす。

五人の子どもの集合をMとする。

$M = \{茂, 武, 守, 誠, 健\}$

ここで、"a は b より年上である"を

aRb

で表わし、"a は b より身長が高い"を

aSb

で表わすとき、"a は b より年上で、同時に身長が高い"は、

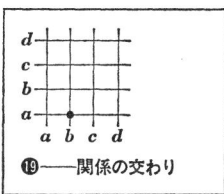

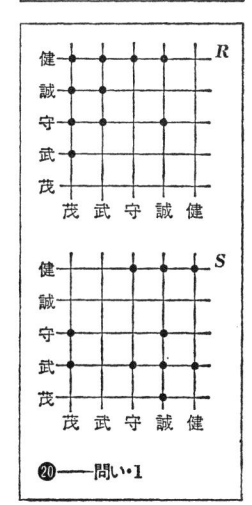

⓴――問い・1

Ⅵ―現代数学への道 2

がでてくる。このようなとき，
$$R \subseteq S$$
とかく。しかも，とくに $R \supseteq S$ とはならないとき，
$$R \subset S$$
とかくことにする。グラフで考えると，$M \times M$ の部分集合 R は S にふくまれているわけである。$R \subset S$ だから，この記号は自然である。

問い——つぎの等式を証明せよ。
①——$R \subseteq S$ から $R^{-1} \subseteq S^{-1}$ が結果する。すなわち，
$$R \subseteq S \longrightarrow R^{-1} \subseteq S^{-1}$$
②——$R \subseteq S \longrightarrow R \circ T \subseteq S \circ T$

さまざまな関係

●——反射的な関係

2項関係のなかで，たとえば，"数 a は数 b より大きくない"という関係は，式では $a \leqq b$ とかけるが，この関係は $a \leqq a$ に対しても成立する。つまり，すべての a に対して，

  aRa

が成り立つわけである。このような2項関係を"**反射的**(reflexive)である"という。たとえば，
"図形 a と図形 b は相似である"
"a は b の家族の一員である"
…………

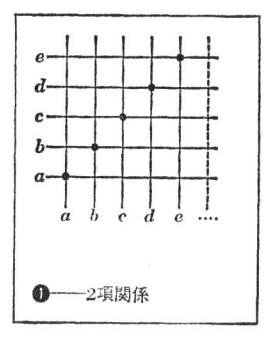

などは反射的な関係である。しかし，つぎの2項関係は反射的ではない。
"直線 a は直線 b と垂直である"
"数 a は数 b の逆数である"
…………

反射的ということをグラフで考えると，どうなっているだろうか。R が集合 $M=\{a, b, c, \cdots\cdots\}$ の上で定義された反射的な2項関係であれば，$(a, a)(b, b)(c, c)\cdots\cdots$ という点はすべてそのグラフに属しているはずである——図❶。グラフでは，このような点は左下から右上にのびている対角線上にある。このような集合を対角線集合といい，

  $\mathit{\Delta}_M$

❶——2項関係

で表わすことにする。対角線は diagonal であり，その頭文字のdはギリシア文字の Δ に当たるからである。だから，そのグラフRは対角線集合 Δ_M をふくむわけである。たとえば，

$M = \{1, 2, 3, 4\}$

の上で，"aはbより大きくない"という2項関係Rをグラフにかくと，つぎのようになる——図❷。そして，このRは反射的であって，対角線集合をふくんでいることがわかる。

問い——つぎの2項関係のなかで反射的なのはどれか。
①——平面上の直線aは直線bと垂直である。
②——数aは数bの逆数である。
③——三角形 ABC は三角形 A′B′C′ と相似である。

●——対称的な関係

つぎに，"aはbに対してRの関係にある"ということから，aとbを入れかえた"bはaに対してRの関係にある"がかならず成り立つとき，Rという関係は"**対称的**(symmetric)である"という。式でかくと，aRb から bRa がかならずでてくるばあいである。

たとえば，"aはbの逆数である"という関係があれば，"bはaの逆数である"がかならず成り立つから，逆数という関係は対称的である。また，"a県とb県は境を接している"という関係も，やはり，対称的である。なぜなら，そのときはかならず"b県はa県と境を接している"が成り立つからである。

対称的な関係をグラフでかくと，どのようになっているだろうか。

aRb

のときにはグラフ上の点(a, b)には黒点がついているが，そのときは，

bRa

であるから，(b, a)という点も，そのグラフの上にある。つまり，対角線に対して(a, b)と対称の位置にある点はグラフの上にある。つまり，グラフRと対称なグラフ R^{-1} はRと一致する。

$R^{-1} = R$

前々節「集合から構造へ」の四国のグラフ——図❸——などはそのような例

の一つである。

問い——つぎの関係で対称的なものはどれか？
①——数 a は数 b の反数（符号をかえた数）である。
②——複素数 a は複素数 b の共軛数である。
③—— a は b の兄弟である。
④—— a は b の友人である。
⑤—— a は b の子孫である。
⑥—— a は b の弟子である。
⑦—— a は b の約数である。
⑧——命題 a は命題 b の否定である。

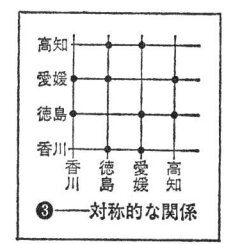

❷——反射的な関係

❸——対称的な関係

●——推移的な関係
"数 a は数 b より小さい"という関係を考えてみよう。これを通常の約束によって，
$$a < b$$
で表わす。このとき，さらに"数 b は数 c より小さい"という関係があるものとする。
$$b < c$$
その二つから，
$$a < c$$
が結果する。一般的に関係 R に対して二つの条件，aRb, bRc から，
$$aRc$$
が結果するとき，このような関係 R を"推移的(transitive)である"という。これは R と R とを連結した関係 $R \circ R$ が R のなかに含まれる，ということであるから，
$$R \circ R \subseteq R$$
という式で表わすことができる。

❹——推移的な関係

グラフについていうと，つぎのようになっている。(a, b) と (b, c) が R に属するとき，(a, c) も R に属する，という条件であるから，図❹のような形になっている。このような条件を満足する関係が推移的である。たとえば，"整数 a は整数 b の約数である""a は b の子孫である"など

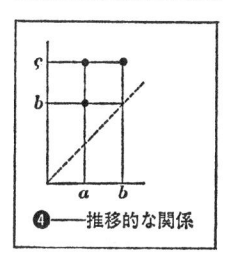

は推移的な関係である。

問い――つぎの関係のなかから推移的なものをえらび出せ。
①――整数aは整数bの倍数である。
②――直線aは直線bと垂直である。
③――aはbの先輩である。
④――aはbの友人である。
⑤――集合aは集合bの部分集合である。
⑥――三角形ABCは三角形$A'B'C'$と相似である。
⑦――直線aと直線bは平行である。
⑧――変数xと変数yは正比例する。
⑨――変数xは変数yの関数である。
⑩――aはbの逆数である。

以上で反射的・対称的・推移的な関係についてのべたが，つぎに，これら三つの条件をすべて満足する関係についてのべよう。

●――同値律
たとえば，〝図形aは図形bと相似である〟という関係を，
$$a\backsim b$$
で表わすと，aはa自身と相似であるから，
$$a\backsim a$$
となる。つまり，$\backsim$という関係は反射的である。
つぎに，$a\backsim b$ ならば，つまり，aがbと相似ならば，bはaと相似になる。つまり，
$$b\backsim a$$
となる。すなわち，$\backsim$は対称的である。
さらに，$a\backsim b$ であって，さらに$b\backsim c$ ならば，つまり，aがbと相似で，bがcと相似なら，aはcと相似になる――図❺。つまり，
$$a\backsim c$$
である。すなわち，$\backsim$は推移的である。
$\backsim$のように反射的であり，対称的であり，かつ推移的であるような関係

を同値関係(equivalence)という。また，反射・対称・推移の三つの条件を一つにまとめて同値律という。

たとえば，"aはbの兄弟である"という関係は同値関係である。ただし，このさいは普通の言い方を少し修正して，"aは自分自身と兄弟である"ということにしておかないと反射的ではない。また，"aはbと同窓である"も，やはり，そうである。

問い——つぎの関係のなかで同値関係はどれか。
① ——a国はb国と陸続きである。
② ——aはbの友人である。
③ ——直線aは直線bと平行である。
④ ——集合aと集合bとは1対1対応がつけられる。
⑤ ——$a \leqq b$
⑥ ——$a \perp b$ (垂直)

● ——合同

同値関係のなかで，とくに重要なのはガウス(1777—1855年)がはじめに導入した合同(congruence)である。正の整数nを固定したとき，二つの整数a, bの差$a-b$がnで割り切れるとき，"aはnを法として(module n) bと合同(congruent)である"といい，

$$a \equiv b \pmod{n}$$

とかく。この関係は明らかに同値関係である。$a-a=0$は，もちろん，nで割り切れるから，

$$a \equiv a \pmod{n}$$

である。つまり，反射的である。

また，$a \equiv b \pmod{n}$のときは，$a-b$がnで割り切れる。このときは$b-a$が，やはり，nで割り切れる。したがって，

$$b \equiv a \pmod{n}。$$

つまり，対称的である。

また，$a \equiv b \pmod{n}$, $b \equiv c \pmod{n}$のときは，$a-b$と$b-c$とがnで割り切れる。だから，

$$a-c=(a-b)+(b-c)$$
は n で割り切れる。したがって，
$$a\equiv c \pmod{n}$$
となる。すなわち，推移的である。

とくに $n=2$ のときは，
$$\cdots\equiv-2\equiv0\equiv2\equiv4\equiv\cdots \pmod{n}$$
$$\cdots\equiv-1\equiv1\equiv3\equiv5\equiv\cdots \pmod{2},$$
つまり，偶数どうし，奇数どうしは mod 2 に対して合同である。

また，$n=3$ のときは，
$$\cdots\equiv-3\equiv0\equiv3\equiv6\equiv\cdots \pmod{3}$$
$$\cdots\equiv-2\equiv1\equiv4\equiv7\equiv\cdots \pmod{3}$$
$$\cdots\equiv-1\equiv2\equiv5\equiv8\equiv\cdots \pmod{3}_{\circ}$$

また，$n=7$ のときは，
$$\cdots\equiv-7\equiv0\equiv7\equiv14\equiv\cdots \pmod{7}$$
$$\cdots\equiv-6\equiv1\equiv8\equiv15\equiv\cdots \pmod{7}$$
$$\cdots\equiv-5\equiv2\equiv9\equiv16\equiv\cdots \pmod{7}$$
$$\cdots\equiv-4\equiv3\equiv10\equiv17\equiv\cdots \pmod{7}$$
$$\cdots\equiv-3\equiv4\equiv11\equiv18\equiv\cdots \pmod{7}$$
$$\cdots\equiv-2\equiv5\equiv12\equiv19\equiv\cdots \pmod{7}$$
$$\cdots\equiv-1\equiv6\equiv13\equiv20\equiv\cdots \pmod{7}_{\circ}$$

以上の例からもわかるように，差が n の倍数になっているような数はすべて合同である。

●──類別

集合 M の上に同値関係 R が定義されているとする。このとき，まず M の中の任意の要素 a をえらぶ。
$$a\in M \quad (a は M に属する)$$
このとき，a と同値なすべての要素 x の集まりを $K(a)$ で表わす。つまり，
$$K(a)=\{x\mid xRa\}$$
で定義された $K(a)$ をつくる。反射性から，aRa で，
$$a\in K(a),$$

もし$K(a)$と$K(b)$が共通の要素cをもつとしたら，
 $c \in K(a) \cap K(b)$。
$K(a)$に属する任意の要素をa'とする。定義によって，
 $a'Ra$。
$c \in K(a)$であるから，
 cRa，
対称性によって，
 aRc，
$c \in K(b)$から
 cRb。
したがって，推移性によって，
 aRb
 $a'Rb$。
したがって，
 $a' \in K(b)$
 $K(a) \subset K(b)$。
まったく同様に，
 $K(b) \subset K(a)$。
したがって，
 $K(a) = K(b)$。

つまり，$K(a)$と$K(b)$が共通部分をもてば，二つは一致する。だから，Mのなかに$K(a)$をつくって，$M = K(a)$でなかったら，$K(a)$に属さないbをえらび，$K(b)$をつくると，$K(b)$は$K(a)$と共通部分を有しない。$K(a) \cup K(b)$に属さない要素cがあれば，$K(c)$をつくる。このようにつづけていくと，
 $K(a)$, $K(b)$, $K(c)$, ……
がつくられ，それらは共通部分を有しないMの部分集合である。
 $M = K(a) \cup K(b) \cup K(c) \cup \cdots\cdots$
このように，Mを共通部分をもたない部分集合に分解することができる。このような部分集合を類(class)という。そして，集合を類に分割するこ

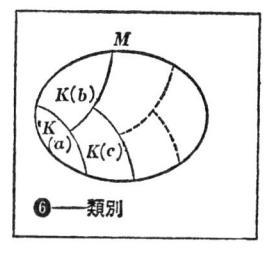

曜日	木	金	土	日	月	火	水
余り	1	2	3	4	5	6	0

❼——剰余類

とを類別(classification)という——図❻。そのときの一つ一つの類は，その中の要素と同値な要素の集合である。

$\bmod n$ によって分類すると，その一つを剰余類という。$n=2$ のときは，

$\{\cdots\cdots,\ -3,\ -1,\ 1,\ 3,\ 5,\ \cdots\cdots\}$

$\{\cdots\cdots,\ -4,\ -2,\ 0,\ 2,\ 4,\ \cdots\cdots\}$

という二つの類になる。これは奇数と偶数の類になる。

$n=7$ のときは類は7個である。同じ類の数は7で割ったときの剰余が同じになる。n で割ったときの余りが，0, 1, 2, 3, 4, 5, 6 となるのが類となる。

週日は，結局，$\bmod 7$ による剰余類であり，同じ類に属する日には同じ曜日の名がつけられている——図❼。1966年の元日は木曜日なので，元日から数えて x 日目は，7 で割ったとき，1 が余るのはすべて木曜日である。

半順序系と束

● ── 推移律と半順序系

同値関係は反射的・対称的・推移的という三つの条件を満足する関係であるが，このなかで，推移的という条件だけを満足する関係がある。

たとえば，12の約数全体の集合があるとき，この要素のあいだに〝aはbの約数である〟という関係を導入して，それを，

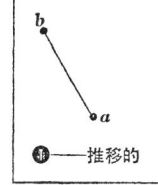

$$a/b$$

とかくことにする。もちろん，a/b であり，b/c のとき，a/c であるから，もちろん，推移的となる。このとき，aをbより下にかいて，棒でつないでみる──図❶。そのとき，つぎのような図ができる──図❷。

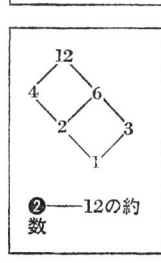

❶ ── 推移的

❷ ── 12の約数

問い ── 30, 60の約数について同じような図をつくれ。

以上の例において，a/b であり，かつ b/a のとき，$a=b$ となる。このような2項的関係の定義された集合を半順序系という。このような関係を $a \leqq b$ とかく。 $a \leqq b$ であって $a \neq b$ のときは，

$$a < b$$

とかくことにする。

以上の定義をまとめると，つぎのようになる。

Ⅵ──現代数学への道 2

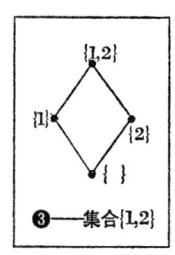

半順序系の定義――

①――集合 $P=\{a, b, c, \cdots\cdots\}$ がある。
②――P のある二つの要素 a, b のあいだに，$a \leq b$ で表わされる 2 項関係が定義されている。
③――$a \leq b$，$b \leq c$ のとき，$a \leq c$。
④――$a \leq b$，$b \leq a$ のときは，$a = b$。

このとき，P を半順序系という。

注意――P のなかの"任意"の二つの要素 a，b に対して，$a \leq b$ か $b \leq a$ かが定義されているのではない。P のなかの"ある"二つの要素である。たとえば，2 と 3 に対しては，2/3 にもならないし，3/2にもならない。

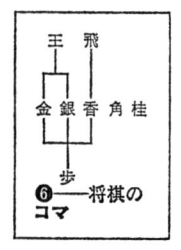

❸――集合{1,2}

❹――家系図

❺――将棋のコマ

●――いろいろの実例

例1――集合 {1, 2} のすべての部分集合をあげ，それらのあいだに，"集合 A は集合 B にふくまれる"という関係を，$A \subset B$ で表わし，この関係によって半順序系がつくられることを示せ。

解――{1, 2} のすべての部分集合の集合は，{{1, 2}, {1}, {2}, { }} である。ただし，{ } は空集合である。これらのあいだに $\subset$ の関係を図示すると，図❸のようになる。

例2――ある人間の集合に，"a は b の子孫である"という関係を $a \leq b$ で表わすと，家系図ができる。たとえば，図❹のような徳川家の家系図は半順序系である。

例3――いくつかの要素をもつ集合をいくつかの部分集合に分割すること，すなわち，類別するしかたはたくさんある。たとえば，1, 2 からできている集合 {1, 2} の分割のしかたはつぎのように 2 種類ある。

   (1, 2) (1)+(2)

また，集合 {1, 2, 3} ではつぎのように 5 種類ある。

   (1, 2, 3) (1, 2)+(3) (2, 3)+(1) (1, 3)+(2)
   (1)+(2)+(3)

これらの分割のしかたで，一方が他方の細分になっているときは，そこに一つの順序を考えることにする。

たとえば，(1, 2)+(3) は (1, 2, 3) の細分に当たっているから，

 (1, 2)+(3)＜(1, 2, 3)

という順序を考える。このような順序を導入すると，一つの半順序系がつくられる。それを図で表わすと，図❺のようになる。

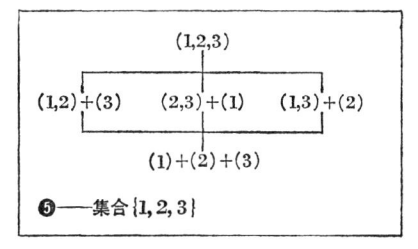

```
              (1,2,3)
     ┌──────────┼──────────┐
  (1,2)+(3)  (2,3)+(1)  (1,3)+(2)
     └──────────┼──────────┘
            (1)+(2)+(3)
```

❺──集合 {1, 2, 3}

問い──集合 {1, 2, 3, 4} の分割のしかたはいくつあるか。そして，そのつくる半順序系を図示せよ。

例4──将棋のコマの強弱によってつくられる半順序系を図示せよ──図❻。

●──束

半順序系のなかで，ある特別な条件を満足するものに束がある。束という術語は Verband というドイツ語の訳である。それは"束ねたもの"というような意味である。英語は Lattice だが，これには束ねるという意味はない。

半順序系のなかの任意の二つの要素 a, b に対して，その双方より大きな要素がかならず存在し，しかも，そのなかで最小のものが常に存在するとき，それを a, b の結び(join)といい，$a \cup b$ で表わす。つまり，

 $a \leqq x$ $b \leqq x$

なる x が存在し，このような x は，

 $a \cup b \leqq x$

となるのである。

また，上の条件で大小の順序を逆にしてみよう。半順序系の任意の二つの要素 a, b に対して，

 $x \leqq a$ $x \leqq b$

となる要素 x が存在し，このような x の最大のものが一つだけかならず存在するとき，それを a, b の交わり(meet)といい，$a \cap b$ で表わす。つまり，

 $x \leqq a$ $x \leqq b$

なる x に対しては,
$$x \leqq a \cap b$$
が成り立つのである。このように任意の a, b に対して $a \cup b$ と $a \cap b$ が常に存在するとき，その半順序系を束と名づけるのである。

たとえば，例4における将棋のコマの強弱のつくる半順序系は束ではない。たとえば，金と香の結び"金∪香"は存在しないのである。また，銀と桂に対しては，"銀∪桂"も"銀∩桂"も存在しない。だから，この半順序系は束ではない。

たとえば，ある自然数 n の約数全体の集合に"a は b を割り切る"という関係を $a \leqq b$ で表わすと，半順序系になる。そのとき，$a \cup b$ は $a \leqq x$, $b \leqq x$ なる x，つまり，a, b の公倍数のなかでもっとも小さい数，つまり，最小公倍数が存在する。つまり，$a \cup b$ が存在する。

また，$x \leqq a$, $x \leqq b$ なる x，つまり，a, b の公約数のなかで，最大のもの，つまり，最大公約数が存在する。これが $a \cap b$ である。

たとえば，$n=18$ のとき，その約数の集合は，
$$\{1, 2, 3, 6, 9, 18\}$$
である。このときの結びと交わりを表にすると，図❼のようになる。つまり，この半順序系は束である。

例5──つぎのような集合，
$$M=\{p_1, p_2, p_3, p_4, p_5, p_6, p_7\}$$
があり，このおのおのを"点"と名づける。そして，つぎのような3点から成る部分集合を"直線"と名づける。

$l_1=\{p_2, p_3, p_4\}$ $l_2=\{p_1, p_3, p_5\}$ $l_3=\{p_1, p_2, p_6\}$
$l_4=\{p_1, p_4, p_7\}$ $l_5=\{p_2, p_5, p_7\}$ $l_6=\{p_3, p_6, p_7\}$
$l_7=\{p_4, p_5, p_6\}$

そして，
$$M=\{p_1, p_2, p_3, p_4, p_5, p_6, p_7\}$$
を"平面"と名づける。

ここで，たとえば，$p_1 \cup p_2$ は p_1, p_2 を通る直線であるから，上の表からみると，
$$p_1 \cup p_2 = l_3 \qquad p_1 \cup p_3 = l_2 \qquad \cdots\cdots$$

になる。∪の表をつくると，図❽のようになる。

つぎに直線と直線の交わりは，たとえば，l_1 と l_2 の共通点は，表によると，p_3 である。

$$l_1 \cap l_2 = p_3 \qquad l_1 \cap l_3 = p_2 \quad \cdots\cdots$$

となる。

問い——7個の直線の交わりの表をつくれ。
問い——集合 $M=\{1, 2, 3\}$ のすべての部分集合をあげ，そのあいだの結びと交わりの表をつくれ。

∪	1	2	3	6	9	18
1	1	2	3	6	9	18
2	2	2	6	6	18	18
3	3	6	3	6	9	18
6	6	6	6	6	18	18
9	9	18	9	18	9	18
18	18	18	18	18	18	18

∩	1	2	3	6	9	18
1	1	1	1	1	1	1
2	1	2	1	2	1	2
3	1	1	3	3	3	3
6	1	2	3	6	3	6
9	1	1	3	3	9	9
18	1	2	3	6	9	18

❼——結びと交わり

●——代数系としての束

ある集合Mがあって，そのMの任意の二つの要素 a, b の組 (a, b) に対して一定の方法でMの要素 c が対応づけられているとき，すなわち，

$$\varphi(a, b) = c$$

という2変数の関数 $\varphi(a, b)$ が定義されているとき，そのような構造を代数系とよぶ。

∪	p_1	p_2	p_3	p_4	p_5	p_6	p_7
p_1	p_1	l_3	l_2	l_4	l_2	l_3	l_4
p_2	l_6	p_2	l_1	l_1	l_5	l_3	l_5
p_3	l_2	l_1	p_3	l_1	l_2	l_6	l_6
p_4	l_4	l_1	l_1	p_4	l_7	l_7	l_4
p_5	l_2	l_5	l_2	l_7	p_5	l_7	l_5
p_6	l_3	l_3	l_6	l_7	l_7	p_6	l_6
p_7	l_4	l_5	l_6	l_4	l_5	l_6	p_7

❽——結び

たとえば，Mが自然数全体の集合であるとき，

$$\varphi(a, b) = a+b$$

にとると，このMは＋という結合をもつ代数系である。同じく，束も，

$$\varphi(a, b) = a \cup b \qquad \varphi(a, b) = a \cap b$$

という2重の結合をもつ代数系である。

群・環・束……等はみな代数系であるといえる。

●——束となるための条件

Mという集合に $a \cap b$, $a \cup b$ という二重の結合が定義されているとき，それがある半順序系から導き出される束であるためには，どのような条

Ⅵ—現代数学への道 2

件がなければならないか。そのことを考えてみよう。

まず半順序系からでてきた束であるときは，

$$a \leqq b$$

ならば，定義によって，

$$a \cup a = a \qquad a \cap a = a$$

である。また，a，b の順序には関係しないから，

$$a \cup b = b \cup a \qquad a \cap b = b \cap a$$

となる。つぎに，$(a \cup b) \cup c$ は定義によって，

$$a \cup b \leqq x \qquad c \leqq x$$

となる x，すなわち，$a \leqq x$，$b \leqq x$，$c \leqq x$ となる x のなかの最小のものであるが，これは $a \cup (b \cup c)$ と同じである。だから，

$$(a \cup b) \cup c = a \cup (b \cup c)。$$

同様に，

$$(a \cap b) \cap c = a \cap (b \cap c)$$

となる。

つぎに，定義によって，

$$a \leqq a \cup b,$$

したがって，

$$a = a \cap a \leqq a \cap (a \cup b) \leqq a,$$

したがって，

$$a \cap (a \cup b) = a。$$

同じく，

$$a \cap b \leqq a \qquad a \leqq a \cup (a \cap b) \leqq a \cup a = a。$$

だから，

$$a \cup (a \cap b) = a$$

以上をまとめると，つぎのようになる。

束の条件——

① —— $a \cup a = a$

② —— $a \cap a = a$

③ —— $a \cup b = b \cup a$

④ —— $a \cap b = b \cap a$

⑤——$(a \cup b) \cup c = a \cup (b \cup c)$
⑥——$(a \cap b) \cap c = a \cap (b \cap c)$
⑦——$a \cap (a \cup b) = a$
⑧——$a \cup (a \cap b) = a$

逆に，これだけの条件を満足する代数系から半順序系を導き出すことができる。まず，順序はつぎのように導入する。
$a \cap b = a$ のとき，$a \leqq b$ と定義する。
$a \leqq b$, $b \leqq c$ のときは，$a \cap b = a$, $b \cap c = b$ であるから，
$$a \cap c = (a \cap b) \cap c。$$
⑥によって，
$$= a \cap (b \cap c) = a \cap b = a,$$
$\leqq$ の定義によって，
$$a \leqq c。$$
すなわち，このような $\leqq$ は推移的である。また，$a \leqq b$ なら，
$$b \cup a = b \cup (b \cap a) = b$$
である。逆に，$b \cup a = b$ ならば，
$$a = a \cap (b \cup a) = a \cap b \quad a \cap b = a \cap (b \cup a) = a$$
が得られる。だから，
$$a \cap b = a$$
$$a \cup b = b$$
$$a \leqq b$$
は同じ意味をもっている。
さて，$a \leqq x$, $b \leqq x$ なる x に対しては，
$$(a \cup b) \cup x = a \cup (b \cup x) = a \cup x = x,$$
だから，
$$a \cup b \leqq x。$$
同じく，$x \leqq a$, $x \leqq b$ なる x に対しては，
$$(a \cap b) \cap x = a \cap (b \cap x) = a \cap x = x$$
これから，
$$x \leqq a \cap b$$
が得られた。

VII―現代数学・ミニ用語集

●――″抽象的か具体的か″という区別は，数学ではあまり意味がない。数学そのものが抽象的だからである。むしろ，″自然的か構成的か″という区別のほうがより真相に近い。――243ページ「抽象代数学」

●――高校あたりで行列を徹底的に学ぶことにしたらいい。それは現代数学へ進むための準備となるし，工学や経済学や社会学などに進む人のための適正な手引きとなる。行列は具体から抽象へ進んでいくためのよい媒介となる性質をもっている。――245ページ「線型代数」

●――空間の自己同型が射影変換群であるとき，それによって不変の性質を研究するのが射影幾何学の任務である。また，原子や分子のなかの何らかの対称性を手がかりとして，その性質を探求していくときも，群論が利用される。装飾紋様も対称性をもつ限り，群論が応用できる。――253ページ「群」

ベクトル

ベクトルはいろいろの角度からみることができるが，ここでは量という観点からながめてみよう。

ある物体の性質もしくは状態は量で表わされることが多い。たとえば，ある木片の重さが 500 g，長さが 10 cm，体積が 600 cm^3 ……というようなものである。この重さ・長さ・体積……等の量はその木片の性質を表わす指標である。そこで，

[500 g, 10 cm, 600 cm^3]

という量の一組は，その木片の物理的性質を表示する役割をもっていることになる。

このように，一組とした量のワン・セットを多次元の量とよぶことにする。たとえば，ある生徒の身体検査表で身長・体重・胸囲・座高……等がわかったら，それは，多次元の量といってよいだろう。

[身長, 体重, 胸囲, 座高, ……]

このような多次元の量は現実の世界の至るところに発見できるものであるが，これがベクトルのもとである。

このように n 個の量の一組をベクトルと名づけることにしよう。

$A = [a_1, a_2, a_3, \cdots\cdots, a_n]$

このとき，おのおのの $a_1, a_2, \cdots\cdots, a_n$ はベクトル A の成分という。a_i は i 番目の成分である。成分の数を次元という。

ベクトルは幾何学・物理学・力学等に利用されることが多い。3次元空間の矢線 A を縦・横・高さに分解したものを a_1, a_2, a_3 とすると，

$A = [a_1, a_2, a_3]$

と書くことができる。あるいは x, y, z 軸の方向への正射影を A_x, A_y, A_z とすると，

$A = [A_x, A_y, A_z]$

と書くこともできる。したがって，矢線もまた多次元量の一種と考えてよい。

ベクトルは普通の数と同じように加法・減法が可能である。n 次元のベクトル

$A = [a_1, a_2, \cdots\cdots, a_n]$　　$B = [b_1, b_2, \cdots\cdots, b_n]$

があったとき，その和と差はつぎのようにしてつくられる。

$A + B = [a_1 + b_1, a_2 + b_2, \cdots\cdots, a_n + b_n]$

$A - B = [a_1 - b_1, a_2 - b_2, \cdots\cdots, a_n - b_n]$

つまり，同じ番号の成分どうしの和と差を別々につくって，それを成分とすればよいのである。そして，この加法と減法には数と同じような交換法則・結合法則が成立する。

$$A+B=B+A$$
$$(A+B)+C=A+(B+C)$$

また，数 α とベクトル A の積をつぎのように定義する。

$$\alpha A=[\alpha a_1, \alpha a_2, \cdots\cdots, \alpha a_n]$$

これをスカラー乗法という。

また，同じ次元の二つのベクトル A，B からつくった

$$a_1 b_1 + a_2 b_2 + \cdots\cdots + a_n b_n$$

を (A, B) で表わし，これを**内積**，もしくは**スカラー積**という。

内積は"かけてたす"計算であって，きわめて普遍的な計算法である。たとえば，マーケットに買物にいって，n 種の品物を買って，i 番目のものの単価が a_i，分量が $b_i (i=1, 2, \cdots\cdots, n)$ とすると，その合計金額は，

$$a_1 b_1 + a_2 b_2 + \cdots\cdots + a_n b_n$$

となる。つまり，単価のベクトルと分量のベクトルの内積を計算することにほかならない。

内積にはつぎのような法則が成り立つ。

① ——$(A, B) = (B, A)$
② ——$(A \pm B, C) = (A, C) \pm (B, C)$
③ ——$(\alpha A, B) = \alpha (A, B)$
④ ——$(A, \alpha B) = \alpha (A, B)$

なお，"かけてたす"内積を拡張すると，それは定積分となる。

$$\int_a^b f(x)\,dx$$

このように考えると，ベクトルと内積は数学全体を貫く太い糸であるといってもよい。

追記——教育的には ベクトルを より一般的な多次元量として導入し，その特別なばあいとして矢線をとらえさせたほうが抵抗がなくてよい。それとは逆に，ベクトルを幾何学的な矢線として導入すると，3次元より高い次元のベクトルを理解することは困難となり，不必要な混乱を起こすことが多いのである。

行列

数もしくは量を縦横の二方向に長方形にならべたものを行列という。

$$\begin{bmatrix} a_{11} & a_{12} & \cdots & a_{1n} \\ a_{21} & a_{22} & \cdots & a_{2n} \\ \vdots & \vdots & & \vdots \\ a_{m1} & a_{m2} & \cdots & a_{mn} \end{bmatrix}$$

ここで,横の段を行,縦の柱を列という。

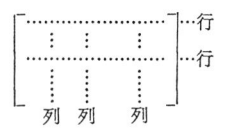

$$\begin{bmatrix} \cdots & \cdots & \cdots \\ \cdots & \cdots & \cdots \end{bmatrix} \begin{matrix} \cdots \text{行} \\ \cdots \text{行} \end{matrix}$$

$\underbrace{}_{\text{列 列 列}}$

"行列"という名は横の行と縦の列とを無雑作につないでつくられた名前で,本来の日本語の感じからはやや離れている。なぜなら,これまでは,"大名行列""買物行列"のように,行列とは直線的なものだったからである。ところが,ここでいう行列は2次元的なものなのである。

行列はベクトルをさらに合わせたものと考えてよい。m行n列の行列はn次元のベクトルを縦にm個重ねたものとしてみてもいいし,

$$\begin{bmatrix} a_{11} & a_{12} & \cdots & a_{1n} \\ a_{21} & a_{22} & \cdots & a_{2n} \\ \vdots & \vdots & & \vdots \\ a_{m1} & a_{m2} & \cdots & a_{mn} \end{bmatrix}$$

また,縦にかいたm次元のベクトル

$$\begin{bmatrix} a_{11} \\ a_{21} \\ \vdots \\ a_{m1} \end{bmatrix} \begin{bmatrix} a_{12} \\ a_{22} \\ \vdots \\ a_{m2} \end{bmatrix} \cdots$$

をn個だけ横にならべたものと考えてもよい。おのおののa_{ik}を行列の要素という。だから,とくに1行n列の行列を考えてみると,$[a_{11}\ a_{12}\ \cdots\ a_{1n}]$となり,不必要な前の添字を省略すると,$[a_1\ a_2\ \cdots\ a_n]$になる。つまり,これは$n$次元のベクトルである。これを行ベクトルという。

また,m行1列のベクトルは,

$$\begin{bmatrix} a_{11} \\ a_{21} \\ \vdots \\ a_{m1} \end{bmatrix}$$

となるが，これも不必要な後の添字の1を省略すると，

$$\begin{bmatrix} a_1 \\ a_2 \\ \vdots \\ a_m \end{bmatrix}$$

となる。これを列ベクトルという。

ベクトルと同じく行列も加えたり，引いたりすることができる。m 行 n 列の同じ寸法の行列

$$A = \begin{bmatrix} a_{11} & a_{12} & \cdots & a_{1n} \\ a_{21} & a_{22} & \cdots & a_{2n} \\ \vdots & \vdots & & \vdots \\ a_{m1} & a_{m2} & \cdots & a_{mn} \end{bmatrix} \quad B = \begin{bmatrix} b_{11} & b_{12} & \cdots & b_{1n} \\ b_{21} & b_{22} & \cdots & b_{2n} \\ \vdots & \vdots & & \vdots \\ b_{m1} & b_{m2} & \cdots & b_{mn} \end{bmatrix}$$

があるとき，同じ位置にある要素をそのまま足したり，引いたりすると，$A+B$，$A-B$ が得られる。

$$A \pm B = \begin{bmatrix} a_{11} \pm b_{11}, & a_{12} \pm b_{12}, & \cdots, & a_{1n} \pm b_{1n} \\ a_{21} \pm b_{21}, & a_{22} \pm b_{22}, & \cdots, & a_{2n} \pm b_{2n} \\ \vdots & \vdots & & \vdots \\ a_{m1} \pm b_{m1}, & a_{m2} \pm b_{m2}, & \cdots, & a_{mn} \pm b_{mn} \end{bmatrix}$$

この加法には数と同じく交換法則と結合法則が成り立つ。

$$A+B=B+A \qquad (A+B)+C=A+(B+C)$$

つぎに乗法であるが，これはつぎのように定義する l 行 m 列の行列 A と，m 行 n 列の行列 B があったとする。

$$A = \begin{bmatrix} a_{11} & a_{12} & \cdots & a_{1m} \\ a_{21} & a_{22} & \cdots & a_{2m} \\ \vdots & \vdots & & \vdots \\ a_{l1} & a_{l2} & \cdots & a_{lm} \end{bmatrix} \quad B = \begin{bmatrix} b_{11} & b_{12} & \cdots & b_{1n} \\ b_{21} & b_{22} & \cdots & b_{2n} \\ \vdots & \vdots & & \vdots \\ b_{m1} & b_{m2} & \cdots & b_{mn} \end{bmatrix}$$

このとき，AB という積をつくるには，A の i 番目の行ベクトル(m 次元)と B の k 番目の列ベクトル(m 次元)の内積をつくり，それを i 行 k 列の要素とする行列をつくるのである。つまり，

$$\sum_{r=1}^{m} a_{ir} b_{rk} \text{ を } AB \text{ の } ik \text{ 要素とする}$$

のである。このようにして定義された行列の乗法には，結合法則

$$(AB)C = A(BC)$$

は成立するが，交換法則 $AB=BA$ は一般には成立しない。たとえば，

$$A = \begin{bmatrix} 1 & 2 \\ 3 & 4 \end{bmatrix} \quad B = \begin{bmatrix} 2 & 3 \\ 4 & 5 \end{bmatrix}$$

では，

$$AB = \begin{bmatrix} 10 & 13 \\ 22 & 29 \end{bmatrix} \quad AB = \begin{bmatrix} 11 & 16 \\ 19 & 28 \end{bmatrix}$$

で明らかに $AB \neq BA$。しかし，分配法則は成り立つ。

$$A(B+C) = AB + AC \qquad (A+B)C = AC + BC$$

行列式

2行2列の行列
$$A = \begin{bmatrix} a_{11} & a_{12} \\ a_{21} & a_{22} \end{bmatrix}$$
を二つの列ベクトル
$$A_1 = \begin{bmatrix} a_{11} \\ a_{21} \end{bmatrix} \quad A_2 = \begin{bmatrix} a_{12} \\ a_{22} \end{bmatrix}$$
からつくられたものとして，この二つのベクトルの矢線を二辺とする平行四辺形の面積を考えてみよう——図❶。これを，
$$|A| = |A_1, A_2| = \begin{vmatrix} a_{11} & a_{12} \\ a_{21} & a_{22} \end{vmatrix}$$
で表わすと，この値は $a_{11}a_{22} - a_{21}a_{12}$ となる。これを行列 A の行列式という。同じく，3次元の空間で考えると，3行3列の行列
$$A = \begin{vmatrix} a_{11} & a_{12} & a_{13} \\ a_{21} & a_{22} & a_{23} \\ a_{31} & a_{32} & a_{33} \end{vmatrix}$$
を三つの列ベクトル
$$A_1 = \begin{bmatrix} a_{11} \\ a_{21} \\ a_{31} \end{bmatrix} \quad A_2 = \begin{bmatrix} a_{12} \\ a_{22} \\ a_{32} \end{bmatrix} \quad A_3 = \begin{bmatrix} a_{13} \\ a_{23} \\ a_{33} \end{bmatrix}$$
を合わせたものと考えて，この矢線 A_1, A_2, A_3 を三辺とする平行六面体の体積を，その行列 A の行列式といい，
$$|A| = |A_1, A_2, A_3| = \begin{vmatrix} a_{11} & a_{12} & a_{13} \\ a_{21} & a_{22} & a_{23} \\ a_{31} & a_{32} & a_{33} \end{vmatrix}$$
で表わす——図❷。この値は，
$$\sum_{i_1, i_2, i_3} \mathrm{sgn} \begin{pmatrix} 1 & 2 & 3 \\ i_1 & i_2 & i_3 \end{pmatrix} a_{i_11} a_{i_22} a_{i_33}$$
である。ここで，
$$\mathrm{sgn} \begin{pmatrix} 1 & 2 & 3 \\ i_1 & i_2 & i_3 \end{pmatrix}$$
は i_1, i_2, i_3 が順列1 2 3から奇数回の互換でうつれたら -1，偶数回の互換でうつれたら $+1$ の値をとるものと定められている。すなわち，

$$\begin{vmatrix} a_{11} & a_{12} & a_{13} \\ a_{21} & a_{22} & a_{23} \\ a_{31} & a_{32} & a_{33} \end{vmatrix} = \sum_{i_1,i_2,i_3} \mathrm{sgn}\begin{pmatrix} 1 & 2 & 3 \\ i_1 & i_2 & i_3 \end{pmatrix} a_{i_11} a_{i_22} a_{i_33}$$

3次元以上の空間には幾何学的直観は利かないから直接,体積を考えることはできない.

しかし,この場合も上の式を n に拡張して,それを逆に体積とみなすことができる.それを n 行 n 列の行列 A の行列式という.

$$\begin{vmatrix} a_{11} & a_{12} & \cdots & a_{1n} \\ a_{21} & a_{22} & \cdots & a_{2n} \\ \vdots & \vdots & & \vdots \\ a_{n1} & a_{n2} & \cdots & a_{nn} \end{vmatrix}$$
$$= \sum_{i_1,i_2,\cdots i_n} \mathrm{sgn}\begin{pmatrix} 1 & 2 & \cdots & n \\ i_1 & i_2 & \cdots & i_n \end{pmatrix} a_{i_11} a_{i_22} \cdots a_{i_nn}$$

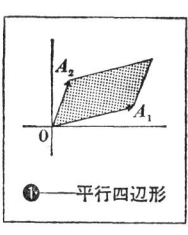

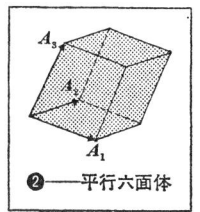

❶——平行四辺形

❷——平行六面体

行列式のもつ著しい性質の一つは行列の乗法に照応して, n 行 n 列の行列 A, B に対して,つぎのような定理が成り立つことである.

$$|A \cdot B| = |A| \cdot |B| \qquad \text{(乗法定理)}$$

つまり,二つの行列の積の行列式はおのおのの行列式の積になるということである.

n 個の列ベクトル $A_1, A_2, \cdots, A_n$ の作る行列式 $|A_1, A_2, \cdots, A_n|$ に対しては,つぎのような法則が成り立つ.

$$|A_1, A_2, \cdots, A_t + A_t', \cdots, A_n|$$
$$= |A_1, A_2, \cdots, A_t, \cdots, A_n| + |A_1, A_2, \cdots, A_t', \cdots, A_n|$$
$$|A_1, A_2, \cdots, \alpha A_t, \cdots, A_n| = \alpha |A_1, A_2, \cdots, A_t, \cdots, A_n|$$
$$|A_1, A_2, \cdots, A_t, \cdots, A_k, \cdots, A_n|$$
$$= -|A_1, A_2, \cdots, A_k, \cdots, A_t, \cdots, A_n|$$

つまり,二つの列を入れかえると,符号が変わる.

追記——これまでの数学教育では,行列が教えられるまえに,行列式が教えられてきた.これは順序が逆で,まず行列が教えられてから,体積としての行列式を教えるべきであろう.

代数

代数は数学の重要な一部門である。しかし，その範囲はかならずしも確定していない。普通は定数の計算だけをやるのが算数もしくは算術で，文字を扱うのが代数であるとされてきた。

これは初学者にとってはわかりやすい分類であるが，これまでの算数にも文字を積極的に利用することはいくらでもできるし，そうなると，算数といわれる分野はますます狭くなってくる。また，数学は全般的にいって文字を使うことが多いので，これまでの幾何学も微分積分学もみな代数学の領分になってしまう。そうなると，文字という手段を使うことで代数を特徴づけることは広すぎて，余り有効ではなくなる。

では，どうするか。

昔は方程式を解く術を代数という学問の定義にした人もあった。ここでいう方程式というのは，ある多項式を0に等しいと置いた方程式のことである。

$$a_0 x^n + a_1 x^{n-1} + \cdots\cdots + a_{n-1} x + a_n = 0$$

いわゆる代数方程式である。

この定義は狭すぎるきらいはあるが，明確な意味をもっている。少なくとも150年ぐらい前までは，代数学の主要な研究題目は代数方程式を解くことであり，その題目をめぐって発展してきたといっても過言ではない。

古代のエジプト人や中国人は1次方程式を問題にしていたし，バビロニア人は2次方程式を知っていた。中世紀のアラビアでは2次方程式の一般解が得られていた。

また，12世紀のペルシアでは，ウマル・ハイヤームが3次方程式を円と放物線の交点を求めることによって解いた。16世紀になると，タルターリア(1500—1557年)やカルダノ(1501—1576年)によって3次方程式が，また，フェラリ(1522—1565年)によって4次方程式が解かれた。このことは必然的に数の範囲を実数から複素数へと拡大する必要を感じさせることになった。

そして，ガウス(1777—1855年)に至って，数を複素数まで拡張しておけば，代数方程式を解くのには十分であることが証明された。今日の言葉でいうと，複素数体は代数的に閉じている，ということに他ならない。

一方，4次方程式までは四則と累乗根によって解かれたが，つぎには当然，5次方程式が問題となってきた。この問題を多くの人が攻撃したが，解は得られなか

った。そのうちに，四則と累乗根によっては解けないのではないかという疑問が生じてきた。そのような立場から5次方程式を研究したアーベル(1802—1829年)は，ついに5次方程式は四則と累乗根の有限回の組み合わせでは解けないことを証明した。

ガロア(1811—1832年)はさらに進んで四則と累乗根で解けるためにはいかなる条件が必要かを問題にし，そのために，いわゆるガロアの理論を創始した。

ここで代数方程式を解く問題はいちおうの終止符を打たれたが，その副産物である群論は数学全体に波及し，それ以来，数学研究の普遍的な道具となった。

このように考えてくると，代数学は代数方程式を解く問題をめぐって発展してきたといっても言い過ぎではないことがわかるだろう。しかし，それは代数学の全体をおおうものではなかった。今日の言葉でいうと，代数的構造の研究が代数学の目標である，という新しい観点が生まれてきた。

19世紀になって，これまでになかった新しい代数的構造が登場してきた。

まずはじめにガロアの群が現われてきて，代数学の尽きることのない研究課題を提供した。また，グラスマン(1809—1877年)は多次元空間を研究するために今日でいう外積代数をつくり出したし，また，連続群の研究にちなんで，リーはリー環を考えた。また，ハミルトンは可換でない四元数をつくった。

このようにして代数的構造は人が必要に応じてつくり出し得るものとなった。つまり，構成可能となったのである。

このような傾向は今世紀になって，さらに拍車をかけられ，100年前の数学者が生まれかわってきたら，目を回すような新しい代数的構造が代数学の倉庫のなかにストックされている。

このような傾向を意識的に促進したのはヒルベルトの『幾何学の基礎』(1899年)であり，さらにそれに刺激されたシュタイニッツの『体の代数的理論』(1910年)であるとされている。[*1]

---

*1——「抽象代数学」の項(本巻の242ページ)参照

抽象代数学

この言葉は今日ではあまり使われていない。"抽象代数学"というものがあれば、当然、そうでない"具体代数学"というものがありそうだが、もちろん、そんなものはない。代数学はそもそも生まれたときから抽象的な学問であった。

がんらい、数を文字で表わすということからして高度に抽象的な思考法なのである。そのような代数学に、さらに"抽象"という形容詞を冠するのは一種の同語反覆である、ともいえる。

しかし、"抽象代数学"という言葉が生まれたことについては、それ相当の理由があったことは否定できない。かつての代数学は方程式を解くことを主な目的としていた。つまり、それはアルゴリズムの探究であった。そのような目標が転換されて、代数的構造の研究ということになったときに、人びとは驚嘆した。代数学そのものが変わったというより、力点の置きどころが変わったのである。

このような転換のきっかけを作ったのは、シュタイニッツの『体の代数的理論』(1910年)であるといわれている。

それは体を代数的構造としてとらえることから出発して、体の一般的公理から、体そのものの整然たる分類、体の拡大等の一般論をつくり上げたのであった。

しかし、このような考えを普及したのは1930年代の始めに現われたファン・デル・ウェルデンの『現代代数学』(銀林浩訳、東京図書)であったろう。

それは体ばかりではなく、群・環等もすべて代数的構造としてとらえることから出発しているのである。そのなかにはわれわれのよく知っている整数環や有理数体もふくまれてはいるが、現実には存在しそうもない、そして、その意味で、"抽象的"な構造が数多く生み出されてきたのである。

それに接した当時の人びとは、まったく抽象的だ、という感じを持ち、"抽象代数学"という呼び方をしたのである。だから、本当のところ、それは、

　　　　"抽象！　代数学"

と書くべきであったろう。

ファン・デル・ウェルデンの本の第1版は "*Moderne Algebra*" となっていたが、最近の版は moderne という形容詞はなくなって、たんに "*Algebra*" となっている。つまり、この本の内容が今日では moderne という断わり書きをつける必要のない orthodox な代数学となった、ということを意味している。つまり、少しも新しいものではなくなった、ということである。

これと同じように、"抽象代数学"の"抽象"も、今日では必要なくなったといえよう。

もともと"抽象的か具体的か"という区別は数学ではあまり意味がない。数学そのものが抽象的だからである。むしろ、"自然的か構成的か"という区別のほうが、より真相に近いだろう。

有理数や実数は昔から親しんできたものであり、いかにも自然そのものを忠実に映しとって生み出されたものであるという感じがする。もちろん、実数といえども、自然をたんに模写して得られたものではなく、人為的な構成を経ていることはたしかであるが、その源泉は何といっても自然のなかにある。

これに対して、アルキメデスの公理の成立しない p 進体のようなものになると、起源そのものが自然のなかには発見し難く、人為的に構成されたという感じをなくすることはできない。このようなものに接したとき、人びとは"人為的"とよぶかわりに"抽象的"とよんだのであろう。

"人為的"という言葉は"構成的"とよんだほうがより適切であるかもしれない。もちろん、"自然的"も"構成的"も絶対的な区別ではなく、それは相対的なものにすぎない。いくら自然的であるようにみえるものでも、数学的概念である以上、かならず構成的なものを持っているはずであるし、逆にどれほど"構成的"にみえるものであっても、客観的世界と何らのつながりもないようなものはなく、かならず自然的なものを含んでいるだろう。

つまり、その区別はあくまで相対的なものである。抽象代数学の"抽象"という形容詞は今日では死語の一種であるが、それが新語から死語に変わった経過をふりかえってみることは有益であろう。

なお、"かぶき"という言葉は今日では古典演劇を意味するが、それがはじめて登場した江戸時代の初期には、今日のビートルズやヒッピーのような"珍奇なもの""新奇なもの"を意味していたそうである。"抽象"も似たようなものかもしれない。

線型代数

"線型"とは linear の訳であるが，この言葉の説明からはじめよう。
解析幾何学では直線は1次方程式で表わされる。

$$y = ax + b$$

この式には x^2, x^3, ……などのような x の高い累乗ははいってこない。ただ x の1乗だけが入ってくる。つまり，1次関数である。だから，このような関数を linear であるともいう。

つまり，幾何学的には"直線的"(linear)であり，略して"線的"，もしくは"線型"("線形"ともかく)であり，代数的には"1次的"であるのが，ここでいう"線型"の内容である。だから，"線型代数"というのは"線型"な性質が支配的であるような分野を研究する代数学というような意味であろう。

これも比較的，最近の造語であるらしい。もっとも1930年代に出版された van der Waerden の "Moderne Algebra" には lineare Algebra という1章があるから，もう40年ばかりにはなるといえよう。

もっと具体的にいうと，線型代数とはベクトルと行列を主としてあつかう代数学の一部門であるといえようし，そのほうがわかりやすいだろう。

ベクトルも特殊な行列であると見なせば，結局，線型代数の主な題目は行列だ，ということになるだろう。

たしかに行列の計算は1次的である。二つの行列の加法と減法は，

$$\begin{bmatrix} a_{11} & a_{12} & \cdots & a_{1n} \\ a_{21} & a_{22} & \cdots & a_{2n} \\ \vdots & \vdots & & \vdots \\ a_{m1} & a_{m2} & \cdots & a_{mn} \end{bmatrix} \pm \begin{bmatrix} b_{11} & b_{12} & \cdots & b_{1n} \\ b_{21} & b_{22} & \cdots & b_{2n} \\ \vdots & \vdots & & \vdots \\ b_{m1} & b_{m2} & \cdots & b_{mn} \end{bmatrix} = \begin{bmatrix} a_{11} \pm b_{11} & \cdots & a_{1n} \pm b_{1n} \\ a_{21} \pm b_{21} & \cdots & a_{2n} \pm b_{2n} \\ \vdots & & \vdots \\ a_{m1} \pm b_{m1} & \cdots & a_{mn} \pm b_{mn} \end{bmatrix}$$

となるから，明らかに1次的であるし，乗法も，

$$\begin{bmatrix} a_{11} & \cdots & a_{1m} \\ \vdots & & \vdots \\ a_{l1} & \cdots & a_{lm} \end{bmatrix} \begin{bmatrix} b_{11} & \cdots & b_{1n} \\ \vdots & & \vdots \\ b_{m1} & \cdots & b_{mn} \end{bmatrix}$$

の (i, k) 要素は，

$$\sum_{j=1}^{m} a_{ij} b_{jk}$$

であるから，a_{ij}, b_{jk} は1次的である。

1次ではないが，2次形式も，

$$\sum_{i,k=1}^{n} a_{ik}x_i x_k \quad (a_{ik}=a_{ki})$$

の形に書いて，行列表示で，

$$A = \begin{bmatrix} a_{11} & a_{12} & \cdots\cdots & a_{1n} \\ a_{21} & a_{22} & \cdots\cdots & a_{2n} \\ \vdots & \vdots & & \vdots \\ a_{n1} & a_{n2} & \cdots\cdots & a_{nn} \end{bmatrix}$$

$$X = \begin{bmatrix} x_1 \\ x_2 \\ \vdots \\ x_n \end{bmatrix}$$

とすれば，

$$= X^T A X$$

と表わすことができるので，行列計算の技巧が適用できる。

したがって，2次形式も広い意味の線型代数の領域に入るといってもよいだろう。2次曲線はまっすぐではなく，曲がっていて，linear ではない。それと同じく，2次形式は linear ではないが，自然科学にとってきわめて重要な意味をもっている。

第1にピタゴラスの定理が2次式で表わされることから，長さ・エネルギー等の基本的量が2次形式で表わされることが多い。また一方で，ニュートンの運動方程式が2階の微分方程式で表わされることも，2次形式と深いつながりがある。だから，2次形式まで拡げた線型代数はきわめて広い応用をもっている。線型代数の主な対象は行列であるとすると，行列の計算に習熟することが，まず必要となる。

追記——高等学校あたりで，つまらない教材はやめにして行列を徹底的に学ぶことにしたらいいと思う。それは現代数学に進むためのよい準備となるし，また一方では，工学や経済学・社会学等に進む人のための適切な手びきともなるだろう。行列は具体から抽象へと進んでいくためのよい媒介となる性質をもっている。

1次変換

$(x_1, x_2, \cdots\cdots, x_n)$ という座標をもつ一般の n 次元の空間を，$(y_1, y_2, \cdots\cdots, y_m)$ という座標をもつ m 次元の空間のなかにうつす変換は，つぎのような式で書ける。

$$\begin{cases} y_1 = f_1(x_1, x_2, \cdots\cdots, x_n) \\ y_2 = f_2(x_1, x_2, \cdots\cdots, x_n) \\ \cdots\cdots\cdots \\ y_m = f_m(x_1, x_2, \cdots\cdots, x_n) \end{cases}$$

これをベクトルの書き方で書き直すと，つぎのようになる。

$$X = \begin{bmatrix} x_1 \\ x_2 \\ \vdots \\ x_n \end{bmatrix} \quad Y = \begin{bmatrix} y_1 \\ y_2 \\ \vdots \\ y_m \end{bmatrix} \quad F = \begin{bmatrix} f_1 \\ f_2 \\ \vdots \\ f_m \end{bmatrix}$$

$$Y = F(X)$$

このような一般的な変換につぎのような条件をつけ加えてみよう。それは X のほうの和が Y の和に対応し，また，X をスカラー乗法で αX に変えたとき，Y は αY に変化するという二条件である。

式で書くと，

$$f(X+X') = f(X) + f(X')$$
$$f(\alpha X) = \alpha f(X) 。$$

一つの式に書くと，

$$f(\alpha X + \beta X') = \alpha f(X) + \beta f(X') 。$$

このような条件を満足するとき，F はつぎのような 1 次関数の組で表わされる。

$$\begin{cases} y_1 = a_{11} x_1 + a_{12} x_2 + \cdots\cdots + a_{1n} x_n \\ y_2 = a_{21} x_1 + a_{22} x_2 + \cdots\cdots + a_{2n} x_n \\ \cdots\cdots\cdots \\ y_m = a_{m1} x_1 + a_{m2} x_2 + \cdots\cdots + a_{mn} x_n \end{cases}$$

つまり，すべての式が定数項をもたない 1 次式で表わされていることがわかる。だから，このような変換を 1 次変換(同次の)と名づける。

これを行列を使って表わすと，

$$Y = AX$$

と書ける。ここで A は係数のつくる m 行 n 列の行列である。

$$A = \begin{bmatrix} a_{11} & a_{12} & \cdots\cdots & a_{1n} \\ a_{21} & a_{22} & \cdots\cdots & a_{2n} \\ \vdots & \vdots & & \vdots \\ a_{m1} & a_{m2} & \cdots\cdots & a_{mn} \end{bmatrix}$$

このような1次変換によって，X-空間内の 平たい図形は，Y-空間のなかの 平たい図形にうつされることがわかる。なぜなら，任意の二点 X, X' を通る直線上の点は，

$$\alpha X + (1-\alpha) X'$$

で表わされるが，この点は上の1次変換によって，

$$A(\alpha X + (1-\alpha) X') = \alpha A X + (1-\alpha) A X'$$

となり，AX と AX' を通る直線上の点にうつされるからである。
つまり，X のまっすぐで平たい図形が Y の曲がった図形にうつされることはない。しかし，1次でない変換では，平たい図形が曲がった図形にうつされることになる。とくに $m=n$ のとき，$X=AX$ が1対1対応を与えるときは A の逆変換が存在し，その行列は A^{-1} である。
このとき，X のなかの部分集合の体積と，その写像の体積の比は至るところ一定で，その値は A の行列式 $|A|$ に等しい。つまり，$|A|$ は1次変換による伸縮率である。
一般の変換は，もちろん1次ではないが，$f_1, f_2, \cdots\cdots, f_m$ が連続微分可能ならば，

$$dy_1 = \frac{\partial f_1}{\partial x_1} dx_1 + \frac{\partial f_1}{\partial x_2} dx_2 + \cdots\cdots + \frac{\partial f_1}{\partial x_n} dx_n$$

$$dy_2 = \frac{\partial f_2}{\partial x_1} dx_1 + \frac{\partial f_2}{\partial x_2} dx_2 + \cdots\cdots + \frac{\partial f_2}{\partial x_n} dx_n$$

$$\cdots\cdots\cdots\cdots$$

$$dy_m = \frac{\partial f_m}{\partial x_1} dx_1 + \frac{\partial f_m}{\partial x_2} dx_2 + \cdots\cdots + \frac{\partial f_m}{\partial x_n} dx_n$$

となるから，一点の近くでは1次変換に近い。
つまり，曲がったものも十分に小さいところでは平たいものに近いのである。これが，じつは微分学の出発点であった。
すなわち，一般の(曲がった)変換も十分に小さな部分では(平たい)1次変換に近づくのである。換言すれば，局所的に1次となるわけである。

追記——がんらい，1次変換は行列の計算に還元することができるので，取り扱いが簡単である。そのために一般の変換を局所化することによって1次変換で近似することができる。これは応用の分野でしばしば用いられる方法である。

連立1次方程式

中国最古の数学書『九章算術』の第8章の「方程」という章から，方程式という名が起こったといわれている。この「方程」の章では3元1次連立方程式までが取り扱われている。一般の連立1次方程式はつぎのように書ける。

$$\begin{cases} a_{11}x_1+a_{12}x_2+\cdots\cdots+a_{1n}x_n=b_1 \\ a_{21}x_1+a_{22}x_2+\cdots\cdots+a_{2n}x_n=b_2 \\ \cdots\cdots\cdots\cdots \\ a_{m1}x_1+a_{m2}x_2+\cdots\cdots+a_{mn}x_n=b_m \end{cases}$$

すなわち，未知数はn個，方程式はm個のばあいである。一般のm, n のばあいにはいろいろの準備が必要なので，ここではとくに $m=n$ のばあいを考えてみることにしよう。このときは，つぎのような形になる。

$$\begin{cases} a_{11}x_1+a_{12}x_2+\cdots\cdots+a_{1n}x_n=b_1 \\ a_{21}x_1+a_{22}x_2+\cdots\cdots+a_{2n}x_n=b_2 \\ \cdots\cdots\cdots\cdots \\ a_{n1}x_1+a_{n2}x_2+\cdots\cdots+a_{nn}x_n=b_n \end{cases}$$

ここで行列の書き方を使ってみると，

$$A=\begin{bmatrix} a_{11} & a_{12} & \cdots & a_{1n} \\ a_{21} & a_{22} & \cdots & a_{2n} \\ \vdots & \vdots & & \vdots \\ a_{n1} & a_{n2} & \cdots & a_{nn} \end{bmatrix}$$

$$X=\begin{bmatrix} x_1 \\ x_2 \\ \vdots \\ x_n \end{bmatrix}$$

$$B=\begin{bmatrix} b_1 \\ b_2 \\ \vdots \\ b_n \end{bmatrix}$$

として，方程式は，

$$AX=B$$

と書ける。これは形の上で $ax=b$ とよく似ていることに気づく。このときは，

$$x=\frac{b}{a}$$

で答えがでるが，行列ではそれほど簡単ではない。

$$X=\cdots\cdots$$

という形にもってくるために AX の A をなくさなければならない。そのために A の逆行列 A^{-1} というものをつくる。それは，

$$A^{-1} \cdot A = E = \begin{bmatrix} 1 & 0 & \cdots & 0 \\ 0 & 1 & \cdots & 0 \\ \vdots & \vdots & & \vdots \\ 0 & 0 & \cdots & 1 \end{bmatrix}$$

となる行列である。E は対角線に 1 がならび，他はすべて 0 となる行列のことである。このような A^{-1} が存在するためには行列式の乗法定理によって，

$$|A^{-1}| \cdot |A| = |A^{-1} \cdot A| = |E| = 1$$

であるから，$|A| \neq 0$ でなければならない。このような条件を満たす A について A^{-1} を求めると，A^{-1} の (i, k) 要素は，

$$(A^{-1})_{ik} = \frac{(-1)^{i+k} A_{ki}}{|A|}$$

で与えられる。A_{ki} は A の (k, i) 要素を通る行と列を A から除いて得られた行列の行列式である。分母の $|A|$ は 0 でないと仮定してあるから，上の分数は常に存在する。このようにして A^{-1} を求めると，$AX = B$ から，

$$X = A^{-1} B$$

が得られるのである。この公式をさらに整理すると，次のような公式が得られる。

$$x_i = \frac{\begin{vmatrix} a_{11} & \cdots & b_1 & \cdots & a_{1n} \\ a_{21} & \cdots & b_2 & \cdots & a_{2n} \\ a_{n1} & \cdots & b_n & \cdots & a_{nn} \end{vmatrix}}{\begin{vmatrix} a_{11} & a_{12} & \cdots & a_{1n} \\ a_{21} & a_{22} & \cdots & a_{2n} \\ \vdots & \vdots & & \vdots \\ a_{n1} & a_{n2} & \cdots & a_{nn} \end{vmatrix}} \quad (i = 1, 2, \cdots, n)$$

分子の行列式は第 i 列目の

$$\begin{bmatrix} a_{1i} \\ a_{2i} \\ \vdots \\ a_{ni} \end{bmatrix}$$

を

$$\begin{bmatrix} b_1 \\ b_2 \\ \vdots \\ b_n \end{bmatrix}$$

で置きかえ得られたものである。この公式を**クラメール**(Cramer, 1704—1752年)の**公式**という。

m, n が一般のときは解の存在そのものが疑わしくなる。それを完全に解くには**階数**(rank)の概念が必要となる。

このような問題を見通しよく取り扱うためには，グラスマン(Grassmann, 1809—1877年)のつくり出した外積代数がもっとも適している。

構造

もちろん、ここでは数学において用いられる構造(structure)、すなわち、数学的構造についてのべる。

ブルバキは「数学の建築術」という論文のなかで構造を説明している。これを建築にたとえたのは巧みである。

ここでいう構造は物質でできている建物ではなく、概念の建物のようなものである。

建物はつぎのように建てられるだろう。まず敷地に建築材料が運ばれて、そこに集められるだろう。そして、建築技師のつくった設計図にしたがって材料が組み立てられ、つなぎ合わされて、一つの建物ができ上がる。

それと同じことを概念のなかで行なうのである。まず何ものかの集合が与えられる。その集合はまだ何の構造ももっていない。つまり、雑然たる要素の集まりにすぎない。

そのつぎにはバラバラであった要素の間に何らかの相互関係が導入される。それを与えるのが数学では公理もしくは公理系である。これがちょうど設計図に相当する。このようなばあいの公理系は、もはや単純で自明な真理をのべたものではなく、各要素をいかにして結びつけるかを指示したもので、まったく仮説的なものである。ここに意味の変換が行なわれたわけである。

だから、図式で書くとつぎのようになっている。

$$\text{集合} \xrightarrow{\text{公理系}} \text{構造}$$

たとえば、四国の県の集合といえば、

{香川、愛媛、徳島、高知}

であり、そこまでは何の相互関係もまだ考えられてはいない。しかし、つぎにそれらの県が境を接しているかどうかを問題にすると、相互関係を考えたことになる。図示すると、図❶のようになるだろう。間にひいた線は境を接していることを意味する。これはもう、ひとつの相互関係がはいってきたので一つの構造というべきだろう。

構造という考えが有効であるのは、異なったものの間に同じ構造が無数に見い出されるからである。仕組が同じであるとき、二つの構造は同型(isomorphic)であるという。つまり、同型の構造が至るところに発見できるなら、一つの構造をよく理解しておけば、至るところで当てはめて、利用することができるだろう。

以上のように構造を考えると，あまりに意味が広くなりすぎて収拾がつかなくなるおそれが出てくるので，数学者の研究対象としては少し絞ったほうがよいだろう。そこで，ブルバキは相互関係の性格にしたがって構造をつぎの三種類に大別した。

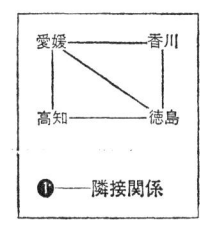

① ——位相構造
② ——代数的構造
③ ——順序の構造

位相構造とは，何らかの意味における遠近の関係をもっているものである。われわれの住んでいる空間はたしかに点の間に距離が規定されているから，典型的な位相構造である。

つぎは代数的構造であるが，これは集合内の二つの要素 a, b を結合して ab が生み出されるという意味での相互関係が規定されているものである。たとえば，群・環・体・束などはまさにそれである。

順序の構造とは，半順序系や束がそれの実例をなしている。

もちろん，この三種類を兼ねているものもある。たとえば，実数全体の集合は，二点間の距離が定義されて，遠近の考えが入っているので，これは位相的構造ともみられる。また一方では，加法と乗法という二種類の結合が定義されているから代数的構造ともみなされる。また一方では，数としての大小の順序が入っているから，これはまた順序の構造でもある。

構造という言葉を創り出して，これを盛んに使ったのは，いうまでもなくフランスのブルバキであった。

群

群は，がんらい，何らかの操作の集合である。しかし，その意味からいちおうはなれて形式的に定義すると，つぎのようになる。

集合 G（有限もしくは無限の）がつぎの条件を満足するとき，G を群(group)という。

①――G に属する二つの任意の要素 a, b の組に対して G の要素 c が定まる。関数記号ではつぎのように書ける。

$$c = \varphi(a, b)$$

これを乗法の形で

$$c = ab$$

と書くことにする。これを結合という。

②――この乗法には結合法則が成り立つ。つまり，G の任意の三要素に対して，

$$(ab)c = a(bc)$$

が成り立つ。

③――任意の a に対して，

$$ae = ea = a$$

となる要素 e が G のなかに存在する。e を単位元という。

④――任意の a に対して，

$$a^{-1}a = aa^{-1} = e$$

となる a^{-1} がかならず存在する。これを a の逆元という。

G が群であるためには以上の四条件を満足するような乗法が定義されていればよいのであるが，具体的には G の要素は何らかの変化を引き起こす操作であることが多い。

たとえば，1, 2, 3 を頂点とする正三角形があるとき――図❶，これを自分自身の上に過不足なく重ね合わせる操作は，頂点の入れかえだけに注目すると，$3! = 6$ だけある。それを記号的につぎのように書く。上の数字を下の数字でおきかえるものとする。

$$a_1 = \begin{pmatrix} 1 & 2 & 3 \\ 1 & 2 & 3 \end{pmatrix} \quad a_2 = \begin{pmatrix} 1 & 2 & 3 \\ 2 & 3 & 1 \end{pmatrix} \quad a_3 = \begin{pmatrix} 1 & 2 & 3 \\ 3 & 1 & 2 \end{pmatrix}$$

$$a_4 = \begin{pmatrix} 1 & 2 & 3 \\ 1 & 3 & 2 \end{pmatrix} \quad a_5 = \begin{pmatrix} 1 & 2 & 3 \\ 3 & 2 & 1 \end{pmatrix} \quad a_6 = \begin{pmatrix} 1 & 2 & 3 \\ 2 & 1 & 3 \end{pmatrix}$$

この六つの操作の集合 $G = \{a_1, a_2, a_3, a_4, a_5, a_6\}$ は上の四条件を満足するから，

明らかに群を作る。

乗法は，aを行なって，それにつづいてbを行なったとき，それを一つの操作とみなしたものをabで表わすことにする。そのさい，乗法の交換法則は一般には成立しないことに注意すべきである。たとえば，

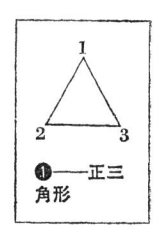

$$a_2a_4=a_5 \quad a_4a_2=a_6$$

となって，

$$a_2a_4 \neq a_4a_2$$

となる。

以上はもっとも簡単な例であるが，群の要素は上の例のように有限のばあいもあれば，実数の加法の群のように無限のばあいもある。

しかし，群が現実の世界に登場してくるのは，多くのばあい，何らかの構造(広い意味)の自己同型の操作の集合として現われてくる。

上の例でも，正三角形という広い意味での構造——幾何学的構造ともいうべき——を自分自身の上に，しかも構造を変えずに重ね合わせる操作——自己同型という——の集まりである。これは広い意味の対称性ともいえる。

構造はその自己同型の群を考えることによって解明されることが多い。

この考えを代数方程式の解法に適用して，最初に大きな成功を収めたのはガロア(1811—1832年)であった。彼は，ある体の自己同型群を研究していくことによって，その体を構成していくアルゴリズムを見い出したのである。

この考えを幾何学に適用したのはクライン(1849—1925年)であった。彼は空間の自己同型群を考え，それによって変わらない図形の不変性の研究をある幾何学の任務であるとした。たとえば，その自己同型群が射影変換群であるとき，それによって変わらない性質を研究するのが射影幾何学の任務となる。

また，原子や分子のなかの何らかの対称性を手がかりとして，その性質を探究していくときも，群論が利用される。また，装飾紋様も，対称性をもつ限り群論が応用できる。

❶——正三角形

環

群は乗法と称する一種類の結合の定義された集合であった。これに対して，加法と乗法と称する二種類の結合の定義された集合がある。たとえば，整数全体の集合がそうである。このようなものとして環(ring)がある。ある集合 R がつぎのような条件を満足するとき，R を環という。

①——$a+b$ で表わされる加法に対しては群をなし，交換法則を満足する。
$$a+b=b+a$$

②——乗法に対しては閉じている。すなわち，R の任意の二つの要素 a, b の積は R の要素である。また，結合法則
$$(ab)c=a(bc)$$
を満足する。

③——加法と乗法とのあいだには分配法則が成り立つ。
$$a(b+c)=ab+ac$$
$$(a+b)c=ac+bc$$

以上の条件を満たす集合は，われわれのよく知っている整数の環のほかに著しいものとして次のようなものがある。

①——整数を要素とするすべての n 行 n 列の行列
$$\begin{bmatrix} a_{11} & a_{12} & \cdots & a_{1n} \\ a_{21} & a_{22} & \cdots & a_{2n} \\ \vdots & \vdots & & \vdots \\ a_{n1} & a_{n2} & \cdots & a_{nn} \end{bmatrix}$$
の集合。これは，いわゆる行列環である。この環は乗法が可換ではない。

②——ある環 R の要素 $a_0, a_1, \cdots, a_n$ を係数とするすべての多項式
$$a_0 x^n + a_1 x^{n-1} + \cdots + a_{n-1} x + a_n$$
の集合。不定元を x とすると，これは環をなす。この環を $R[x]$ で表わす。これを多項式環という。$R[x]$ に，さらに新しい不定元 $y, z, \cdots$ 等をつけ加えると，多変数の多項式環
$$R[x, y, z, \cdots]$$
が得られる。

③——ある区間 $[a, b]$ で連続な関数 $f(x)$ 全体のつくる集合は環をなす。

④——ある体の要素 $\alpha_1, \alpha_2, \cdots, \alpha_n$ を係数とする 1 次形式

$$\alpha_1 u_1 + \alpha_2 u_2 + \cdots\cdots + \alpha_n u_n$$

は加法について可換群をなし，さらにその体の要素による乗法——スカラー乗法——をゆるし，$u_1, u_2, \cdots\cdots, u_n$ どうしの乗法を次のように定義すると，環が得られる。

$$u_i u_k = \sum_{m=1}^{n} c_{ikm} u_m \quad (i, k=1, \cdots\cdots, n)$$

このような環を多元環という。

⑤——n を一定の数として，n を法とする剰余類は環をつくる。すなわち，

ⓐ $a \equiv a \pmod{n}$

ⓑ $a \equiv b \pmod{n}$ のとき，$b \equiv a \pmod{n}$

ⓒ $a \equiv b \pmod{n}$ で，$b \equiv c \pmod{n}$ のとき，$a \equiv c \pmod{n}$。

さらに，$a \equiv b \pmod{n}$，$c \equiv d \pmod{n}$ のとき，辺々加減すると，

$$a \pm c \equiv b \pm d \pmod{n},$$

また，辺々かけると，

$$ac \equiv bd \pmod{n}$$

が得られる。このようにして得られたのが剰余環である。

⑥——環であって，任意の要素 a の2乗 a^2 が a 自身に等しいような，すなわち，$a^2 = a$ となる環をブール環という。これは記号論理学と密接な関係をもっている。

⑦——環はたんに代数学ばかりではなく，解析学のなかにも浸透してくる。関数を関数に一定の方法で変換する操作 L を作用素，もしくは演算子という。

$$g(x) = L(f(x))$$

そして，L が次のような条件を満足するとき，線型演算子という。

$$L(\alpha_1 f_1(x) + \alpha_2 f_2(x))$$
$$= \alpha_1 L(f_1(x)) + \alpha_2 L(f_2(x))$$

ここで α_1, α_2 は定数とする。このような線型演算子の集まりは環をつくることがある。これを作用素環，もしくは演算子環という。

追記——数学教育で重要な環は，整数全体の環，1変数の多項式全体のつくる多項式環，行列のつくる行列環等である。

体

環であって，0以外の要素がかならず乗法についての逆元を有するとき，その環を体という。

もっともはじめに現われてくるのは有理数全体のつくる体，つまり，有理数体である。また，実数全体も体をつくる。さらに進んで，複素数全体も体をなしている。

また，これらの体の要素 $\alpha_0, \alpha_1, \alpha_2, \cdots\cdots, \alpha_m, \beta_0, \beta_1, \cdots\cdots, \beta_n$ を係数とする有理関数

$$\frac{\beta_0 x^n + \beta_1 x^{n-1} + \cdots\cdots + \beta_n}{\alpha_0 x^m + \alpha_1 x^{m-1} + \cdots\cdots + \alpha_m}$$

全体も，やはり体をつくる。これが有理関数体である。

以上のような体は乗法について交換可能であって，また，乗法の単位元1をいくら加えていっても0になることはない。

$$1+1+1+\cdots\cdots+1 \neq 0$$

しかし，以上の条件を満足しない体も存在する。

乗法について交換可能でない体の実例として最初に発見されたのは四元数体であった。それはつぎのようなものである。

$\alpha_0, \alpha_1, \alpha_2, \alpha_3$ は実数であるとし，それらを係数とする1次形式

$$\alpha_0 1 + \alpha_1 i + \alpha_2 j + \alpha_3 k$$

全体の集合 Q を考える。

加法は1次形式の加法による。i, j, k どうしの乗法は，

$$ij = -ji = k \quad jk = -kj = i \quad ki = -ik = j$$

となる。1は乗法についての単位元とする。

以上のような乗法をもつ環は体をなすことがわかる。このような体の乗法は明らかに可換ではない。

また，1を加えていって0になる体も存在する。たとえば，p を素数とするとき，mod p による剰余環 R_p をつくると，p が素数であることから R_p は体をなすことがわかる。そして，

$$\underbrace{1+1+\cdots\cdots+1}_{p} = p \equiv 0 \quad (\text{mod } p)$$

だから，明らかに1を p 個加えると，0となることがわかる。

体の理論はガロアによって創始された。

ある n 次の代数方程式

$$a_0x^n+a_1x^{n-1}+\cdots\cdots+a_{n-1}x+a_n=0$$

を解くために，ガロアはつぎのように考えた。これは係数を含む体を k として，その k から出発してこの方程式の根を含む体 K をいかにして発見するか，あるいはそのような体をどのようにして構成するか，という問題に他ならない。

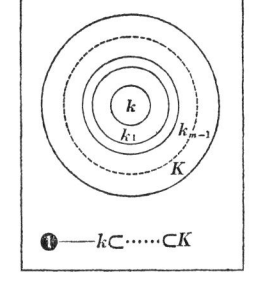

明らかに k は K のなかに含まれている。

$$k\subset K$$

このとき，k を適当に一歩一歩と拡大していって，ついに K に到達できるか，ということである――図❶。つまり，

$$k\subset k_1\subset k_2\subset\cdots\cdots\subset k_{m-1}\subset K$$

となる

$$k_1,\ k_2,\ \cdots\cdots,\ k_{m-1}$$

をみつけてくればよい。

このとき，つぎの体に拡大するのにいつでも $\sqrt[r]{}$ という演算で可能であったら，K は四則と $\sqrt[r]{}$ という演算だけで K が得られたことになる。

ガロアはそのような $k_1, k_2, \cdots\cdots, k_{m-1}$ を見い出していくためにガロア群といわれるものを利用した。

K をそれ自身に，しかも演算ルールを変えないように，また，k の要素は動かさないように写す変換，換言すれば，自己同型といわれるもの全体，すなわち，自己同型群を $k\subset K$ のガロア群と名づける。

このガロア群の構造を研究することによって，K が k から四則と累乗根のみで得られるかどうかの判定条件が得られるのである。これが有名なガロアの理論である。

いうまでもなく，体は群や環とならんで，現代の代数学のもっとも重要な研究題目である。

❶ ――$k\subset\cdots\cdots\subset K$

束

集合 P のなかに，つぎの条件を満足する関係が定義されているとき，P を半順序系という。

P の二つの要素 a, b の間に(かならずしも任意の二要素ではない)，

$$a \leqq b$$

と書けるような関係が存在していて，もし，

$$a \leqq b \quad b \leqq a$$

が同時に成り立つなら，

$$a = b$$

となり，また，$a \leqq b$, $b \leqq c$ ならば，かならず，

$$a \leqq c$$

となる。

たとえば，二つの将棋の駒 a, b のうち，b のほうが a より行動範囲が広いとき，

$$a \leqq b$$

とすると，将棋の駒の集合は半順序系となる。これを図示するために b のほうを a の上に書き，その間を線で結ぶことにすると，**図❶**のようになる。

これは明らかに半順序系である。

半順序系のなかで，つぎの条件を満足するものを束(lattice)という。

P の任意の二つの要素 a, b に対して，$x \leqq a$, $x \leqq b$ なる x の集合のなかには，他の要素 x がすべて $x \leqq c$ となるような要素 c がかならず存在する。このような c を a, b の交わり(meet)といい，

$$a \cap b$$

で表わす。また，逆に，$a \leqq x$, $b \leqq x$ なる x はすべて $d \leqq x$ となるような d がかならず存在する。このような d を a, b の結び(join)といい，

$$a \cup b$$

で表わす。

つまり，半順序系であって，任意の二つの要素 a, b に対して $a \cap b$ と $a \cup b$ とがかならず存在するとき，それを束というのである。

上にあげた将棋の駒のつくる半順序系は，$a \cap b$, $a \cup b$ が一般にはないから束ではない。

このような交わりと結びとは，つぎのような条件を満足する。

① —— $x \cap x = x$　　$x \cup x = x$
② —— $x \cap y = y \cap x$　　$x \cup y = y \cup x$
③ —— $x \cap (y \cap z) = (x \cap y) \cap z$　　$x \cup (y \cup z) = (x \cup y) \cup z$
④ —— $x \cap (x \cup y) = x$　　$x \cup (x \cap y) = x$

逆に，以上のような条件を満足するような∩∪という結合の定義されている集合があって，$x \cap y = x$ のとき，

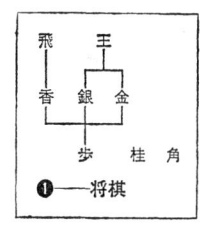

$$x \leqq y$$

という順序をもつと定義すると，その集合は半順序系となる。

束の例としては，たとえば，実数を数の大小の順に並べたとすると，$a \cap b$ は a, b のうちの小さいほう，$a \cup b$ は大きいほうを意味する。つまり，それは束である。

また，正の整数全体の集合で，一つの整数 x が，他の y の約数であるとき，$x \leqq y$ と書くことにすると，これは半順序系となり，しかも，束となる。

任意の二要素 a, b の交わり $a \cap b$ は a, b の最大公約数であり，結び $a \cup b$ は最小公倍数である。

また，一平面と，その上の点と，直線に無限遠点を加えたものとの集合 L で，x が y の上にのっているとき，$x \leqq y$ で表わすことにすると，これも束をなす。二つの直線 a, b の交点は $a \cap b$ であり，二点 a, b を結ぶ直線は $a \cup b$ である。

また，ある一つの集合の部分集合 a, b があり，a が b に含まれる，つまり，$a \subseteq b$ のとき，$a \leqq b$ という順序をつけることにすると，これはまた束である。そのとき，$a \cap b$ は共通部分であるし，$a \cup b$ は合併集合を意味する。

束はいろいろの場面に姿をみせる。

❶——将棋

同次性

デカルト以前には数はすべて量であり，Dimension をもっていて，異なる Dimension の数は加減ができないことになっていた。デカルトはこの制限をとりはずし，数をいちど純粋な数にまで抽象化して，加減乗除が自由にできるようにした。このことは数学にとって一つの大きな進歩であった。

以下にのべることは，もちろん，デカルトのやったことを否定するのでも，また，"デカルト以前に帰れ"というのでもない。ただ代数や解析学の教育で同次性ということをもう少し利用したらいいのではないか，というささやかな提案である。2, 3 の例をあげよう。たとえば，2次方程式
$$ax^2+bx+c=0$$
は，むしろ，
$$a_0x^2+a_1x+a_2=0$$
とかいて，各項が同次とみなすことにすると，a_0 は 0 次，a_1 は 1 次，a_2 は 2 次になる必要がある。x は長さ (L) の Dimension をもつものとする。すると，この同次性は式変形の各段階で保存されるから，最終的な根の公式でも，そうである。
$$x=\frac{-a_1\pm\sqrt{a_1^2-4a_0a_2}}{2a_0}$$
根号の中は a_1^2 が 2 次，a_0a_2 も 2 次，$\sqrt{}$ をとると 1 次になって，うまく合う。
3 次方程式でも，
$$x^3+a_2x+a_3=0$$
とすれば，a_2 が 2 次，a_3 は 3 次で，カルダノの公式に当たってみると，同次性はそのまま保存されている。

このことを覚えていると，2次方程式の根の公式を
$$\frac{-a_2\pm\sqrt{a_2^2-a_0a_1}}{a_0}$$
とでも書いたら，同次性に反しているから立ちどころに誤りだと見分けがつく。これは整数の計算をチェックするのに九去法を利用するのとよく似ている。
不定積分の公式なども同次式の形にして覚えておいたほうがよい。だから，
$$\int\frac{dx}{1+x^2}=\tan^{-1}x$$
はやめて，
$$\int\frac{dx}{a^2+x^2}=\frac{1}{a}\tan^{-1}\frac{x}{a}$$

の形にしたほうがよい。これは分母が2次，分子 dx が1次だから，全体で (-1) 次になる。だから，$\frac{1}{a}$ がなかったらおかしいと気づくだろう。もちろん，

$$\tan^{-1}\frac{x}{a}$$

は0次である。また，同じく，

$$\int \frac{dx}{\sqrt{1-x^2}} = \sin^{-1} x$$

はやめて，

$$\int \frac{dx}{\sqrt{a^2-x^2}} = \sin^{-1}\frac{x}{a}$$

の形を覚えるほうがよい。これは分母も1次，分子も1次だから，分数は0次で，これには $\frac{1}{a}$ などがついていたらおかしいだろう。

もちろん，

$$\sin^{-1}(\ ) \qquad \cos^{-1}(\ )$$

などは0次である。

もっと初歩的な代数式の変形にも，この同次性の原理は成り立っている。

解説——倉田令二朗

●——現代数学の啓蒙と数学教育の現代化

本書のⅠ・Ⅱ・Ⅳ章は『数学セミナー』(日本評論社)に1963年8月から1964年10月にかけて「現代数学への招待」として連載されたものをもとにしている。『数学セミナー』の創刊は1962年だが,遠山さんは最初から編集責任者の一人であった。

Ⅲ章は『数学教育』(明治図書)に1960年10月から1962年5月にかけて「現代数学」として20回連載されたものの一部である。

Ⅴ・Ⅵ章は『数学教室』(国土社)に「現代数学への道」として1966年1月から1967年1月にかけて12回連載されたものの一部である。

Ⅶ章は『数学セミナー』の臨時増刊『数学の新用語100』(1970年)に執筆されたものを主にして構成されている。

数学教育の"現代化"に関連して,遠山さんは一貫して現代数学の本質的特徴についての考察と,現代数学の理念の普及・啓蒙に力を入れてきた。

すでに,本書収録の論文が書かれる以前に『無限と連続——現代数学の展望』(1952年・岩波新書)などが出ていたが,数学教育現代化は1959年,数学教育協議会(略称,数教協)の第7回大会においてはじめて打ち出され,講演「現代数学と数学教育」(遠山啓著作集・数学教育論シリーズ・第1巻『数学教育の展望』に収録)で,数学教育現代化の三つの視点として,

①——認識の微視的発展——児童心理学
②——認識の巨視的発展——科学史・数学史
③——現代数学

をあげたのであった。ついで61年の大会では,銀林浩さんが「現代数学の特徴」という講演を行なっている。

こうして現代数学の正しい理解のための,数学の専門家でないシロウト,あるいは教師に対する啓蒙・普及活動が『数学教育』『数学セミナー』『数学教室』の場で精力的に始まったのである。

その後,文部省もまた"現代化"を口にするようになり,しきりにアメリカ詣とSMSGかぶれが流行し,集合ブーム,関数ブームが1964年の米人を招いての大々的なシンポジウム以後はじまることになる。こうして68年に始まる指導要領改訂が"現代化"をスローガンとしてなされることが必至となり,しかも,諸文書で見

たところ，かなりいかがわしいものになるだろうことが始めから予想されていた。だから，66年に書かれた本書のⅤ・Ⅵ章は，それをじゅうぶん意識して書かれたもので，指導要領改訂にかんして警告を発しつつ，つぎのような文章で始まる。
「子どもに数学を教えるには，現代数学の基本的な考え方を つかんでおくことがますます必要になってきました」(162ページ)
遠山さんの現代数学にかんする考察は──少なくとも1959年以降は──，つねに数学教育の現代化の問題と一体のものとして進められてきたのである。

●──本巻の内容
Ⅰ章──現代数学への招待1──集合と構造
集合・構造・公理・無限集合数などを論じた包括的なもの。
Ⅱ章──現代数学への招待2──群・環・体
簡単な三角形の回転群，置換群，同型，構造の自己同型群，準同型，剰余群が具体例とともにくわしく論じられ，同型定理がちゃんと証明される。つぎは体であるが，有限体にくわしい。標数2の場合，論理演算との関係が示される。環は有限環の直和分解，加群の準同型環と凝ったもの。最後に，多元環は複素数・四元数などを例にていねいに導入されるが，構造定理など高級な理論が〈分析──総合〉の例として説明される。
Ⅲ章──現代数学への招待3──行列・行列式・グラスマン代数
行列は例によって運賃表，野球の試合の成績表，人口表などによって導入されるが，連立1次方程式をグラスマン数を用いて解き，それによって行列式に達する。独立従属，解の存在条件等もグラスマン代数によって，まず定式化するというかなりユニークなものである。
Ⅳ章──現代数学への招待4──トポロジー
距離空間からはいり，ミンコフスキーの距離
$$(\sum |x_i - x_{i'}|^p)^{1/p}$$
が手がたく論じられ，無限次元距離空間，関数空間とつづき，これが解析学と幾何学をつなぐものだと強調する。
ついで近傍系による位相，閉包・開集合・閉集合による位相の導入法の吟味，分離公理のくわしい論議，連続写像，位相の強弱という完備した位相の入門である。
Ⅴ章──現代数学への道1──集合と特性関数
はじめの部分は「現代数学の生いたち」と題して数学の歴史的把握と現代数学の特徴に関する包括的議論。後半はまことに懇切ていねいな集合算の説明で，日常的な例と初等整数論の例にみちている。
Ⅵ章──現代数学への道2──構造と関係
関係を，まず"県の集合"に"境を接している"という関係として導入し，自己同型

解説

・直積(子音と母音の直積などの例が出る)・順序・束・同値関係・合同式とつづく。
Ⅶ章——現代数学・ミニ用語集
現代数学を特徴づけるベクトル・行列・構造・群・環・体・束などの諸概念を端的に解説する。

ひと口にいって日常的具体例に豊富であり(現代数学と日常性については後に論じる)，叙述はていねいで，つねに〈分解―合成〉(分析―総合)の基本を意識し，整数論――これは遠山さんの趣味だが――がときどき顔を出す。しかし，やはり胸を打つのはⅠ章・Ⅴ章の現代数学に関する包括的議論の部分，つまり，遠山数学論の部分だろう。だから，以下は主として，それについて説明し，議論しよう。

●——現代数学の位置―時代区分
Ⅴ章「現代数学の生いたち」において，遠山さんは数学の歴史を大きくつぎの四段階にわけ，それぞれの特徴をみごとにえがき出している。

①――古代的――数学の発生からユークリッドまで
②――中世的――ユークリッドからデカルトまで
③――近代的――デカルトからヒルベルトまで
④――現代的――ヒルベルトから現在まで

そして，この四つの時代を分ける特徴的な著作として，つぎの三つをあげる。

①――ユークリッドの『原論』
②――デカルトの「幾何学」
③――ヒルベルトの『幾何学の基礎』

この三つがいずれも幾何学であったということはたいへんおもしろいと述べ，しかし，これが偶然でない理由として，つぎのように含蓄のある文章が続く。
「代数や数論にくらべると，幾何学は数学のなかで，とくに人間の外にある空間や図形のような客観的な世界とのつながりの深い学問である。人間の思考と客観的世界とのつながりを正面から問題にせざるを得ない部門があるといえる。だから，そのなかに一つのはっきりした数学観が表明され，新しい時代をきり開いたものと考えられる」(164ページ)

古代数学――古代数学の主な特徴は"経験的"ということであった。『パピルス』は諸問題と，その解法の集積であって，解法の背後にある共通の論理は明らかにされてはいない。ユークリッドによってはじめて少数の公理から論理の連鎖によって一つの学問体系を建設しようという壮大な仕事がなされた。

中世数学――ユークリッド数学に続く中世数学のもっとも大きな特徴の一つは静

的であり，不動のもののみを研究の対象としていたということである．アルキメデスのような例外はあるが，一つの狂い咲きに終わった．

近代数学——ガリレオにおいて変化と運動を正面から取り扱う数学が必要となったが，そのための道具としての新しい数学は，デカルト，ニュートン，ライプニッツによって創り出された．

「デカルトは変数としての文字をはじめて使った．そして，変数と変数とのあいだの相互関係，それは客観的世界の量的法則のパターンであるが，それを座標という手段によって幾何学的なグラフとして表現する道を切り開いた．デカルトの後に，ニュートンが続いた．ニュートン自身の言葉によると，"デカルトという巨人の肩にのって"，彼は微分積分学という近代的解析学の水平線を遠望することができた」(166ページ)

また，遠山さんはつぎのようにもいわれる．

「ニュートンはガリレオによって礎石をおかれた動力学に微分積分学という強力無比の道具を適用して遊星運動の法則を説明し，近代的宇宙観の荘麗な体系をうち立てた」(167ページ)

こうして自動機械にも比すべき決定論的世界観が打ち立てられた．そして，それを表現するものが微分方程式であった．

「微分方程式は，人間の外にあって人間の意思の入りこむ余地のない遊星法則の説明にはまことに打ってつけの道具であった．そこでは自然現象の忠実な模写と記述が最大の関心事であったからである」(167ページ)

現代数学——現代数学の特徴は，まず「自然現象の忠実な模写という立場をこえて，自然そのものを人力によって解体し，それを自己の欲する姿に再構成する」(167ページ)ことにあるとして，その構成的性格を指摘している．その先駆としてガウスの整数論，ガロアの方程式論，非ユークリッド幾何学をあげている．また，現代数学はカントルにはじまるとして，ここではカントルの集合論を，「考え得るすべてのものを最終的な原子にまで分解する．それは何よりもまず徹底的に原子論的な理論である」(168ページ)と特徴づけている．しかし，要素への解体は最終目標ではなく，

$$\text{構造} \xrightarrow{\text{解体}} \text{集合} \xrightarrow{\text{再構成}} \text{構造}$$

のシェーマにおける**再構成**こそが問題なのだ．

この図式は単純な往復運動ではなく，最初の第1次的構造は客観的な世界の直接的な模写であって，あとの第2次的構造は，これまでになかった新しい構造を生み出すのである．代数的整数論におけるイデアールや非ユークリッド幾何学，p進体等はその例であるとされる．

ここではあげられていないが，カントル自身やデデキントによる実数論も，その典型というべきだろう．

まず素朴な1次的構造としての実数連続体から出発し，これをいったんばらばらな元からなる集合に解体したうえで再構成される。〈自然数──→有理数──→コーシー列〉，または切断による実数の構成によるものだが，こうして得られた実数体は厳密な論理的性格をもった構造となって再生するのである。このような〈構造──→集合──→構造〉の過程を，遠山さんは合成化学的プロセスにたとえている。ところで，ヒルベルトの『幾何学の基礎』は現代数学への決定的な一歩であるが，ふついわれているように，この本はユークリッド公理系の欠陥を補強することを目標にしたものではなかった。ユークリッド幾何学は，いわば自然の模写としての第1次的な構造だったとすれば，ヒルベルトのそれははじめから第2次的に構成されたものであった。そこではもはや点・線・面などの表象は必要とされず，彼自身の極端な表現によれば，机・椅子・コップでもよかった。つまり，ここでは"何か？"が問題なのではなく，"それらがいかに関係するか？"が問題となるのである。

「そのようにして，ヒルベルトの方法は代数学・位相数学・解析学など数学の全領域にひろがっていった。このようにして構造を中軸とする現代数学が誕生したのである」(170ページ)

以上がV章のはじめにある「現代数学の生いたち」に述べられた現代数学の位置づけの要約である。

ブルバキについて[注1]──ヒルベルトの『幾何学の基礎』によって切り開かれた現代公理主義は"無定義概念"を中核とする。遠山さんが述べておられるように，この公理主義は一つの"抽象的方法"として代数学(結合，・，+などを無定義概念とし，一定の公理をみたす群・環・体など)や抽象位相空間論(開集合・近傍などを無定義概念とし，一定の公理をみたす)を生み出した。このように，公理によって特別な性質を付せられた集合に"構造"という名を与えたのは，たぶん，ワイルが最初であるが，構造概念を前面におし出し，全数学を集合上の構造として再構成しようとしたのはブルバキであった。ここではすべてが集合論の言語で述べられる。たとえば，代数構造A上の演算は，集合論における写像

$$A \times A \longrightarrow A$$

の一種であり，位相空間X上の開集合の全体はベキ集合$P(X)$のある部分集合で，それらはいくつかの公理によって規定される。写像や開集合の中身が問題なのではなく，公理によって規定されるかぎりにおける写像や部分集合の集合だけが問題になるのであるから，この規定は陰伏的(implicit)な規定ということができる。土台になる集合論自体は帰属関係$\in$を無定義述語とする公理論として与えられる。$\in$や関数やベキ集合に対するわれわれのイメージ，表象は必要とされないという意味は，論理的に効いて来ず，理論構築にとってさしあたりどうでもよいという

意味であって，表象なしには一歩も進むことはできないのが実情である。その意味で，"無定義"というのは実際には"陰伏的に定義される"ということである。

●――構想力の解放―数学と日常性
I章は，遠山さんが学生時代に受けた講義はだいたい古典数学であったので，はじめてファン・デル・ヴェルデンの『現代代数学』やフレシェの『抽象空間論』に接したときの衝撃の話から始まっている。そのときは，"これは数学だろうか"と思われたそうである。これに関連して，つぎのように述べてある。

「『現代代数学』や『抽象空間論』で代表されるような現代数学は19世紀までの数学とはかなりちがっていることはたしかであり，19世紀までの数学によく通じていればいるほど，現代数学に接触したときの違和感はつよいだろう。しかし，べつの面からみると，数学の専門家でない素人にとっては，現代数学のほうがわかりよいということも，かえってあるように思われる。現代数学の考えかたのなかには，あまりにも専門化してしまった数学を，もういちど常識に引きもどすというような一面をもっているからである」(11ページ)

V章の「**集合とはなにか**」においても同じ趣旨のことが述べられている。すなわち，現代数学の中核となる集合論はとても手に負えないほど難解な考えではないかなどと思うかもしれないと述べ，つぎのように否定している。

「しかし，それは思い過ごしである。集合という考えは微分積分などの予備知識を少しも必要としない考え方であり，それは子どもでもわかる，ごくありふれた考えにすぎないのである。そのようなことは意外だと思う人があるかもしれないが，学問の発展にはしばしばそのようなことが起こるのである」(171ページ) と。

そして，"構想力の解放"――このステキなことばがさきの引用の後に出てくる。

「現代数学のもっている大きな特徴は，数学という学問のもっている行動半径を，これまでとは比較にならないくらい拡大したことであろう。これまでは，数学の分野にはとても入れてもらえないようなものまで数学の仲間に入ってきた。そのわけは，一言でいうと，人間の構想力を思いきって自由にしてしまったからだといえる」(12ページ)

では，"常識にもどること"，それが"構想力の解放"につながるとはどういうことか。それは〈集合―構造〉のモデルとしての〈分解―再構成〉が日常生活のあらゆる部分において見い出されるということにほかならない。遠山さんのあげる例は合成化学・主婦の料理・建築・音楽・絵画・映画(エイゼンシュテインのモンタージュ理論)・家族構成にまでおよぶ。

ところで，現代数学はこうした日常的に幾億回となく見い出される分解と再構成を意識的に徹底的にやることである。すなわち，遠山さんが書かれているように，対象にかんして，

①――何からできているか
②――それらはおたがいにどう結びついているか

という見地から見るのである。前者が集合論的アプローチであり，後者が構造の定式化にほかならない。

どんな高度な数学の概念も，結局，われわれの日常的な活動に基底づけられていないものはない。そして，こうした日常性のうちに数学の新しい原理を顕在化するという態度は，現代数学における〈集合―構造〉にかぎったことではない。フェルマやデカルトの座標の発見もまた，われわれの日常のものの整理のしかたに見い出されるものである。たとえば，京都は〈四条―河原町〉といういい方をする。〈分析―総合〉の典型的・古典的な例として，遠山さんはユークリッド幾何学をあげている。そこでは対象が点・線・面に分解されたうえで再構成されているという。そして，さらにつづける。

「しかし，集合論は，それをさらに徹底的にやった。そこに新しさがあるのである。直線や平面で止まることに満足しないで，それをさらに点にまで打ち砕いてみなければ承知しなかった」(17ページ)

現代数学のこうした見方，たんに現代数学の，いわば字面を追うのではなく，その日常的な起源にまでさかのぼって把握する態度は教育上とりわけ貴重だったことは周知のことであろう。こうした見方によってはじめて十進記数法を一つの構造――十進構造――としてとらえることもできたのであって，ここでは離散量はいったんその素量たるタイルに分解され――タイルはたがいに区別されないので，ここでは集合の要素に分解されるわけではないが――，しかる後に十進法的に再構成されるのである。

数学と人間行動[注2]――数学的概念がつねに日常的活動にその起源をもつという点にかんして，最近，銀林浩さんによってより精密に明確に言明された(『こうすれば算数・数学がわかる』国土社)。これによると，数学的概念の背後にはつねに先数学的段階として多少とも秩序だった，様式化された人間行動――操作――が横たわっており，数学的概念はこれら操作の内化したものだという。彼は現場からの資料を駆使して，算数の四則をはじめ，記号代数から幾何にいたるまで，この見地から徹底的に分析している。これらを明らかにし，意識的に行なうことにより，学習はいっそう容易になるだけでなく，たのしくなるだろう。他方，この方面のいっそうの研究は，数学をふくむ一般に理念的なものの習得の構造を明らかにするだろうと期待できる。

●――集合論について

「集合論の創始者」(17ページ)のところはいろいろな資料を運用してカントルのケンカ好きの人となりなどが書かれてあって、たいへんおもしろい。

集合数の導入部は遠山さんの面目躍如である。皿の上にいろいろな形にミカンが4個ずつつまれている。それがおなじ4個であることは数詞をもって数えればわかる。ここから出発して、数詞を知らない場合におなじ個数であることはいかに定義されるべきかということ、個数ということによって、ミカンの積まれ方の構造が無視されていること、の二つの基本的なことがらを引き出す。

前者からは一般に無限集合にも適用できる1対1対応と濃度の概念が、後者からは、そこでは構造が無視されることが導かれる。これから濃度にかんするおもしろいが、逆説的でもあるよく知られた定理が示される。たとえば、有理数の集合が、そのほんの一部分である自然数の集合と1対1対応するという逆説的事実は、有理数の順序をまったく無視することにもとづいていることが指摘されている(直線と平面の1対1対応は連続性を無視したうえで成り立つ)。

"みなす"ということと現代数学の非日常性[注3]――子どもは散らばった4個のミカンのほうが、重ねられた4個のミカンよりも少ないという(多いという子もいる)。この困難について、銀林さんは前掲書の最終章で論じている。個数(量)の大小(多少)は"印象"をもとに断ずることはできず、そこでは1対1対応するものは同じ個数とみなす、つまり、対象の構造を捨象するという理念化によって判断されるということに困難の原因があるのだと述べている。つまり、1対1対応という観念の眼鏡を通じて見るという能動的な認識なのである。これはきわめて重要な指摘であり、およそ数学が現実の事物に応用されるという場合には――たとえば、ガリレイの発見した落下法則――、いつでも事物に対する理念化が行なわれているのである。〈分解―合成〉、1対1対応は日常的な起源をもちながら、つねにあらゆるものをバラバラの要素の集合とみなすということはむずかしく、相当の観念の力量を必要とすることではあるまいか。平面を点集合とみなす、平面から平面へのすべての写像の集合を考えるということは、やはり、一種の非常識なのである。とりわけ無限集合にふつうの論理形式が適用できるという考えは非日常的なことである。だから、公理論的集合論によって抑制のきいた適用がなされるまでに、集合論はその基礎の危機におびえねばならなかったのである。現代数学は"無限"が直接対象となるかぎりにおいてつねに非日常的でもあるのだ。

●――ふたたび構想力の解放―数学の二重性

Ⅰ章の最後はヒルベルトの公理主義と構造のことだが、ここでも機械の部品と組み立てを例に引きながら説明する。

ヒルベルトの公理は、ユークリッドの場合のように、だれも疑うことのできない自明な命題という意味ではなく、いちど分解された要素を組み立てる一つの設計図にあたるのだという。公理は自明である必要はなく、無矛盾という最低限の条件を満足しておりさえすればよい。

「ヒルベルトはそのように公理を見直すことによって数学者の構想力を思いきって解放したのである」(33ページ)

つまり、以前にふれた構想力の解放とは〈分解―合成〉の設計図の自由のことであると明確にしている。しかし、無矛盾な公理系なら何でもよいかというと、そうではない。遠山さんは建築家の設計と比較しながら、公理系の価値も使用目的と美学的判断によると述べている。この問題はもともとむずかしく、ヒルベルト自身は公理系の価値はその結果の、みのり豊かさにある、とあいまいに述べている。数学の二重性というのもこの問題に関連して出てくるもので、遠山さんはノイマンの『数学者』を引用しつつ、これをつぎの二重性があることだと整理している。

① ―― 論理的に矛盾がないかぎり、いかなる公理系を設定してもよいという自由。
② ―― 公理系はわれわれの住んでいる世界のなかにあるなんらかの法則に起源をもっている。

ノイマン自身は、最良の数学的インスピレーションは自然科学的起源をもっていることを強調しているが、遠山さんも公理系は客観的法則性を表現したものにもっとも価値をおいているようである。そして、ブルバキの「数学の建築術」を紹介しつつ数学的概念の物質的起源にさえふれている。

ここで断わっておくが、遠山さんは一度も公式主義的唯物論者であったことはない。彼が私自身に語ったことがあるが、戦前型公式マルクス主義者の一部に、応用数学＝唯物論、純粋数学＝観念論という図式をなんとなく持ち出す傾向があることを強く批判していたことがある。

● ―― 圏論(カテゴリー論)について

今世紀なかばに発生した圏論は数学のあらゆる部門に浸透し、現代数学の様相を一変しつつある。これを無視して現代数学を語ることはできない。

圏(category)とは、対象(object)と呼ばれるもの $A, B, C \cdots\cdots$ と、その間の型射、または射(morphism または map)と呼ばれるもの($A \xrightarrow{f} B$、または $f: A \longrightarrow B$ と書かれる)のあつまりであり、射: $A \xrightarrow{f} B$ $B \xrightarrow{g} C$

に対して合成

$$g \circ f: A \longrightarrow C$$

が定まり、

$$A \xrightarrow{f} B \xrightarrow{g} C \xrightarrow{h} D$$

に対して結合則
$$h \circ (g \circ f) = (h \circ g) \circ f$$
が成り立ち，また，任意の対象Aに対して恒等射 1_A：
$$A \longrightarrow A$$
があり，任意の
$$A \xrightarrow{f} B$$
に対して，
$$1_B \circ f = f \qquad f \circ 1_A = f$$
をみたす。

例として **Set**(集合の圏)（対象は集合，射 $f: A \longrightarrow B$ はAからBへの写像），**Ab**(アーベル群の圏)（対象はアーベル群，射 $f: A \longrightarrow B$ はAからBへの準同型），**Top**(位相空間の圏)（対象は位相空間，射 $f: A \longrightarrow B$ は連続写像）があげられる。つまり，構造ごとに対象(構造の荷ない手)と，その間の構造を保存する写像をコミにして考えたものである。

圏 **C** から圏 **D** への関手(functor) $F: C \longrightarrow D$ とは，**C** の対象Aに対し，**D** の対象 $F(A)$ を対応させ，**C** の射：
$$A \xrightarrow{f} B$$
に対し，**D** の射：
$$F(A) \xrightarrow{F(f)} F(B)$$
を対応させ，かつ合成と恒等射を保存する。
$$F(1_A) = 1_{F(A)} \qquad F(g \circ f) = F(g) \circ F(f)$$
となるものである。

圏論は〈集合―構造〉にもとづく 現代数学の 発達線上に生じた。だから，**Ab** や **Top** を一定条件をみたす対象と写像からなる **Set** の部分圏として構成することはできる。けれども，しだいに **Ab** や **Top** を，$x \in A$ 関係をいっさい用いず，もっぱら射のもつ性質だけで特徴づける方向が強まってきた。**Set** の部分圏として定義する場合でも，純粋に圏論的方法，すなわち，**Set** から **Set** へのある種の関手によって定める（T-algebra の方法）。実際には **Set** はトポスに一般化され，**Ab** はアーベル圏として考察されるのがふつうだが，その特徴づけはすべて「これこれの射に対して，これこれの図式が可換になるような射が唯一つ存在する」というふうに表現される。たとえば，対象 A, B の積(直積) $D = A \times B$ とは，集合論的には，
$$D = \{(a, b) \mid a \in A, b \in B\}$$
であるが，圏論的には，つぎの条件をみたすような対象Dと射：
$$D \xrightarrow{p_A} A \qquad D \xrightarrow{p_B} B$$
の組だとされる。すなわち，任意の対象Xと射：

$$X \xrightarrow{f} A, \quad X \xrightarrow{g} B$$

に対し，射：

$$X \xrightarrow{h} D$$

が唯一つ存在して，図❶の図式が可換になる。

すなわち，圏論は対象(構造の荷ない手)の内側にいっさい立ち入らない。何からできているかも，どうつながっているかも問わない。Aはほかの対象への射：$A \longrightarrow X$，ほかの対象からの射：$X \longrightarrow A$ のあつまりによって特徴づけられるだけである。その意味で圏論はさらに陰伏的で，さらに機能的である。対象は，いわばブラック・ボックスである。したがって，圏論は反原子論的である。

基礎としての随伴(adjoint)──たとえば，圏論では Set と Ab はどう関係するか。Aをアーベル群，すなわち，Ab の対象とするAの演算を捨象して集合とみなしたものを $|A|$ とする。Ab の射：

$$A \xrightarrow{f} B$$

に対して，しぜんに Set の射：

$$|A| \xrightarrow{|f|} |B|$$

がきまり，対応

$$A \longmapsto |A| \quad \text{と} \quad (A \xrightarrow{f} B) \longmapsto |A| \xrightarrow{|f|} |B|$$

は一つの関手 $G: Ab \longrightarrow Set$ を定める。これを forgetful functor，訳して"みなし関手"という。まさしく注3で述べた"みなし"である。

集合，すなわち，Set の対象 X に対し，X によって生成される自由アーベル群を $F(X)$ とする。Set の射：$X \longrightarrow Y$ はしぜんに Ab の射：

$$F(X) \longrightarrow F(Y)$$

を定め，一つの関手 $F: Set \longrightarrow Ab$ がきまる。これを Free functor という。$F(X)$ は形式的な和 $\sum_{x \in X} a_x \cdot x$ (a_x は整数，有限個のxをのぞいて $a_x=0$) のあつまりであることに注意しよう。

さて，Ab の射：

$$F(X) \xrightarrow{f} A$$

に対しては，そのXへの制限として Set の射：

$$X \xrightarrow{g} |A| \quad (\text{すなわち，} X \xrightarrow{g} G(A))$$

がきまり，逆に Set の射：

$$X \xrightarrow{g} G(A)$$

に対しては Ab の射：$FX \longrightarrow A$ がきまる。すなわち，

① ── $F(X) \xrightarrow{f} A$ in Ab と $X \xrightarrow{g} G(A)$ in Set とは1対1対応する。それを

$$g = \varphi(f)$$
と書こう。

さらに，容易につぎのことがわかる。

② $X \xrightarrow{g} X'$ in Set と $A \xrightarrow{h} A'$ in Ab とするとき，φ は
$$F(X) \xrightarrow{F(g)} F(X') \xrightarrow{f} A \xrightarrow{h} A' \text{ in } Ab$$
を
$$X \xrightarrow{g} X' \xrightarrow{\varphi(f)} G(A) \xrightarrow{G(h)} G(A') \text{ in } Set$$
に対応させる。

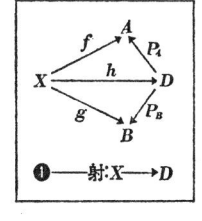

一般に，圏 C, D と二つの関手
$$C \underset{F}{\overset{G}{\rightleftarrows}} D$$
があり，それが $D = Set, C = Ab$ としたとき，①②をみたすとき，
$$F \longrightarrow G$$
と書き，F を G の left adjoint（左随伴），G を F の right adjoint（右随伴）という。①は，
$$\text{Hom}_C(F(X), A) \cong \text{Hom}_D(X, G(A))$$
と書くと見やすい。$\text{Hom}_C(A, B)$ は C の射： $A \longrightarrow B$ の全体からなる集合を意味する。②が成り立つ場合，同型対応①は**自然同型**(natural isomorphism)といわれる。この随伴関係 $F \longrightarrow G$ が Set と Ab の関係を基本的に定めるのである。随伴は数学のあらゆる分野にあらわれ，圏論の基本中の基本である。上の forgetful-free 随伴はもっとも典型的で，普遍的な随伴である。

●――問題提起

多くの部門での圏論の成功は疑いないところである。現在でもすべてがカテゴリゼされたわけではないが，現代数学は集合論的なものと圏論的なものの混在としてあることは事実である。こうした情況をふまえて，現代数学教育を見直すことが一つの課題である。ちょうど遠山さんが前期現代数学をふまえて数学教育を見直したように。

ところで，これまで見てきたとおり，遠山さんの現代数学観はすぐれて実体論的，〈分解―合成〉的，かつ explicit であって，そのかぎりにおいて数学教育現代化によく適合したものの，一口にいって，きわめて反圏論的であることはいなめない。圏論的思考はたんなる専門家好みの一つのスタイルにすぎないものか，それとも，一つの新しい普遍的な理念なのか。だとすれば，それはわれわれの日常的活動の何を顕在化したものなのか？――九州大学

初出一覧

● ── I ── 現代数学への招待 1
「集合論の誕生」──『数学セミナー』1963年8－9月号・日本評論社
「集合数と濃度」──『数学セミナー』1963年9－10月号
「公理と構造」──『数学セミナー』1963年11月号

● ── II ── 現代数学への招待 2
「群と自己同型」──『数学セミナー』1963年12月号─1964年1月号
「準同型と同型定理」──『数学セミナー』1964年2－3月号
「体と標数」──『数学セミナー』1964年3－4月号
「環と多元環」──『数学セミナー』1964年5－7月号

● ── III ── 現代数学への招待 3
「行列とはなにか」──『数学教育』1962年1月号・明治図書・『現代数学の考え方』（明治図書）所収
「交代数と行列式」──『数学教育』1962年1－3月号・『現代数学の考え方』所収
「グラスマン代数」──『数学教育』1962年3月号・『現代数学の考え方』所収

● ── IV ── 現代数学への招待 4
「距離空間」──『数学セミナー』1964年8月号
「位相の導入」──『数学セミナー』1964年9月号
「位相空間と連続写像」──『数学セミナー』1964年10月号

● ── V ── 現代数学への道 1
「現代数学の生いたち」──『数学教室』1966年1月号・国土社
「集合とはなにか」──『数学教室』1966年2－4月号
「特性関数」──『数学教室』1966年4月号，6月号

● ── VI ── 現代数学への道 2
「集合から構造へ」──『数学教室』1966年7月号
「直積と関係」──『数学教室』1966年8－9月号
「さまざまな関係」──『数学教室』1966年10月号

「半順序系と束」——『数学教室』1966年11月号

●——Ⅶ—現代数学・ミニ用語集
「ベクトル」——『数学の新用語100』(『数学セミナー』臨時増刊)1970年
「行列」——同上
「行列式」——同上
「代数」——同上
「抽象代数学」——同上
「線型代数」——同上
「１次変換」——同上
「連立１次方程式」——同上
「構造」——同上
「群」——同上
「環」——同上
「体」——同上
「束」——同上
「同次性」——原題「同次性について」『数学教室』1970年５月号

*——Ⅰ・Ⅱ・Ⅳ章は連載「現代数学への招待」(15回)を著作集用に構成して収録しました。
また、Ⅲ章は連載「現代数学」(20回)の一部を、
Ⅴ・Ⅵ章は連載「現代数学への道」(12回)の一部を著作集用に構成したものです。

初出一覧

刊行委員

遠藤豊吉えんどうとよきち
1924年，福島県二本松市に生まれる。
1944年，福島師範学校卒業。
1980年，東京都武蔵野市立井之頭小学校教諭を最後に退職
現在　月刊雑誌『ひと』編集委員
主要著訳書——
『教室の窓をひらけ』三省堂
『学習塾——ほんとうの教育とは何か』風濤社
『年若き友へ——教育におけるわが戦後』毎日新聞社

松田信行まつだのぶゆき
1924年，三重県松阪市に生まれる。
1945年，東京物理学校(現，東京理科大学)卒業。
現在　芝浦工業大学教授・数学教育協議会会員
専攻　数学・数学教育・科学史
主要著訳書——
『ベクトル解析と場の理論』東京図書
『数学通論』(共著)同文館
『基礎数学ハンドブック』(共訳)森北出版

宮本敏雄みやもととしお
1913年，大阪府堺市に生まれる。
1938年，大阪大学理学部数学科卒業。
現在　関東学園大学教授・数学教育協議会会員
専攻　応用数学・数学教育
主要著訳書——
『写像と関数』明治図書
『線型代数入門』東京図書
アレクサンドロフ『群論入門』東京図書

森毅もりつよし
1928年，東京都大田区に生まれる。
1950年，東京大学理学部数学科卒業。
現在　京都大学教授・数学教育協議会会員
専攻　関数解析・数学教育・数学史
主要著訳書——
『現代の古典解析』現代数学社
『数の現象学』朝日新聞社
『数学の歴史』紀伊国屋書店

遠山啓著作集
数学論シリーズ——4
現代数学への道

1981年3月2日　初版発行
2011年11月25日　復刻オンデマンド版発行
著者
遠山啓
刊行委員
遠藤豊吉＋松田信行＋宮本敏雄＋森毅
発行所
株式会社太郎次郎社エディタス
東京都文京区本郷3-4-3-8F　郵便番号113-0033
電話03-3815-0605　http://www.tarojiro.co.jp

造本者
杉浦康平＋鈴木一誌

オンデマンド印刷・製本
石川特殊特急製本
定価
カバーに表示してあります
ISBN978-4-8118-0967-0　©1981

遠山啓著作集——太郎次郎社=刊

●——戦後から30年，遠山啓は，たゆみなく子どもに向かって歩みつづけた。
この道こそが教育の混迷を超える新しい視界を拓く。
数学者・教育者・思想家，知性の巨塔，遠山啓の全体像を集大成する。
●——数学論・数学教育論・教育論にわけ，各シリーズに独自な体系を
もたせながら，3部で遠山啓の全体像を把握できるようにした。
●——各シリーズには全体を鳥瞰できる第0巻をおき，
著者の思想と方法の体系へ導く原点とした。
●——造本＝杉浦康平＋鈴木一誌

数学論シリーズ全8巻

0——数学への招待
1——数学の展望台——Ⅰ中学・高校数学入門
2——数学の展望台——Ⅱ三角関数・複素数・解析入門
3——数学の展望台——Ⅲ数列・級数・高校数学
4——現代数学への道
5——数学つれづれ草
6——数学と文化
7——数学のたのしさ

数学教育論シリーズ 全14巻
0——数学教育への招待
1——数学教育の展望
2——数学教育の潮流
3——水道方式とはなにか
4——水道方式をめぐって
5——量とはなにか——Ⅰ内包量・外延量
6——量とはなにか——Ⅱ多次元量・微分積分
7——幾何教育をどうすすめるか
8——数学教育の現代化
9——現代化をどうすすめるか
10——たのしい数学・たのしい授業
11——数楽への招待——Ⅰ
12——数楽への招待——Ⅱ
13——数学教育の改革運動

教育論シリーズ 全5巻
0——教育への招待
1——教育の理想と現実
2——教育の自由と統制
3——序列主義と競争原理
4——教師とは，学校とは

別巻1——遠山啓日記抄＋総索引
別巻2——遠山啓数学教育講演カセット

●——体裁＝Ａ5変型判・上製・箱入り．各巻・平均300ページ

遠山啓の本

点数で差別・選別する現在の日本の教育は子どもたちの未来への希望を奪っている。
いまこそ教育の原点にたちかえって，新しい出発が望まれる。
子どもたちの生きる自信と学ぶ喜びをとりもどす教育を実現するために。

かけがえのない，この自分——教育問答［新装版］
子どもが自分の主人公となれるほんとうの教育の営みを事実で語る。

いかに生き，いかに学ぶか——若者と語る
高校進学を拒否した女の子に，どのように生き，学ぶかを著者が語りかける。

競争原理を超えて——ひとりひとりを生かす教育
序列主義を超えて，人間の個性をのばす教育・学問のあり方を追及する。

╋

水源をめざして——自伝的エッセー　品切れ
学問・芸術はどんなに人間を豊かにするかを，著者の歩みをとおして語る。

教育の蘇生を求めて——遠山啓との対話　品切れ
死にかかった日本の教育をどう蘇らせるか。第一線の学者・詩人・画家との対話。

古典との再会——文学・学問・科学　品切れ
数学者の眼がとらえた，チェーホフ，老子，ブレーク，ニュートン，……の世界。

上記の単行本は，すでに小社より出版されていますので，著作集には収録しません。
全国どこの書店でも手にはいります。小社に直接ご注文の場合は送料を申し受けます。